KB023101

이 책의 감수와 추천에 참여하신 전국지리교사모임 선생님들

서 울

박래광 선생 서울 난곡중학교
박혜숙 선생 서울 난곡중학교
김 웅 선생 서울 동대문중학교
윤민주 선생 서울 수유중학교
김 훈 선생 서울 신천중학교
박정애 선생 서울 여의도중학교
김선영 선생 서울 당곡고등학교
조해수 선생 서울 대진고등학교
윤신원 선생 서울 성남고등학교
우기서 선생 서울 성보고등학교
정혜임 선생 서울 수명고등학교

황은선 선생 이화여자대학교 대학원
오선민 선생 이화여자대학교 대학원
최무진 선생 고려대학교 대학원

경 기

김이진 선생 고양 무원고등학교
정명섭 선생 고양 백신고등학교
김윤정 선생 고양 정발고등학교
김승혜 선생 과천 문원중학교
박선은 선생 광명 광명고등학교
이연주 선생 광명 소하고등학교
박용덕 선생 광명 하안북중학교
임숙경 선생 남양주 청학고등학교
진은혜 선생 부천 중흥중학교
송진숙 선생 부천 원미고등학교
박경주 선생 부천 중원고등학교
김가경 선생 부천 중흥고등학교
김명철 선생 시흥 정왕고등학교
김석용 선생 안산 강서고등학교
김대훈 선생 안산 원곡고등학교
윤혜란 선생 안양 근명중학교

대 구

김영미 선생	대구 대곡중학교
정재승 선생	대구 달서공업고등학교
김황순 선생	대구 시지고등학교
사공훈 선생	대구 영남공업고등학교
김현효 선생	대구 호산고등학교

울 산

박철용 선생	울산 남목고등학교
김홍선 선생	울산 달천고등학교
김정숙 선생	울산 무거고등학교
황상수 선생	울산 범서고등학교
홍오탁 선생	울산 성신고등학교
이태국 선생	울산 울산제일고등학교
손현옥 선생	울산 학성여자고등학교

부 산

박은영 선생	부산 금정중학교
윤경희 선생	부산 개금고등학교
이화영 선생	부산 경남여자고등학교
김금희 선생	부산 대양전자정보고등학교
이현주 선생	부산 명호고등학교
김아정 선생	부산 영도여자고등학교
이진숙 선생	부산 주례여자고등학교

내셔널지오그래피 청소년 글로벌 교양지리 05

세계의 경이로운 자연

내셔널지오그래피 청소년 글로벌 교양지리 05

세계의 경이로운 자연

초판 1쇄 인쇄일 | 2011년 01월 05일 **초판 1쇄 발행일** | 2011년 01월 10일
초판 7쇄 인쇄일 | 2013년 07월 09일 **초판 7쇄 발행일** | 2013년 07월 15일

지은이 | 내셔널지오그래피 편집위원회 편
옮긴이 | 정호운
펴낸이 | 강창용
펴낸곳 | 느낌이있는책
주 소 | 경기도 파주시 문발로 115 파주출판문화정보산업단지 세종 107호
전 화 | (代)031-943-5931
팩 스 | 031-943-5962
홈페이지 | http://feelbooks.co.kr
이메일 | feelbooks@naver.com
등록번호 | 제 10-1588
등록년월일 | 1998. 5. 16

출판기획 | 이성림
책임편집 | 신미순
디 자 인 | *design* **Bbook**
책임영업 | 최강규 · 김영관
책임관리 | 류현숙

ISBN 978-89-92729-91-8 44980
978-89-92729-95-6(세트)
값 13,800원

● 잘못된 책은 구입처에서 교환해드립니다.

내셔널지오그래피 청소년 글로벌 교양지리 05

세계의 경이로운 자연

내셔널지오그래피 편집위원회 편 | 정호운 옮김

추천사

역사와 자연을 함께 읽는 즐거움

지구 나이 46억 년을 24시간으로 환산하면, 인류와 지구의 만남은 측정할 수 없을 정도의 짧은 순간입니다. 인류가 탄생하기 이전부터 지구는 자신의 몸속에 다양한 자원을 배태시켰고, 자신의 피부에 경이로운 자연경관을 만들었습니다. 인류는 지구가 자신들에게 남겨 준 선물을 이용하여 문명을 탄생시켰고, 수없이 많은 유산을 남기게 됩니다. 지구의 자연과 더불어 살아온 삶 속에 진정 인류의 숨결이 남아 있습니다.

나는 가끔 인류의 역사와 자연을 어떻게 하면 훌륭하게 연결할 수 있을지 고민합니다. 그래서 인문학과 자연과학의 연결고리를 찾는 데 많은 시간을 할애하지만 결코 쉬운 일이 아니지요. 너무나도 다양한 분야로부터 방대한 양의 자료를 찾고 정리해야 합니다. 지칠 때마다 역사와 자연을 함께 읽을 수 있는 서적이 있었으면 하고 생각했습니다. 이번에 '느낌이있는책'에서 출판한 〈내셔널지오그래피 청소년 글로벌 교양지리〉는 나의 시름을 풀어 주기에 충분할 정도로 훌륭한 책입니다.

인류 문명의 발상은 지구의 기후변화와 밀접한 상관이 있습니다. 제국의 탄생과 멸망 역시 다양한 자연 현상의 결과로 해석되기도 하지요. 이처럼 인류 역사의 흐름과 자연의 변화를 동시에 살피는 복합학적 연구가 요즘 시대의 학문적 경향으로 자리 잡고 있습니다. 청소년들에게 학교 교육이 주는 단편적인 지식에서 벗어나 통합적인 사고, 창의적인 사고를 배양시키기 위해서는 학문간 연결고리를 제공해 주는 참고 서적이 필요합니다. 이런 점에서 〈내셔널지오그래피 청소년 글로벌 교양지리〉를 젊은 학생들에게 필독서로 추천하고 싶습니다.

과거의 문명들이 남긴 세계적인 유산을 돌아보고, 지구의 경이로운 경관과 그 속에 담긴 비밀을 풀어 보면서 걷게 되는 지리적 경험은 청소년 독자들로 하여금 우리가 살고 있는 세상의 아름답고 보편적인 가치를 깨닫게 할 것입니다. 그리고 그러한 경험 속에서 움트는 창의적인 생각이야말로 인류의 미래를 더욱 밝게 만드는 소중한 가치 창조로 이어지리라 믿어 의심치 않습니다. 처음 책을 펼치고 마지막 책을 덮는 순간 느낄 수 있는 말로 표현할 수 없는 기쁨을 여러 사람들과 함께 하고 나누고 싶습니다.

좌용주
경상대학교 지구환경과학과 교수
문화재청 문화재 전문위원

추천사

지구마을을 이해하고 사랑하기 위한 마중물

국민교복이라고도 불리는 노스페이스 점퍼, 어느 나라 상표일까요? 미국 상표이지만, 중국에서 생산하는 제품이 많지요. 신발은 어떤가요? 아디다스, 퓨마 같은 상표는 모두 독일 회사이고, 생산은 동남아시아와 중국에서 많이 하지요. 외식을 했으면 하는 레스토랑인 아웃백은 미국 회사이지만, 음식의 주된 재료나 회사의 이미지는 호주 것을 사용하지요. 내 몸에 두르고 있는 것, 내가 먹는 것들이 한국의 것보다 다른 나라의 것들이 훨씬 많아졌지요. 이젠 한국이 아닌 다른 나라들이 아주 먼 나라라기보다는 지구라는 큰 마을의 다른 마을이 되어 버린 세상이 되었어요.

지구마을에서 우리나라는 어떤 위치에 있을까요? 우리나라의 경제규모는 지구마을에서 매우 높은 수준이고, 선진국만 가입할 수 있다고 하는 OECD에도 속해 있습니다. 또한 우리나라는 G20에도 속해 있고 정상회의도 열었습니다. 지구마을 대통령이라고 하는 유엔사무총장은 바로 우리나라 사람이기도 하지요. 그것뿐인가요? 우리나라는 지구마을에서 최초로, 그리고 지금까지 유일하게 원조를 받는 나라에서 원조를 주는 나라로 변한 나라이기도 합니다. 원조를 받고 있는 많은 나라들이 우리나라를 모델로 삼고 열심히 노력하고 있습니다. 지구마을 속에서 우리나라는 참으로 중요한 역할을 하고 있는 것이지요.

그런데 정작 우리나라에 살고 있는 청소년 여러분들은 어떠한가요? 우리나라가 지구마을 속에서 차지하는 중요한 영향력만큼, 지구마을을 잘 이해하고, 그 속에 사는 마을 사람들을 배려하고 사랑하고 있나요?

〈내셔널지오그래피 청소년 글로벌 교양지리〉 시리즈는 지구마을을 잘 이해하고, 그 속에 사는 마을 사람들을 배려하고 사랑하기 위한 소중한 마중물 같은 책들입니다. 마중물이란 오래전 펌프로 물을 뿜어내서 쓰던 시절, 펌프질을 하기 전에 먼저 붓는 한 바가지 정도의 물을 말합니다. 적은 양의 물이지만, 펌프 속의 많은 물들을 이

끌어 내는 중요한 역할을 하는 물이지요.

각 권마다 약 500장씩 수록된 사진자료만 해도 마중물 역할을 다하기에 충분합니다. 더군다나 단순한 사실의 나열을 넘어 동양과 서양, 정치 · 경제 · 사회 · 문화 · 역사 · 신화 · 지형 등 다양한 지식들을 씨줄과 날줄로 엮어 청소년 여러분의 머릿속에 좌악 펼쳐 놓을 것입니다.

〈내셔널지오그래피 청소년 글로벌 교양지리〉 시리즈를 통해 지구마을을 더욱더 잘 이해하고 그 속에 사는 사람들을 배려하고 사랑할 수 있으면 좋겠습니다. 이 책을 통해 얻는 지구의 다양함을 풀어 가는 과정 속에서 더 많은 책을 읽고, 더 다양한 경험을 했으면 좋겠습니다. 그래서 지구마을에서 우리나라가 가지는 영향력만큼 우리 청소년 여러분도 지구 시민으로 자랄 수 있는 글로벌한 자질과 능력을 가지게 되길 바랍니다.

아! 그런데 그거 아시나요? 이 지구마을에는 펌프가 있어도 이 한 바가지의 마중물이 없어서 더 많은 물을 끌어올릴 수 없는 나라가 아직도 많다는 사실을 말입니다 그런 면에서 〈내셔널지오그래피 청소년 글로벌 교양지리〉 시리즈는 우리에게 참 소중하고 귀중합니다. 그리고 이런 책을 볼 수 있다는 것 자체가 큰 행복입니다. 이 책을 보는 청소년 여러분이 스스로 읽고, 느끼는 것을 넘어, 주변의 마중물이 필요한 친구들에게 소개도 해 주고, 함께 이야기도 나누었으면 좋겠습니다.

이 지구마을은 함께 살아가야 할 곳이기 때문입니다.

전국지리교사모임

꿈을 이루고자 하는 청소년들의 자양분

오늘날, 세계는 빠르게 변화하고 있고, 각 나라들의 상호 의존성이 점차 높아지면서 세계에 대한 정보의 필요성이 더욱 증대되고 있습니다. 이 책은 국제화, 세계화 시대에 살아가는 시민으로서, 청소년들이 세계에 대한 학습의 필요성을 인식하고, 세계 여러 지역의 정보와 지역의 특성들을 이해하는 데 도움을 주고자 기획되었습니다.

세계화에 능동적으로 대처하고 세계 문화를 선도할 수 있는 시민으로 커 나가기 위해서는 세계 각 지역 사람들의 행동과 사고를 바르게 이해하는 것이 필요합니다. 따라서 그들이 살아가고 있는 지역의 환경과 그것을 토대로 형성된 역사와 문화, 산업 및 사회 구조, 주변국과의 상호관계, 지역의 당면 문제 등을 종합적으로 파악할 필요가 있는 것이지요.

총8권으로 구성된 〈내셔널지오그래피 청소년 글로벌 교양지리〉 시리즈는 지역, 국가 및 세계에 대한 올바른 가치관과 국토관, 더 나아가 세계관 정립에 도움을 주는 지구촌의 문명과 역사, 그곳에 사는 사람들, 지구촌에서 일어난 기이한 사건들, 자연 풍광 등의 다채로운 최신 정보와 지식을 생생한 사진과 함께 전하고 있습니다.

세계 8대 고대 문명의 역사, 사회문화, 예술, 과학기술 등을 상세하게 조명한 1권 《사라진 고대 문명》, 세계 문명의 기적을 이룬 100곳을 선정하여 문화 • 역사적인 의미를 살펴본 2권 《세계 문명 순례》, 한국을 포함한 유네스코 세계유산 100여 곳을 선정해 소개하고 있는 3권 《유네스코 세계유산》은 인류 역사의 소용돌이 속에서 일궈낸 문명에 관한 이야기입니다. 또 500여 장의 사진을 통해 각국의 풍경, 명소, 명승고적, 문화, 풍속, 도시 등을 생생하게 전달한 4권 《세계의 여러 나라》와 세계 각지의 신비한 자연 경관 100곳을 소개한 5권 《세계의 경이로운 자연》은 청소년들에게 지구의 지리 환경을 보는 눈을 틔워 줄 것입니다. 한 걸음 더 나아가 각 분야별로 '최고'의 자리를 차지하고 있는 인문 상식이 흥미롭게 펼쳐진 6권 《이것이 세계 최고》, 수많은 문헌과 자료, 고고학적 발견과 최신 연구 성과를 바탕으로, 지리, 자연, 생물, 보물, 지구 밖의 문명 등 역사상 최고로 손꼽히는 미스터리들을 짚어 본 7권 《지구의 미스터리》, 세계에서 가장 아름다운 휴양천국 100곳을 조명한 8권 《세계의 파라다이스》는 인문과학과 자연과학을 종횡무진하며 독자들에게 신선하고 알찬 지식을 전달할 것입니다.

〈내셔널지오그래피 청소년 글로벌 교양지리〉 시리즈는 인문교양 지식뿐만 아니라, 탐구 사고력과 사회 문제 해결 능력도 함께 키워 주는 충실한 대안교과서의 역할을 톡톡히 해냅니다. 정보의 바다를 항해하는 청소년들이 가장 어려워하는 일이 있다면 그 바다에 널려 있는 엄청난 정보 가운데 진정 가치 있고 정확한 정보를 가려내는 일일 것입니다. 글로벌한 교양지리적 소양은 단기간에 형성되는 것이 아닙니다. 오랜 시간, 정선된 정보를 꾸준히 접해 오는 가운데 균형 있는 가치관과 세계관이 자리 잡히는 것이지요. 하여 공평하고 객관적인 관점을 확보하여 한 지역을 전체로서 종합적으로 이해하고 비판적으로 분석하기 위해서는, 부정확하고 무가치한 자료들을 걸러내고 배제하는 가운데, 가장 정제된 콘텐츠만을 골라 꾸준히 접하는 것이 바람직합니다. 〈내셔널지오그래피 청소년 글로벌 교양지리〉 시리즈는 각 권 주제 선정과 텍스트 구성, 그림, 사진 등의 자료 선정에 있어 최선을 기울여 정제된 콘텐츠만으로 구성된 시리즈입니다. 한국의 청소년들이 인문지리적 이해를 통해 합리적이고 바람직한 사고력을 지닌 세계시민으로 성장하는 데 있어 〈내셔널지오그래피 청소년 글로벌 교양지리〉 시리즈는 그 두둑한 밑거름을 제공할 것입니다.

내셔널지오그래피 편집위원회

CONTENTS
차례

ASIA

EUROPE

AFRICA

NORTH AMERICA

SOUTH AMERICA

OCEANIA

ANTARCTICA

ASIA

상서로움과 영험한 기운이 감도는
아시아

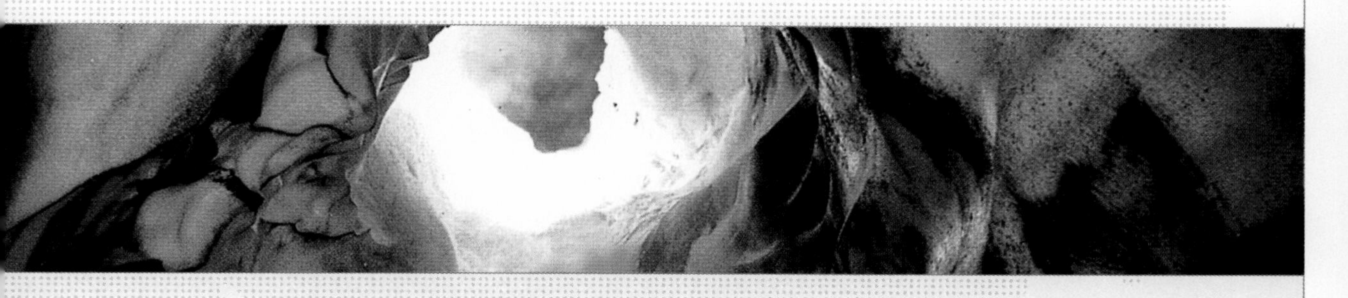

교과 관련 단원

중1 〈사회〉

Ⅲ. 다양한 지형과 주민 생활

고등학교 〈세계 지리〉

Ⅲ. 다양한 자연환경

ASIA

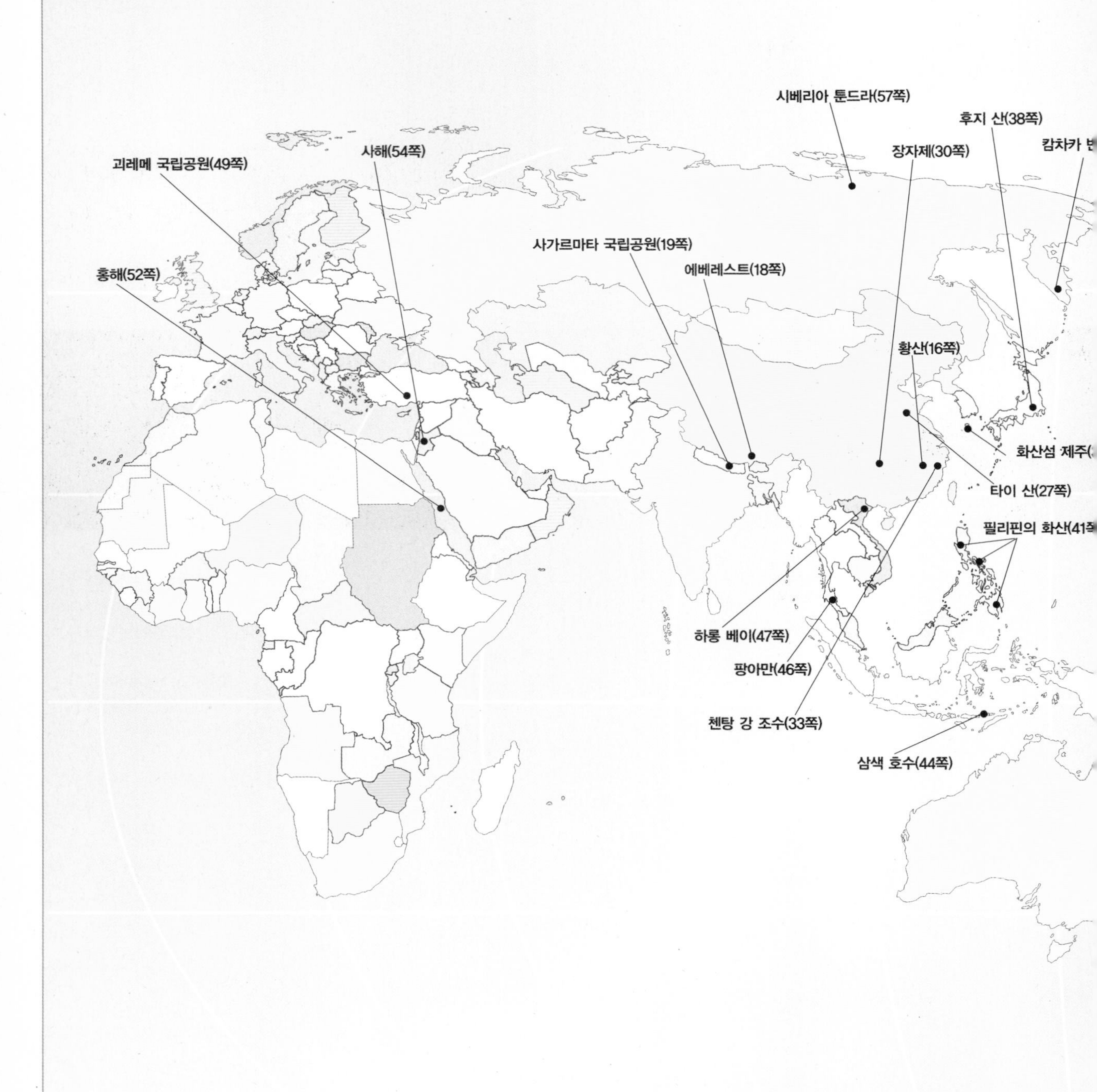

시베리아 툰드라(57쪽)
후지 산(38쪽)
장자제(30쪽)
사해(54쪽)
괴레메 국립공원(49쪽)
사가르마타 국립공원(19쪽)
에베레스트(18쪽)
홍해(52쪽)
황산(16쪽)
타이 산(27쪽)
하롱 베이(47쪽)
팡아만(46쪽)
첸탕 강 조수(33쪽)
삼색 호수(44쪽)

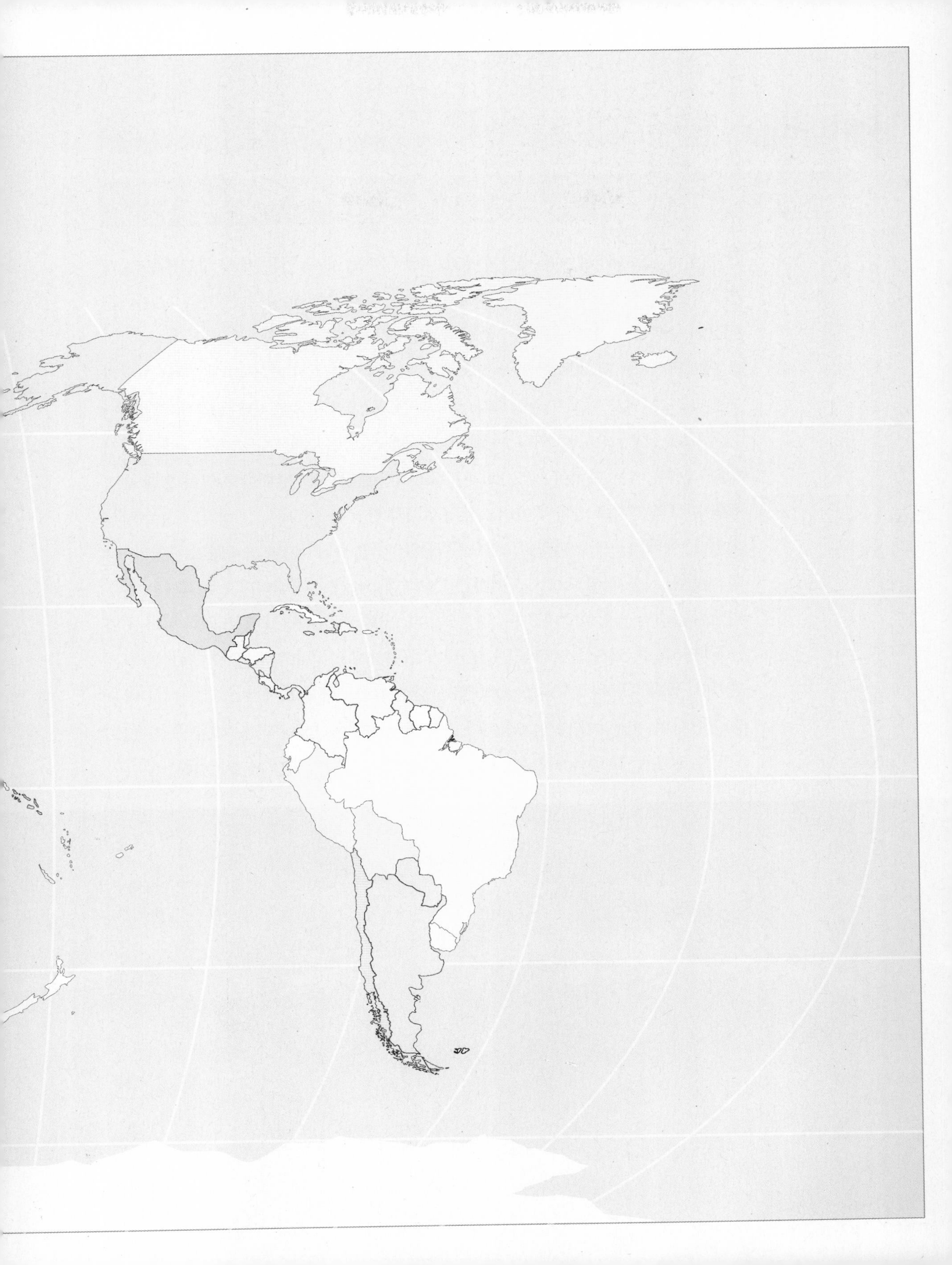

에베레스트

중국/네팔 ★ Everest Mountains

티베트에서 '대지의 여신'이라는 뜻의 '초모룽마(Chomo Lungma)'로 불리는 에베레스트는 칼날 능선이 북서, 북동, 남동 방향으로 이어지는 피라미드형의 거대한 봉우리이다.

에베레스트The Everest는 중국티베트과 네팔 국경에 솟아 있는 세계 최고봉으로, 해발고도가 8,844.43미터에 달한다. 히말라야 산맥의 중부에 있으며, 해발 7,000미터 이상의 준봉들과 함께 세계에서 가장 웅대한 고산 지대를 형성하고 있다.

에베레스트는 대체로 동서 방향으로 뻗어 있다. 북쪽 비탈은 티베트Tibet 고원과 연결되고, 지세가 비교적 완만하다. 남쪽과 동쪽 비탈의 수평거리는 약 53킬로미터이며, 고도 차이가 6,000미터 이상 난다. 에베레스트는 저위도 고랭지대에 있어서 빙하 작용을 받는 면적이 약 5,000제곱킬로미터에 달한다. 광대한 지역이 오랜 세월 동안 빙하의 영향을 받아 피라미드형 봉우리와 칼날 능선, 카르 등 빙식 지형이 형성되었다. 에베레스트도 피라미드형으로 꼭대기가 돌출되었지만 뾰족하지는 않다. 북쪽 비탈은 평균 경사도가 45도이며, 빙설이 계속해서 흘러내리면서 눈사태가 자주 발생해 깊숙한 도랑이 20여 개나 형성되었다. 남쪽 비탈은 경사가 조금 더 높아서 평균 50~55도로, 역시 눈사태와 얼음사태가 빈번하게 일어나 윗부분에는 적설이 적은 편이다. 동쪽 비탈의 6,500~6,900미터 구간은 경사도가 20도에서 25도 사이로 비교적 완만하며 기반암이 넓게 노출되어 있다. 6,900미터 이상 올라가면 경사도가 40도 정도로, 온통 눈과 얼음으로 뒤덮여 신비한 빙설의 세계가 끝없이 펼쳐진다.

성스러운 '설산의 여신'
에베레스트

사가르마타 국립공원

네팔 ★ Sagarmatha National Park

고산의 나라 네팔에서 '사가르마타'로 불리는 에베레스트. 설봉 빙하와 일 년 내내 봄날처럼 따뜻한 기후가 선명한 대조를 이룬다.

해발 8,844.43미터의 세계 최고봉 에베레스트는 네팔에서 '사가르마타'로 불린다. 산스크리트어로 '우주의 어머니'라는 뜻이며, 에베레스트 남쪽 자락에 자리한 사가르마타 국립공원의 이름도 여기에서 유래되었다.

아시아판과 인도판이 맞붙어 서로 밀고 누르면서 두 대륙판 사이의 접합부가 지속적으로 융기해 히말라야 산맥이 형성되었다. 또 여기에 외부 힘의 작용이 더해져 산봉우리들이 잇달아 드높이 치솟고 깊숙한 골짜기가 여기저기 생겨난 독특한 지형이 만들어졌다. 사가르마타 국립공원에서는 이런 지형이 두드러지게 나타난다. 총면적이 960여제곱킬로미터에 달하는 사가르마타 국립공원은 에베레스트와 해발 7,000미터 이상인 봉우리 여섯 개를 품고 있다. 이 밖에도 빙하기에 형성된 장대한 빙하와 깊은 계곡이 곳곳에 숨어 있다.

사가르마타 국립공원은 매우 풍부한 동식물 자원을 자랑한다. 해발 고도가 2,850~8,844미터에 걸쳐 있고 아열대에서 한대, 산골짜기에서 고산 지대까지 각종 기후와 생태 환경을 갖추어 다양한 종류의 포유동물과 식물들이 생존하기에 적합하다. 즉, 완벽하고도 다양한 자연 생태계를 형성하고 있다. 희귀 동물인 사향노루는 사가마르타 공원에서 몸집이 가장 큰 포유동물이다. 조류의 품종도 118종에 달한다. 공원이 저위도 지대에 자리하고 있어서 해발이 높은 곳에도 생물이 존재하며, 심지어 해발 5,500미터 지역에도 초본 식물들이 자란다. 히말라야삼목과 네팔의 국화인 진달래과의 랄리구라스를 비롯해 흰 전나무, 노간주나무, 자작나무 등 진귀한 식물들이 자란다. 낮은 지역의 하곡 일대에는 랄리구라스가 만발해 천상의 화원을 이룬다. 빨간색, 장미색, 그리고 보기 드문 희귀한 흰색 랄리구라스가 수줍은 듯 꽃망울을 톡톡 터뜨리며 아름다운 자태를 뽐낸다. 산 위에 소담스럽게 쌓인 하얀 눈과 서로 어울려 한층 더 아름답고 눈이 부시다.

사가마르타 국립공원은 기후가 온화하고 쾌적해 여름에는 덥지 않고 겨울에는 춥지 않으며 일 년 사계절 따사로운 햇볕과 함께 봄날 같은 화창한 날씨가 지속된다. 웅장하고 기세등등한 산들이 주위를 병풍처럼 둘러싸고 빙설로 뒤덮인 봉우리들이 줄지어 늘어서 있다. 산 위는 일 년 내내 적설로 뒤덮여 있고 산 아래에는 사시사철 푸르른 나무와 꽃들이 무성하게 자라나 수풀을 이룬다. 공원 안에는 티베트불교의 한 종파인 홍모파紅帽派, 닝마파(Ningmapa) 셰르파Sherpa인들의 문화를 대표하는 사원과 절이 있다. 여행객들은 여기에서 바로 가까이에 있는 사가마르트타 등 15개의 유명한 설봉을 구경할 수 있다. 해발 4,267미터에 심지어 공항까지 있어서 수도 카트만두Kathmandu를 오가는 항공기가 매일 운행된다. 공중에서 산의 풍경을 감상하는 비행 관광 코스가 운영되는데, 비행기를 타고 험준한 산봉우리 사이를 빙빙 선회하면서 바라보는 풍광은 숨이 막힐 정도로 장엄하고 아름답다. 눈에 덮인 하얀 절벽과 봉우리, 산악 빙하와 빙하의 침식으로 생긴 깊은 계곡들이 웅대한 경관을 연출한다.

에베레스트는 전 세계 산악인들에게 영원한 로망이자 정복 대상이다. 기후 탓에 남쪽 비탈이 북쪽 비탈보다 오르는 것이 좀 더 수월하다. 1953년 5월 29일에 영국 등산대가 셰르파족의 협조를 받아 최초로 남쪽 비탈을 정복했다.

▶사가르마타는 지세가 험악하고 지형 조건이 다양하다. 남쪽 비탈은 일조량이 강해서 수증기가 고공에서 불어오는 서풍에 의해 깃발 모양의 구름을 형성하며 산꼭대기에 낮게 드리운다.

황산

중국 ★ Mount Huangshan, 黃山

"황산에 오르고 나니 천하에 산이 없더라."라고 했던가? 황산의 기송, 괴석, 운해, 온천은 가히 천하제일이라 하겠다. 시인 이태백은 황산을 구경하고 나서 대지의 꽃이라 극찬했다고 전해진다.

중국 안후이 성安徽省 남동부에 있는 황산은 황산 시와 후이저우徽州 지역 세 개 현縣에 걸쳐 있다. 양쯔揚子 강과 첸탕錢塘 강의 분수령으로 남북 길이가 60킬로미터, 동서 폭이 30킬로미터이다. 총 면적은 1,200여제곱킬로미터이며 중점 관광 지구로 지정된 곳만도 154제곱킬로미터에 달한다.

황산 관광 지구에는 이름이 붙은 봉우리만 72개가 넘는데, 그중에서도 3대 주봉인 롄화봉蓮華峰, 광밍정光明亭, 톈두봉天都峰이 가장 유명하다. 황산은 중국 명산의 장점을 두루 갖추었다. 웅장하고 험준하고 서늘하며 운무雲霧와 폭포, 절묘한 형태의 바위들이 완벽하게 어울려 빼어난 경관을 만들어낸다. 황산사절黃山四絕로 불리는 기송奇松, 괴석怪石, 운해雲海, 온천溫泉은 천하의 으뜸으로 칭송 받으니, 예로부터 "오악五岳에서 돌아오면 산山을 보지 않고, 황산에서 돌아오면 악岳을 보지 않는다."라는 말이 전해진다.

황산송은 가파른 절벽과 바위 틈 사이에 깊숙이 뿌리 내리고 자란다. 짧고 굵은 잎이 빽빽하게 자라며 줄기가 꼿꼿하고 가지는 손바닥을 편 듯 우아하다.

수많은 산봉우리와 기암괴석, 다양한 자태의 소나무와 산을 휘감은 구름바다가 어우러져 황산의 천혜 비경을 만들어 냈다. 수천 년의 세월 동안 황산의 웅장하고 수려한 자연 절경은 수많은 이를 사로잡았다. 중국 최고의 시인 이태백은 황산을 구경하고 나서 그 절경에 매료되어 대지의 꽃이라고 극찬했다고 한다.

황산의 전경을 내려다보면 기상천외한 롄화봉, 평평하고 널찍한 광밍정, 높고 험한 톈두봉이 관광 지구 중심부에 웅장하게 솟아 있다. 세 봉우리가 서로

장엄하고 우아한 자태를 뽐내는 잉커송. 옆으로 길게 뻗은 푸른 나뭇가지가 마치 상냥한 주인이 팔을 뻗어 손님을 맞이하는 것 같다.

대치하듯 당당하게 마주 서 있는 모습이다. 형형색색의 봉우리가 즐비하게 늘어서고 곳곳에 깎아지른 절벽과 험하고 깊숙한 골짜기가 장관을 연출한다.

황산 중부에 있는 해발 1,873미터의 롄화봉은 황산의 최고봉이다. 주봉이 거침없이 높이 솟아 있고 그 주변을 작은 봉우리들이 빽빽하게 둘러싼 모습이 마치 활짝 핀 연꽃 같다고 해서 '연꽃', 즉 '롄화蓮花'라는 이름이 붙여졌다. 산꼭대기는 매우 널찍하며, 주변에 난간을 둘러놓았다. 돌에 문자를 새긴 석각石刻들에는 산봉우리의 높고 험준하며 웅장한 특징을 묘사한 내용이 담겨 있다.

황산에서 두 번째로 높은 봉우리 광밍정은 해발 1,860미터로 역시 중부에 있다. 정상이 평탄하고 널찍해 햇볕을 오래 받는다고 하여 '광밍정光明頂'으로 이름 지었다. 황산의 전경을 한눈에 볼 수 있는 최적의 장소이다.

황산에서 세 번째로 높은 봉우리는 해발 1,829미터의 톈두봉이다. 톈두天都는 '천상의 도시'라는 뜻이다. 옛 사람들은 톈두봉이 높이에서 으뜸일 뿐만 아니라 뭇 봉우리 가운데 가장 귀한 봉우리라고 생각했다. 산기슭에서 위를 올려다보면 칼로 깎

운해가 끝없이 아득하게 펼쳐진다.

은 듯한 날카로운 바위가 들쑥날쑥 솟아 있다. 하늘과 구름과 맞닿은 톈두봉 정상에는 나무들이 앞다투어 빼어난 자태를 자랑한다. 멀리서 바라보면, 톈두봉은 각도와 방향에 따라 그 모습이 순간순간 변한다.

톈두봉의 계단길은 길이가 약 1,500미터이며 계단이 총 2,125개에 이른다. 산세가 높고 길이 험난해서 보기만 해도 다리가 후들후들 떨린다. 유명한 관광 명소로 '붕어등' 이라는 곳이 있는데, 양쪽이 천길 골짜기이고 중간 부분만 좁고 납작하게 불쑥 솟아올라 있다. 너비가 1미터로 겨우 한 사람이 지나갈 수 있을 정도이며 흙이 없이 완전히 돌로만 형성되었다. 자욱한 안개 속에서 보면 마치 수면 위로 등을 드러낸 붕어 같다고 해서 이러한 이름을 얻었다.

해발 1,683미터의 스신봉始信峰도 황산의 절경으로 손꼽힌다. 비록 톈두봉, 롄화봉, 광밍정의 3대 봉우리에는 못 미치지만, 가파른 절벽 위에 우뚝 솟아 험준한 기세를 과시한다. 스신봉은 황산송의 세상이다. 각양각색 기이한 형태의 소나무들이 빽빽하게 늘어서 있다. 비스듬히 누워 있는 와룡송臥龍松, 용의 발을 닮은 용족송龍足松, 호랑이를 닮았다는 흑호송黑虎松, 관광객들이 나뭇가지를 타고 오갔다고 하여 이름

신이 만든 작품 페이라이석이 끝없이 펼쳐진 구름바다 속에서 홀로 외로이 먼 곳을 바라보고 있다.

지어진 접인송接引松, 사랑의 상징인 연리송連理松 등 각기 다양한 특색을 자랑한다. 그중에서도 하나의 뿌리에서 나온 나무 두 그루가 거의 붙어 자란다는 연리송은 황산에서만 볼 수 있는 명물이다.

스신봉 북서쪽에 있는 스즈봉獅子峰은 높이가 1,690미터로 마치 누워 있는 사자 같다. 멀리서 보면, 스즈린獅子林이라는 사찰은 쩍 벌린 사자의 입과 같고 칭량대清凉臺는 미끈하게 뻗은 사자의 허리 같으며 수광정曙光亭은 사자의 꼬리 같다. 근처에는 또 다른 특이한 모습의 산봉우리와 오래 묵은 측백나무들이 고색창연한 모습으로 꿋꿋하게 솟아 있다. 이 밖에도 사시사철 물을 뿜어내는 샘과 수려한 풍경의 볼거리가 가득하여 절대 놓쳐서는 안 될 명승지로 손꼽힌다.

황산송은 황산에만 있는 특유의 수종으로, 해발 800미터 이상의 절벽에서 자란다. 대개 줄기는 곧게 서고 가지가 시원하게 쭉쭉 뻗어 기이하고 절묘한 형태를 보인다. 수많은 황산송 가운데 잉커송迎客松, 쑹커송送客松, 푸퇀송浦團松 등 31그루가 가장 유명하며, 특히 황산을 대표하는 노송 잉커송은 세계자연유산에도 등재된 국보로 특별 보호를 받고 있다.

황산의 또 다른 절경은 바로 괴석이다. 바위 모양이 사람이나 동물, 사물의 모습과 기가 막히게 닮은 것도 마냥 신기한데, 보는 각도에 따라 그 모습이 다양하게 변한다. 이름이 붙여진 것만 해도 120여 곳이 넘는다. 페이라이봉飛來峰은 서쪽 산꼭대기 위에 놓인 높이 12미터, 길이 7.5미터, 너비 1.5~2.5미터의 거대한 바위이다. 산봉우리의 단면은 반듯하고 평평하며 길이가 12~15미터, 너비가 8~10미터이다. 돌 아랫부분과 산봉우리 정상 표면의 사이가 확 트여 있어서 봉우리 위에 놓인 거석이 마치 하늘에서 날아와 꽂힌 것 같다고 하여 페이라이석飛來石이라고 이름 붙여졌다. 다른 곳에서 보면 아래는 넓고 위는 뾰족한 모습이 마치 복숭아 같아 셴타오봉仙桃峰이라고도 한다.

잉커송 옆에 위풍당당한 자태를 자랑하는 사자 모양의 바위가 있는데 스석獅石, 사자석 또는 칭스석青獅石이라고 부른다. 자리를 바꿔 다른 곳에서 보면, 이 사자는 하늘 위 신선 세계의 못에 머리를 박고 물을 마시는 하늘소로 변신한다.

황산의 절경을 묘사한 산문만 해도 수백 편이고, 시는 2만여 수가 넘는다. 수많은 민간 전설과 설화도 황산 문화의 중요한 부분으로 전해졌다. 황산은 그야말로 진정한 시와 그림의 산이다.

타이 산

중국 ★ Mount Taishan, 泰山

"타이 산 정상에 오르니 뭇 산이 발밑에 있구나." 타이 산 정상에서 일출을 보는 것은 많은 사람이 소원하는 바이자 문인들이 이구동성으로 칭송하는 절경 중의 절경이다.

중국 산둥 성山東省 중부에 자리한 타이 산은 중국에서 명산 중의 명산으로 꼽힌다. 웅대하고 위엄 넘치는 자연 경관에는 수천 년을 전해 내려온 중국 민족의 유구한 정신과 문화가 살아 숨쉰다. 타이 산은 산세가 곧고 웅장하며 첩첩산중에서 폭포가 포효하고 소나무가 물결을 이루는 모습이 마치 한 폭의 수묵화 같다. 겹겹이 솟아 있는 산봉우리들은 듬직하고 중후한 느낌을 주며, 고색창연한 노송과 거대한 바위, 시시때때로 모습을 바꾸는 안개와 구름이 함께 어우러져 혼연일체를 이룬다. 웅장함 속에 수려함이, 장엄함 속에 신비로움이 묻어나 중국 대륙 산수 경관의 정수를 집대성한 명산으로서 전혀 부족함이 없다. 타이 산은 유네스코 세계문화유산과 자연유산으로 동시에 지정되었다.

정상에 '오악독존(五岳獨尊)'이라고 새겨진 거석

일출은 타이 산의 4대 절경으로 꼽힌다. 웅대한 산세로 더욱 장대하고 멋스러워 보이는 일출은 타이 산의 중요한 상징으로 알려졌다. 동이 트기 시작하면 붉은 해가 서서히 솟아오르면서 여명의 첫 빛줄기가 어둠을 시원하게 가른다. 어둠의 장막이 조금씩 걷히면서 동녘 하늘은 천천히 희뿌연 색으로 변했다가 점점 핏빛으로 붉게 물든다. 곧이어 찬연하게 부서지는 아침 햇살과 함께 커다란 불덩이 같은 해가 수평선 위로 불끈 솟아오른다. 짧은 순간이지만, 일출의 장관이 너무나 장엄하고 경이로워서 가슴 먹먹한 감동과 설렘이 오래도록 가시지 않는다.

저녁노을도 일출 못지않게 황홀하고 아름답기로 유명하다. 비가 내린 날 해질 무

렵에 정상에 올라 서쪽 하늘을 바라보면, 하얀 구름이 띄엄띄엄 흩어져 있고 눈부신 황금빛이 구름을 뚫고 인간 세상으로 쏟아진다. 아름다운 저녁노을 아래 금테를 두른 듯한 봉우리들이 진귀한 보물처럼 광채를 발한다.

불광佛光도 타이 산의 절경 중 하나이다. 안개가 자욱하게 피어오르는 새벽이나 저녁 무렵이면 가물거리는 안개 위에 마치 불상 뒤의 둥근 금빛 테와 비슷한 찬란한 빛이 나타난다. 사람의 두상이나 전신 모습을 그려 넣으면 영락없이 부처를 둘러싸고

있는 후광이라고 하여 이런 이름이 붙여졌다. 기록에 따르면, 타이 산의 불광은 6~8월 사이에 안개가 낀 조금 흐린 날 해질 무렵에 나타난다고 한다. 정말로 운이 좋은 사람들만 볼 수 있다는 최고의 진풍경이다.

바람이 잠잠한 날이면 구름바다가 끝없이 펼쳐져 마치 거대한 옥쟁반처럼 하늘과 땅 사이에 둥둥 떠 있다.

장자제

중국 ★ *Zhangjiajie*, 張家界

장자제의 자연 경관은 청아하고 수려하며 원시적인 멋을 간직하고 있다. 독특하면서도 다양한 경관이 집중되어 절경을 이룬다. 중국 최초의 국립삼림공원으로 지정된 곳이다.

중국 후난 성湖南省 서부에 있는 장자제는 중국의 주요 자연 풍경 관광지 가운데 하나로 우링위안武陵源의 중앙에 자리한다. 뛰어난 지략가인 장량張良이 유방을 도와 한나라를 건국한 후에 유방이 공신들을 제거하려고 하자 멀리 피신해서 숨어든 곳이 바로 여기라고 한다. 이곳에 정착해서 후손을 남기며 대大가문을 형성해 장가계張家界, 즉 장씨들의 세계라는 이름이 유래되었다. 츠리慈利 현, 용딩永定 현, 쌍츠桑植 현 등을 포함하며 면적이 133제곱킬로미터에 달한다. 그 중 80제곱킬로미터가 삼림공원 관할 지역이고 최고 해발은 1,334미터, 최저 해발은 300미터이다.

하늘을 찌를 듯이 삐죽삐죽 솟은 산봉우리들이 허리를 휘감은 짙은 운무 속에서 더욱 신비롭고 성스러운 분위기를 뽐낸다.

지금으로부터 약 3억 8000만 년 전에 장자제는 망망대해였다. 당시 육지와 가까운 광활한 해변 지역이었기에 육지에서 가벼운 부스러기 형태의 물질들이 대량 유입되었다. 세월이 흐르면서 퇴적 현상이 일어나고 점차 굳어져 암석이 되는 기나긴 과정을 거쳐 두께 500여 미터에 이르는 석영질 사암이 형성되었다. 이것이 현재 장자제의 독특한 지형과 절경을 이루는 기초가 되었다.

장자제는 뛰어난 자연 경관으로 1982년 9월에 중국 최초의 국가삼림공원으로 지정되었고, 쒀시위와 톈쯔산도 잇달아 국가자연보호구역으로 확정되었다. 이 세 풍경 구역이 합쳐져 우링위안武陵源이 되었고, 1988년 8월에는 우링위안武陵源이 중국 중점자

톈쯔 산은 천하제일의 절경을 자랑하지만 산이 너무 높아 사람들이 그 절경을 쉽게 볼 수 없어서 아쉽기 그지없다. 특히 구름바다와 물결을 이루는 바위, 설경과 노을이 일품이다.

장자제 깊은 산속에서 자라는 새우처럼 생긴 '새우꽃'. 해마다 10월에 꽃을 피우는데, 손가락으로 살짝 건드리기만 해도 시들어 떨어지고 만다.

연풍경구로 지정되었다. 1990년에는 중국 40대 자연풍경구로 꼽혔고, 1992년에 유네스코의 세계자연유산에 등재되었다.

칭앤 산青岩山이라고도 불리는 장자제 국가삼림공원에는 기이한 모습의 바위봉우리들이 우뚝우뚝 솟아 있다.

황스자이는 장자제 자연 관광지의 비경 중에서도 최고를 자랑하는 관광코스이다. 해발 1,200미터에 공중 전망대가 있어서 주위 풍경을 한눈에 볼 수 있다. 주위가 온통 가파른 절벽과 낭떠러지이고 산세가 험준하며 겨우 한 사람이 지나갈 수 있을 만큼 좁고 험한 길 두 갈래가 정상으로 통한다. 정상에 서서 북동쪽을 아스라이 바라보면 900개 봉우리들이 한눈에 다 들어온다.

장자제에는 비교적 큰 계곡이 다섯 개 있는데, 그중에서 가장 길고 산간 지대의 특색이 가장 짙은 곳이 진벤시이다. 금으로 만든 채찍 같다고 하여 진벤金鞭, 황금 채찍이라는 이름이 붙여졌다. 산봉우리 사이를 이리저리 헤집으며 20여 킬로미터를 흐른다.

장자제는 자연 경관이 산수화처럼 아름답고 조화로울 뿐만 아니라 풍부한 동식물 자원을 자랑하는 천연의 동식물원이다. 산림녹화율이 97.7퍼센트에 달하며 국화과, 난초과, 콩과, 장미과, 벼과 등 세계 5대 식물이 모두 있다.

장자제의 화초도 매우 아름답고 독특하다. 하루에 다섯 가지 색깔로 변하는 오색화, 장자제 특유의 새우꽃 등이 있다. 이 밖에도 꿩의 한 종류인 희귀 조류 홍주계, 붉은 부리 상사조相思鳥, 사향노루, 짧은 꼬리 원숭이, 장수도롱뇽 등 희귀 동물 70여 종이 서식한다.

장자제는 소수 민족 집거 지역으로 투자土家 족, 바이白 족, 먀오苗 족 등이 거주해 짙은 민족 문화와 풍토가 생생하게 살아 있다. 각 민족 특유의 춤과 노래, 희곡, 무예 등 예술과 혼례, 제례, 장례 등의 이색 문화가 그대로 보존되어 이채로운 민족 특색의 정수를 느낄 수 있다.

첸탕 강 조수

중국 ★ Tide of Qiantang River, 錢塘江潮

첸탄 강 조수는 예로부터 천하 절경으로 칭송받았다. 세차게 용솟음치는 모습에 웅장한 소리와 세상을 삼킬 듯한 기세가 어우러져 보는 사람의 혼을 쏙 빼놓는다.

세계에서 조수해일Tidal Bore로 가장 유명한 두 곳을 꼽자면, 하나는 남아메리카 아마존 강이 바다로 흘러들어가는 입구이고 또 하나는 바로 중국 첸탄 강 유역의 하이닝海寧 시이다.

거센 파도가 용솟음치며 장관을 이루는 첸탄 강 조수는 예로부터 천하 절경으로 칭송받았다. 이런 조수를 '조수해일' 이라고 한다. 첸탄 강 조수의 특별함은 세차게 용솟음치는 모습뿐만 아니라 귀청이 떨어져 나갈 것 같은 굉음과 세상을 삼킬 듯한 기세에 있다. 조수가 거세게 일 때면 천군만마가 내달리듯 기세가 드높고 웅장하다. 수면 위에는 마치 천둥번개가 치고 폭포가 쏟아지는 것 같다. 천지를 뒤흔드는 무시무시한 굉음과 함께 거센 파도가 세상을 모조리 부셔버릴 듯한 기세로 몰려온다.

2002년 9월 9일, 중국 저장 성(浙江省)에 상륙한 16호 태풍 신라쿠(Sinlaku)가 첸탄 강의 밀물과 썰물의 차가 최대가 되는 시기와 맞물려 보기 드문 대조(大潮) 장관이 연출되었다.

관광객들이 첸탄 강 강변에서 천군만마가 내달리는 듯한 웅장한 기세의 조수해일을 흥미진진하게 구경하고 있다.

첸탄 강에 이렇게 엄청난 규모의 해일 현상이 일어나는 것은 우선 첸탄 강이 유입되는 항저우杭州 만의 형태와 특수한 지형 때문이다. 항저우 만은 나팔 주둥이 모양으로 생겨 입구는 크고 안쪽은 작다. 첸탄 강의 수로가 급격히 좁아지고 지세가 높아지면서 강바닥의 용량이 갑자기 줄어든다. 좁고 얕은 수로로 밀물이 대량으로 밀려들어오니 파도가 막혀 앞으로 시원하게 나아가지 못한다. 그런데 뒤에서는 계속해서 밀물이 빠르고 세차게 밀어닥쳐 파도의 앞면이 차차 가팔라지다가 끝내는 수직 상태가 된다. 그리고 수직의 물결 벽이 산산이 부서져 수면 위로 떨어지면서 엄청난 굉음과 함께 스릴 넘치는 경이로운 모습이 연출된다.

이 밖에 물살 속도와 파도 속도의 비율도 조수해일 현상에 영향을 미친다. 만약 물살과 파도의 속도가 비등비등하면 해일이 쉽게 일어나고, 속도 차이가 많이 나면 나팔 주둥이 모양의 강어귀에서도 조수해일이 일어나지 않는다.

마지막으로 강어귀에서 조수해일이 일어날 수 있는 것은 그 위치의 조차潮差, 즉 밀물과 썰물 간의 수위 차이와 관련이 있다. 항저우 만은 동중국해East China Sea 서안에 자리하고 있다. 태평양의 조수 파도가 동중국해에 흘러들어갔다가 남하하는 과정에서 지구 자전에 의한 쏠림 현상으로 우측으로 이동하게 된다. 그래서 동중국해 서안의 조차는 동안보다 크고, 해일이 쉽게 일어난다.

항저우 만은 태평양의 조수 파도가 바로 밀어닥치는 곳에 있으며, 또한 동중국해 서안에서 조차가 가장 큰 곳이다. 이런 탁월한 지리적 위치와 여러 가지 요인이 복합적으로 작용하여 감히 흉내 낼 수 없는 첸탄 강 조수해일의 장관이 형성되었다.

첸탄 강 조수에는 또 다른 독특한 현상이 하나 있다. 바로 강어귀로 들이닥쳤던 밀물이 가로막혀 역류하면서 일어나는 해일 대역류 현상으로, 이는 인위적으로 만들어진 것이다. 첸탄 강의 강어귀는 전형적인 나팔 주둥이 모양이다. 넓은 물줄기를 타고 막힘없이 시원하게 밀려오던 밀물이 갑자기 좁고 얕은 수로로 몰려드니, 그 순간의 격렬한 정도는 충분히 짐작할 만하다. 게다가 힘찬 물줄기가 큰 둑에 가로막혀 터져나갈 길이 없으므로 성난 기세로 거세게 솟구치며 해일 역류 현상을 일으킨다.

화산섬 제주

한국 ★ Jeju Volcanic Island

약 120만년 전에 있었던 화산활동으로 만들어진 화산섬 제주는 세계적으로 보기 드문 화산지형의 빼어난 자연경관, 지질학적 중요성, 독특하고 풍부한 생태계의 가치를 인정 받아 2007년 세계자연유산으로 등재되었다.

성산 일출봉은 약 12만~5만 년 전에 얕은 수심의 해저에서 발생한 분화활동 결과로 생겨났다.

제주도는 한반도 본토에서 10킬로미터 이상 떨어진 바다 한가운데 유유하게 떠 있는 화산섬이다. 동서 길이 약 73킬로미터, 남북 길이 31킬로미터에 이르며, 중심부에는 남한에서 가장 높은 1,950미터의 한라산이 우뚝 솟아 있다.

화산 활동으로 만들어진 제주도는 섬 전체가 '화산 박물관'이라 할 만큼 다양하고 독특한 화산 지형을 자랑한다. 크고 작은 368개 오름소규모 화산체를 뜻하는 제주어과 160여 개의 용암동굴이 섬 전역에 흩어져 있는데, 작은 섬 하나에 이렇게 많은 오름과 동굴이 있는 경우는 세계적으로도 매우 드문 사례이다.

제주도는 이러한 가치로 인해 유네스코UNESCO가 선정한 생물권보전지역2002년, 세계자연유산2007년, 세계지질공원2010년으로 지정되었다.

유네스코에서는 2007년에 뛰어난 자연미를 갖추고 있으면서 독특한 화산지형과 생태계를 지닌 '제주 화산섬과 용암동굴'을 세계자연유산으로 등재했다. 세계자연유산으로 지정된 곳은 한라산과 성산일출봉, 거문오름용암동굴계거문오름, 벵뒤굴, 만장굴, 김녕굴, 용천동굴, 당처물동굴로 제주도 전체 면적의 약 10%를 차지한다. 이 가운데 거문오름에서 분출한 용암이 해안까지 흐르면서 다양하게 형성된 용암동굴은 최고의 백미라 할 수 있다. 용암동굴이면서도 화려한 석회생성물이 형성된 용천동굴과 당처물동굴은 세계적으로 매우 희귀하다.

한편, 생물권보전지역은 '유네스코 인간과 생물권 계획MAB'에 따라 생물다양성 보전과 자연자원의 지속가능한 이용을 결합시킨 육지 및 연안해양생태계 지역을 말한다. 제주도 생물권보전지역은 섬 중앙에 위치한 한라산국립공원과 천연기념물천연보호구역로 지정된 2개의 하천영천과 효돈천, 3개의 부속섬문섬, 섶섬, 범섬으로 이루어져 있다. 이 지역들은 각각 핵심지역, 완충지역, 전이지역으로 구분하고 있다. 제주도 생물권 보전지역의 핵심지역에는 고산성 관목림, 상록침엽수림과 낙엽활엽수림 및 난대상록활엽수림이 분포하며, 많은 멸종위기종과 고유종의 동식물이 서식하고 있다. 완충지대는 핵심지역을 둘러싸고 있으며, 국유림으로 산지관리법에 의한 보전산지로 지정되어 보호되고 있다.

제주도는 2010년 10월 유네스코 세계지질공원으로 인증되었다. 세계지질공원은 지질학적으로 뛰어난 가치를 지닌 자연유산 지역을 보호하면서 이를 토대로 관광을 활성화하여 주민소득을 높이는 것을 목적으로 만들어진 유네스코 프로그램이다. 대표적인 지질명소는, 한라산, 수성화산체의 대표적 연구지로 알려진 수월봉, 용암돔으로 대표되는 산방산, 제주 형성초기 수성화산활동의 역사를 간직한 용머리해안, 주상절리柱狀節理, 화산폭발 때 용암이 식으로면서 부피가 줄어 수직으로 쪼개지면서 5~6각형의 기둥형태를 띠는 것의 형태적 학습장인 대포동 주상절리대, 100만 년 전 해양환경을 알려 주는 서귀포 패류화석층, 퇴적층의 침식과 계곡 · 폭포의 형성과정을 전해 주는 천지연폭포, 응회구의 대표적 지형이며 해 뜨는 오름으로 알려진 성산일출봉, 거문오름용암동굴계 가운데 유일하게 체험할 수 있는 만장굴 등 9개의 대표 명소가 있다.

제주도는 수려한 경치, 온난한 기후, 남국적인 식생 · 경관, 독특한 문화와 풍속 등으로 국제적인 관광지로 각광을 받고 있으며, 2011년 11월에는 브라질의 아마존, 아르헨티나의 이과수 폭포, 인도네시아의 코모도 섬, 베트남의 하롱베이, 필리핀의 지하강, 남아프리카공화국의 테이블마운틴과 함께 스위스 비영리 재단 뉴세븐 원더스New7wonders가 뽑은 '세계 7대 자연경관'에 선정되었다.(자료 협조: 제주특별자치도)

수많은 기생화산으로 이루어진 오름군. '오름'이란 제주 방언으로 '작은 산'을 뜻한다.

후지 산

일본 ★ Mount Fuji

일 년 내내 눈으로 덮여 있는 산봉우리는 완벽한 대칭을 이루며 아름다움의 극치를 만천하에 과시한다. 상서로운 눈과 영험한 기운이 감도는 산봉우리들은 예로부터 일본 문인들이 찬사를 아끼지 않은 명산 중의 명산이다.

세계적으로 유명한 화산인 일본의 최고봉 후지 산은 혼슈 중부 야바아시 현과 시즈오카 현에 걸쳐 있다. 후지하코네이즈 국립공원의 대표적인 관광지로, 도쿄와 약 80킬로미터 떨어져 있으며 높이가 3,776미터, 밑 부분의 둘레가 125킬로미터에 달한다.

후지 산은 비교적 젊은 휴화산이다. 'Fuji' 라는 이름은 일본의 소수 민족인 아이누족의 말로 '불의 산' 혹은 '불의 신' 이라는 뜻이다. 이로 미루어 보아 당시 사람들이 화산이 폭발하는 광경을 직접 목격했다는 것을 알 수 있다. 기록에 따르면, 후지 산은 서기 800년 이래 모두 18번 폭발했다고 한다. 1707년에 마지막으로 폭발했을

푸른 물결을 출렁이며 파란 하늘과 하나로 이어지는 후지 5호가 있어서 후지 산 꼭대기에 쌓인 하얀 눈이 더욱 눈부시게 빛난다.

후지 산의 하얀 봉우리가 아침 햇살에 붉게 물들고, 늠름한 봉우리 여덟 개가 멋진 보디가드처럼 그 주위를 둘러싸고 있다.

때는 분출된 용암이 근처의 오래된 화산 두 개를 덮어버렸고 화산재가 무려 400킬로미터까지 날아갔다. 현재 후지 산의 원뿔형 봉우리는 그때의 폭발로 형성되었다. 후지 산은 현재도 활동하고 있는 화산이며, 일부 동굴에서는 종종 화산 기체 분출 현상이 일어나기도 한다.

후지 산은 언뜻 보기에는 '완벽' 하게 대칭되는 모습이지만, 엄격히 말하면 완전 대칭은 아니다. 그런데 오히려 그런 모습이 더 매력적으로 다가온다. 후지 산의 산비

탈은 위로 향하는 경사도가 제각기 다르다. 그래서 정상의 한 점에서 모이는 것이 아니라 구불구불한 수평선 위에 모인다. 비탈의 경사도는 45도이며, 지면에 가까워질수록 경사도가 작아지면서 점점 평탄해진다. 산 주위에는 최고봉의 겐가미네劍ケ峰를 비롯한 봉우리 여덟 개가 외륜을 형성하고 있다.

후지 산의 북쪽 산기슭에는 후지 5호湖가 활 모양으로 줄지어 있다. 가와구치 호, 모토스 호, 사이 호, 쇼지 호, 야마나카 호 등 모두 화산 폭발로 골짜기에 흐르는 하천이 막혀서 생긴 언색호堰塞湖이다. 가와구치 호는 5호 중의 '수문장'으로, 다른 네 호수로 가는 출발점이다. 후지 산 가까운 곳에서 산이 수면에 거꾸로 비친 그림을 한눈에 볼 수 있어 후지 산 북부의 경치에 생동감을 불어넣는 화룡점정의 역할을 훌륭히 해내고 있다. 5호 중에서 가장 작은 호수인 쇼지 호는 울창한 숲과 산언덕에 둘러싸여 있으며 후지 산 남쪽의 풍광을 감상하기에 가장 이상적인 지점이다. 가장 서쪽에 있는 모토스 호는 수심이 146미터에 달하는 깊은 호수이다. 물빛이 맑고 푸르며 추운 겨울에도 얼음이 얼지 않는다. 사이 호 남쪽에는 단풍나무가 한가득 자라고 있어 단풍에 곱게 물든 가을 정취를 흠뻑 느낄 수 있다.

후지 산 주위 100킬로미터 안에 들어서면, 저 멀리 일 년 내내 하얀 눈으로 덮여 있는 아름다운 원뿔형 봉우리가 시야에 들어온다. 해발 2,900미터 이상에서 정상까지는 모두 화산 용암과 화산재로 뒤덮여 있다. 숲도, 샘도 없이 온통 황량한 가운데 오직 등산객들의 발길에 다져진 꼬불꼬불한 오솔길 하나만이 꿋꿋이 뻗어 있다. 해발 2,000미터에서 산자락까지의 경치는 같은 산이 아니라고 착각할 만큼 아름답다.

아름다운 사계절을 품고 있는 후지 산, 밤과 낮 모두 최고의 절경을 자랑하는 후지 산을 즐기려는 관광객들의 발걸음은 지금도 끝없이 이어지고 있다.

필리핀의 화산

필리핀 ★ Volcanos in Philippines

남아시아에 속하는 필리핀은 화산 지대에 자리하고 있다. 화산이 많고 빈번하게 폭발이 발생하며, 일부 화산의 폭발은 심지어 전 세계에 영향을 미치기도 한다.

화산이 형성되는 근본적인 원인은 지각 판의 이동이다. 태평양 가장자리에 있는 대륙판과 해저판이 서로 마찰하고 부딪혀 환태평양 화산대가 형성되었는데, 필리핀이 바로 이 화산 지대에 있다.

필리핀 화산이 매우 많은 나라이며, 특히 아포Apo 화산, 마욘Mayon 화산, 피나투보Pinatubo 화산이 유명하다. 아포 화산은 필리핀의 최고봉으로 민다나오Mindanao 섬 다바오Davao 시에서 남서쪽으로 약 40킬로미터 떨어진 거리에 있다. 해발 2,954미터의 활화산이며 지금도 자주 연기를 뿜어낸다. 필리핀 정부는 아포 화산을 중심으로 약 800제곱킬로미터를 아포 산 국립공원으로 지정했다.

마욘 화산은 필리핀 최대의 활화산으로, 세계적으로도 유명한 활화산의 하나이다. 루손 섬 남동부에 있으며 레가스피Legazpi 시와 약 16킬로미터, 수도 마닐라Manila와 약 330킬로미터 떨어져 있다. 해발 2,416미터, 밑바닥 둘레는 138킬로미터이며 산의 형태는 원뿔 모양이고 산꼭대기는 용암으로 뒤덮여 회백색을 띠는 세계에서 가장 완벽한 원추 화산이다. 마욘 화산은 1616년 이래 적어도 47번 분화했다고 기록되고 있다. 2000년 2월의 폭발은 6만여 명에게서 삶의 터전을 빼앗아버렸다. 최근의 폭발은 2001년 2월 26일에 일어났는데, 당시 분출된 마그마와 대량의 화산재가 수천 미터 상공으로 치솟았다.

루손 섬에 있는 다른 화산인 피나투보 화산은 현재 해발이 1,486미터이며, 1991년 6월 15일의 폭발이 있기 전에는 1,745미터였다. 1991년 4월 2일 화산의 분화구에서 증기가 강하게 치솟으면서 빈번하게 지진이 발생했다. 필리핀 화산지진연구소는 상황 보고를 접수한 즉시 피나투보 화산에 대한 지진과 광학 관측을 시작했다. 피나투보 화산에 대한 모니터링은 처음이었으므로 지진 활동과 관련한 배경 자료가 전혀 없어 당시의 지진 활동이 정상적인지 비정상적인지 정확하게 구분하기 어려웠다. 지진이 갈수록 빈번해지고 증기가

필리핀 루손 섬. 면적 10.5만제곱킬로미터로 필리핀 군도에서 가장 크고 가장 중요한 섬이다. 필리핀 수도 마닐라와 주요 도시 케손시티(Quezon City)가 이곳에 있다. 필리핀 군도의 북부에 있으며, 직사각형으로 남북 방향으로 뻗어 있다. 그러나 마닐라 남쪽에 있는 바탕가스(Batangas) 반도와 비콜(Bicol) 반도는 각각 정남 방향과 남동 방향으로 뻗어 있어서 루손 섬의 전체적인 모습은 불규칙적으로 보인다. 해안선의 길이는 5,000미터가 넘으며, 훌륭한 항만이 많다.

끊임없이 분출되자 사람들은 그제야 사태의 심각성을 깨달았다. 4월 23일에 미국지질조사국 과학자 세 명이 피나투보 화산의 모니터링 팀에 합류했고 최첨단 기기도 동원되었다. 6월 7일에 필리핀 화산지진연구소는 최고 경계 수준에 진입했음을 발표했고, 반경 20킬로미터의 지역을 인파 분산 구역으로 지정할 것을 건의했다.

1991년 6월 15일 오후, 태풍이 이 지역을 지나갈 때 화산 폭발 중에서도 가장 강력한 플리니식 분화Plinian type eruption가 시작되었다. 화산 쇄설물이 5,000세제곱미터가 넘게 쌓였고, 화산재는 3만 5,000킬로미터 상공으로 높이 치솟아 성층권에서 흩날렸다. 여기에는 이산화유황이 약 2,000만 톤 함유되어 있어서 2년 동안 지구 기온이 섭씨 0.5도나 낮아지는 상황을 초래했다. 폭발과 함께 펄펄 끓는 용암류가 산비탈을 타고 흘러내려 근처의 깊은 골짜기를 가득 메웠는데, 두께가 가장 두꺼운 곳은 200미터가 넘었다. 5년이나 지난 1996년에도 이런 화산 퇴적물의 온도는 500도가 넘었다. 원래 원뿔 모양이었던 화산 꼭대기는 폭발로 무너져 내리고 대신 너비가 2,500미터에 달하는 큰 분화구가 형성되었다. 화산 쇄설물이 대량의 물과 섞여 산 밑으로 빠르게 흘러내리면서 희생자 수는 급격히 늘어났다. 화산학자들은 이번 폭발을 20세기 지구에서 두 번째로 규모가 큰 화산 대폭발이라고 말한다.

피나투보(Pinatubo) 화산의 화구는 오랜 세월 동안 물이 고여 호수가 되었다. 하늘이 진노한 듯 격렬했던 폭발은 이제 깊이를 가늠할 수 없는 고요함으로 남았다.

삼색 호수

인도네시아 ★ Lakes in Kelimutu

인도네시아 켈리무투 화산 정상에 있는 화구호(火口湖) 세 곳은 대자연의 신비로움과 불가사의를 증명이라도 하듯 각기 다른 물빛을 띤다.

삼색 호수는 인도네시아 소순다 열도Lesser Sunda Islands, 누사텡가라(Nusa Tenggara)의 플로레스Flores 섬에 있는 켈리무투Kelimutu 화산 정상에 자리하며, 엔데Ende 시와 60킬로미터 떨어져 있다. 삼색 호수는 세 부분으로 구분되며 호수의 물빛이 각각 선홍색, 청록색, 담청색을 띤다. 화구호 세 개로 이루어졌고 서로 연결되어 있다. 선홍색 호수가 지름 400미터, 수심 60미터로 가장 규모가 크고, 다른 두 호수는 지름이 200미터정도이다.

삼색 호수는 원래 먼 옛날 켈리무투 화산이 폭발할 때 형성된 분화구로, 오랜 세월이 흐르는 동안 분화구에 물이 고여서 호수가 형성되었다. 호수의 물빛이 다른 것은 각기 함유된 광물질의 성분이 다르기 때문이다. 선홍빛 호수는 철이 대량으로, 청록색과 담청색을 띠는 호수에는 유황이 풍부하게 함유되어 있다. 그런데 아마도 광물질 성분에 변화가 생겼는지, 20세기 들어 삼색 호수에는 여러 차례 색깔의 변화가 있었다. 1930년대에는 지금과 같은 색깔이었는데, 1960년대에 이르러서는 짙은 갈색과 밤색, 파랑색으로 변했다. 한동안 검정색과 진홍색, 파랑색으로 변한 적도 있다.

삼색 호수와 그 주변의 광경은 하루에도 여러 번 변한다. 정오가 되면 수면 위로 옅은 안개가 스멀스멀 피어올라 주변을 살포시 감싸는 신비롭고 그윽한 광경이 펼쳐져 마치 신선 세계에 들어선 것만 같다. 그러다가도 오후가 되면 호수 위에 먹구름이 잔뜩 몰려오고 멀리서부터 바람을 타고 온 유황 냄새가 코를 찌른다. 음침하고 스산한 기운이 마치 인간 세상이 아닌 다른 세계에 있는 듯해 소름이 돋는다.

삼색 호수는 주변의 여러 산에 에워싸여 있다. 겹겹이 둘러싼 산봉우리와 우뚝 솟은 기암괴석, 울울창창한 숲과 온갖 다양한 꽃들이 제각기 매력을 뽐낸다. 멀지 않은 곳의 가파른 낭떠러지에서 은백색 폭포가 수직으로 떨어지고, 구불구불한 강줄기가 깊은 산골짜기를 말없이 흘러간다. 졸졸 흐르는 물소리에 주위의 고요함이 더욱 두드러진다. 산꼭대기에서 멀리 내다보면 작은 강과 밀림, 호수가 한눈에 들어온다. 호숫가에는 푸른 나무가 줄지어 서 있고 얕은 물에는 갈대가 우거졌으며 백조들이 떼

삼색 호수 호반에는 다양한 종류의 물새들이 서식하는데, 그중에서도 백조는 거의 '토박이'라고 할 수 있다.

몇 년에 한 번씩 물의 색깔이 변하는 '카멜레온' 삼색 호수

지어 노닌다. 물속에는 수생 식물이 무성하게 자라고 서식하는 물고기의 종류도 매우 다양하다.

삼색 호수 주변 지역에는 아름다운 전설이 전해진다. 아주 먼 옛날에 켈리무투 화산 아래 젊은 연인이 살고 있었는데, 평생을 함께하자고 서로 맹세했지만 부모의 심한 반대에 부딪혔다. 절망한 두 연인은 신비로운 분위기를 물씬 풍기는 호숫가에 와서 진홍색 호수에 함께 몸을 던졌다. 오늘날 현지 주민들은 명절이 되면 풍성하게 마련한 제물을 호수에 던져 젊은 연인에게 신의 가호가 있기를 기도한다. 플로레스 섬 사람들은 또 다른 전설을 믿는다. 섬 꼭대기에 있는 검은 빛깔 호수에는 주술사의 망령이, 그 옆의 푸른 빛깔 호수에는 죄인들의 영혼이, 그리고 연두색 호수에는 처녀와 영아의 영혼이 산다고 믿는다.

팡아만

태국 ★ Phangnga Bay

태국 남부 해만(海灣)에는 기이한 산봉우리들이 제각기 다른 형태를 드러내며 우뚝 솟아 있다. 독특한 용암 지형과 청아한 항만 경치가 일품이어서 유명 관광지인 푸켓에서도 가장 아름다운 곳으로 널리 알려졌다.

거대한 손톱 모양의 암석이 바다 위에 우뚝 솟아 있다.

태국 남부의 팡아Phangnga 주 남단, 말레이Malay 반도 북부의 서해안에 자리한 팡아만은 푸켓Phuket 섬과 약 100킬로미터 떨어져 있다. 하늘과 바다가 이어지는 해면에는 기이한 외형의 수려하고 도도한 산봉우리 200여 개가 높이 치솟아 있다. 기암괴석들이 우뚝 솟아 있고 푸르디푸른 녹지가 여기저기 펼쳐진다. 섬들이 하늘의 뭇별처럼 촘촘히 박혀 있고, 짙푸른 봉우리들이 수면 위에 거꾸로 비친 모습이 인상적이다. 물과 동굴, 산, 바위가 어우러진 그림 같은 풍경은 감히 세계 최고를 자부한다.

천태만상의 기이한 산봉우리와 섬들은 석회암 암초로 이루어졌으며, 최대 높이 275미터까지 솟아 있다. 깎아지른 듯 가파른 산봉우리들은 잠자는 사자, 죽순, 허리가 구부정한 노인, 붓걸이 등 다양한 형상이 있다. 이 밖에도 잉어, 씨암탉, 병아리, 강아지 등 재미있는 이름이 붙은 기암들은 그 절묘한 형상과 이름이 기가 막히게 딱 맞아떨어진다.

팡아만의 산에는 기이한 석굴이 멋진 볼거리를 제공한다. 그중에서도 팡아 굴이 가장 대표적이다. 동굴의 가장 높은 곳은 수면보다 20미터나 높고, 동굴 내부에 있는 종유석의 색깔과 형태도 다양하여 고드름처럼 주렁주렁 매달린 종유석과 석순, 석화 등 천차만별이다. 부처님의 손, 거꾸로 매달은 연꽃과 꼭 닮은 것도 있다. 그리고 교룡이 물에 몸을 담그는 모습, 하늘의 패주 독수리가 먹잇감을 향해 급강하하는 모습 등 종유석의 형상을 알아맞히는 재미가 아주 쏠쏠하다.

하롱 베이

베트남 ★ Halong Bay

베트남 북부 하롱 베이 바다에는 산과 섬이 즐비하고 섬 위의 동굴 안에는 자연이 조각해 낸 천태만상의 종유석들이 장관을 이룬다.

베트남 북부 꽝닌 성Quáng Ninh에 있는 하롱 베이는 풍경이 아름답기로 유명하며 동부, 서부, 남부의 작은 해만 세 곳으로 구성된다.

1,500제곱킬로미터가 넘는 해수면에는 바둑알처럼 즐비하게 늘어선 산과 섬들이 자신만의 자태를 뽐낸다. 섬과 산봉우리의 정확한 수는 아직 나와 있지 않지만 이름이 붙여진 산과 섬만 해도 1,000개가 넘는다. 대자연이 조각해 낸 산과 바위, 작은 섬들은 제각기 독특한 모습으로 아름다운 자태를 자랑한다. 물에 수직으로 꽂힌 젓가락, 수면에 두둥실 떠 있는 세발 달린 솥, 바람을 가르며 질주하는 천리마, 서로 잡아먹을 듯이 물어뜯고 싸우는 수탉 등 형태도 각양각색이다. 그중에서도 개구리 한 마리가 바다 위에 단정하게 앉아 있는 듯한 모습의 섬이 가장 유명하다.

바위섬에는 석굴이 아주 많으며, 그중에 말뚝 동굴이 가장 독특하다. 산 중턱에 있는 이 동굴은 입구는 크지 않고 내부는 세 층으로 되어 있으며 안쪽 공간이 아주 넓어서 동시에 수천 명이 들어갈 수 있다. 동굴 벽에 달린 종유석은 다양한 동물의 형상을 이루는데, 톡 건드리면 바로 살아 움직일 것처럼 기가 막힐 정도로 흡사하다. 또 다른 특이한 동굴도 있다. 형태와 규모가 각각 다른 세 층으로 나뉘며, 바닥이 평평하고 입구가 해면과 맞닿아 있다. 밀물이 들어올 때면 작은 유람선을 동굴 안으로 바로 몰고 들어올 수 있다. 바깥 동굴의 입구에는 바냔나무, 대나무, 석송 등이 자란다. 바깥 동굴에서 중간 동굴로 통하는 반달 모양 입구는 한 사람이 겨우 지나갈 정도로 좁다.

하롱 베이의 기후와 지형은 각종 열대어류가 생활하기에 아주 적합하여 해산물이 풍부하고 수천 종에 이르는 어류가 서식한다. 그중에 이름이 정해진 것만도 730종이나 된다. 바닷가재, 참새우, 진주, 해삼, 전복, 미역, 피조개 등이 하롱 베이의 명산물로 꼽힌다.

종유석으로 유명한 동굴, 내부의 기기묘묘한 종유석의 만물상이 신기할 따름이다.

괴레메 국립공원

터키 ★ Goreme National Park

기기묘묘한 암석들의 노출된 부분에는 풀 한 포기 자라지 않고, 많은 구멍이나 틈이 나있다. 나무가 울창하게 우거진 산간 계곡과 벌거벗은 산이 뚜렷한 대조를 이룬다.

괴레메 국립공원은 터키 중부의 소아시아Asia Minor, 아나톨리아 고원 지대에 자리 잡고 있다. 네브세히르Nevsehir, 아바노스Avanos, 위르귀프Urgup 세 도시 사이의 삼각 지대에 있으며, 화산 분화로 형성된 환상적인 암석군群과 오래된 암굴 성당, 동굴 주택으로 유명하다.

괴레메 국립공원은 선사 시대에 다섯 개의 대형 화산이 분출한 용암으로 형성된 화산암 고원으로, 면적이 약 4,000제곱킬로미터에 달한다. 이곳의 화산암은 단단하지 못하고 구멍과 틈새가 숭숭 나 있어 풍화 작용에 취약하다. 그런 까닭에 산간 지대에는 오랜 세월 비바람의 풍화와 침식으로 기기묘묘한 형태의 석순, 기암과 동굴이 형성되었다. 산에는 풀 한 포기 자라지 않고 암석들이 들쑥날쑥 드러나 있어 '기이한 산'의 지대라고 불린다. 이렇게 벌거벗은 산체와 매우 대조적으로 산간 계곡은

영겁의 세월 동안 풍화와 침식으로 기기묘묘한 석순과 바위, 암석 동굴이 형성되었다.

짙푸른 녹음이 울창하게 우거졌다. 계곡 안에는 바람이 약하고 일조 시간이 짧아서 수분 증발이 비교적 적고 습도도 높은 편이어서 식물이 성장하기에 적합하다. 괴레메 공원의 마을과 도로, 고대 건축물 유적지 등도 대부분 계곡을 따라 분포한다.

카파도키아Cappadocia는 서기 4~10세기의 터키 중부 산간 지대를 일컫는 고대 지명으로, 괴레메 국립공원 안에는 아직도 고대 카파도키아 시대 건축 유적이 대규모로 보존되어 있다. 2000여 년 전부터 고대 히타이트Hittite인들이 이곳에서 동굴을 파고 거주했다. 4세기 초에 터키 중부 고원에 그리스도교가 전해지면서 그리스도교의 종교 건물이 세워지기 시작했다. 7세기 후반에는 이슬람 세력이 터키를 지배하면서 그리스도교에 대한 탄압이 극심했고, 9세기에 이르자 많은 그리스도교도가 핍박을 피해 카파도키아로 이주했다. 그들은 산에 동굴을 파고 살면서 동굴을 성당처럼 꾸몄다. 벽에는 성경 속 인물을 주인공으로 한 프레스코화가 그려져 있는데 오늘날까지도 색과 선이 선명하다. 공원 안에는 성당 15곳과 일부 부속 건물로 구성된 괴레메 자연 박물관이 있다. 여기에는 그리스풍의 성당 건물과 둥근 지붕에 〈전능의 그리스도〉가 그려져 있는 엘마르 키리세사과 성당 등도 포함된다. 위르귀프Urgup 근처에는 석순이 즐비하게 늘어서 있고 날카로운 바위봉우리와 끊어진 암석이 사방에 널려 있다.

괴레메 공원에는 또 거대한 규모의 지하 건물이 있다. 1963년에 데린쿠유Derinkuyu에서 처음으로 지하 도시가 발견된 데 이어 2년 후에 비슷한 규모의 또 다른 지하 도시가 카이마클리Kaymakli 근처에서 발견되었다. 그로부터 10년 동안 이 지역에서는 총 63곳의 지하 도시가 발견되었다. 아직 다 발굴되지는 않았지만, 그 규모는 이미 놀라울 정도이다. 지하 7층으로 건축된 카이마클루 지하 도시는 가장 깊은 곳이 40미터에 달하고, 데린쿠유 지하성은 규모가 더욱 커서 지하 7층에 최대 깊이가 90미터에 달한다. 이들 지하 도시에는 주택과 학교, 작은 성당, 주방, 우물, 식량 저장고, 그리고 완벽한 통풍 시스템과 복잡한 비상 대피 통로까지 완벽하게 갖춰져 있었다. 왜 이 지역에서는 방대한 규모의 지하 도시가 건설되었을까? 그 까닭은 바로 7세기 초에 터키 비잔틴제국이 아랍인들에게 점령되면서 각지의 그리스도교도들이 이슬람교의 박해를 피해 이곳으로 숨어들어 주택과 성당을 짓고 생활했기 때문이다.

오늘날 괴레메 국립공원에는 지진으로 동굴 입구가 무너져 매몰된 많은 지하 성당과 주택이 아직 발굴되지 못하고 있지만, 비잔틴 예술의 정수를 대표하는 이 기적들이 인류 역사와 문화사상 진귀한 보물이라는 점에는 그 누구도 이견이 없다.

괴레메 공원에는 화산암석군, 오래된 암석 성당과 동굴집들이 장관을 이룬다.

홍해

서남아시아 ★ Red Sea

아시아와 아프리카가 인접한 곳에 틈이 생겨 따뜻한 붉은빛 해역이 형성되었는데, 그것이 바로 홍해이다. 약 2억 년이 더 지나면, 아마도 홍해의 크기가 대서양을 따라잡을 것이다.

홍해는 아프리카 대륙과 아라비아 반도 사이에 있는 좁고 긴 바다이다. 해초가 왕성하게 자라 평소 파란색을 띠던 해역이 일 년 중 몇 차례 완연한 붉은 빛으로 물드는 데서 홍해라는 이름이 유래되었다.

지질학적 연대를 보면 홍해는 약 4000만 년 전부터 형성되기 시작한 비교적 젊은 바다이다. 아프리카와 아라비아 대륙판이 분리됨에 따라 지각이 함몰되어 지구대地溝帶가 형성되었고, 수천만 년의 세월이 흐르면서 바닷물이 점차 지구대를 삼켜버렸다. 오늘날까지 홍해의 변화는 대서양의 형성 과정과 거의 똑같은 모습을 보이고 있다.

약 2500만 년 전에 인도양의 바닷물이 홍해로 흘러들었고, 그 후 바닷물이 증발되면서 홍해 해저에 광활한 염전이 형성되었다. 그런데 홍해 해저에 지각 운동이 일어나 동서 해안선이 높아지면서 염전이 뒤죽박죽되고 그 엄청난 양의 소금이 모두 홍해 바다 속에 녹아들었다. 양안의 강물도 다시는 홍해로 흘러들지 않게 되었다. 게다가 사막 지대의 강우량이 크게 줄고 공기가 건조해져 홍해 바닷물의 연평균 증발량은 2,000밀리미터 이상이 되었다. 그래서 일반 해양의 평균 염분 함량이 3.5퍼센트인 것과 비교해 홍해의 염분 함량은 무려 4.1퍼센트나 되어 평균치를 훨씬 웃도는 수준이다.

또한 지각 운동으로 갈라진 판 틈새로 마그마가 솟아나와 홍해의 해구를 끊임없이 메우면서 홍해 지역의 광물질 함량이 엄청나게 높아졌다. 그중에서도 중금속 농도가 보통 바닷물의 3만 배나 될 정도로 높다. 홍해 바닷물 속의 철, 망간, 구리, 아연 등은 홍해의 거대한 재산이다.

홍해의 가장 풍부한 보물은 해양 생물이다. 바닷물이 비교적 따뜻하기 때문에 해안 가장자리의 좁고 긴 지대에는 산호초가 장관을 이룬다. 울긋불긋 찬란한 색깔의 앵무새물고기, 거대한 몸집의 녹색 바다거북, 불가사리 등 다양한 해양 생물이 흥미진진한 해저 세계를 이룬다.

홍해의 녹색 바다거북은 지방이 푸른색을 띠어 그런 이름이 붙여졌다. 등껍질 길이가 0.7~1미터, 몸무게가 90~140킬로그램이나 나간다. 현재까지 발견된 가장 큰 놈은 길이가 1.2미터, 몸무게가 375킬로그램에 달한다.

홍해 바다 깊은 곳에 산호와 클링피시가 사이좋게 어울리는 모습. 열대 바다의 심해에서나 볼 수 있는 진풍경이다.

사해

서남아시아 ★ Dead Sea

중동의 짙푸른 소금 호수는 지구상에서 가장 낮은 와지(窪地)이다. 생물이 거의 살지 않지만, 자신만의 독특한 색깔로 '죽음의 바다'라는 '오명'을 거부한다.

사해는 아시아 서부 이스라엘과 팔레스타인, 요르단 사이에 있는 요르단-사해 지구地溝의 가장 바닥 부분에 자리한다. 이 지구는 동아프리카 대지구대 북쪽의 연장 부분으로 길이가 약 560킬로미터이며 가운데 지반이 함몰하면서 생긴, 거의 평행을 이루는 두 단층애 사이에 끼여 있다.

남북 길이는 80킬로미터, 동서 길이는 5~18킬로미터이며 면적은 1,020제곱킬로미터이다. 서쪽은 예루살렘 산간 지대이고 동쪽은 트란스요르단Transjordan 고원이다.

사해 연안의 함수성 소택지에서는 호수 물이 증발해 석출된 흰색 염분들이 흐르는 고체처럼 지천에 깔려 있다.

북쪽에서 요르단 강이 흘러들고 물이 빠져나가는 출구가 없으며, 평균 수심이 300미터이다. 동부의 리산Lisan, '혀'를 뜻함 반도를 경계로 크기가 다른 두 개의 수역으로 나뉜다. 북쪽 수역이 상대적으로 커서 호수 전체 표면적의 약 3/4을 차지하고 수심도 최대 400미터에 달하는 반면에 남쪽 수역은 수심이 평균 3미터 미만이다.

사해의 수면은 평균 해발이 매우 낮으며, 지금도 해마다 조금씩 하강하고 있다. 현재 호면은 평균 해수면보다 392미터나 낮아 지구에서 가장 낮은 수역을 형성한다.

사해와 관해 아주 흥미로운 이야기가 전해진다. 서기 70년에 고대 로마의 군대가 예루살렘을 포위했을 당시, 로마군의 한 사령관이 반항하는 사람들의 투지를 꺾으려고 일벌백계로 노예 몇 명을 처형하기로 했다. 익사시키려고 노예들에게 무거운 족쇄를 채워 사해에 던졌는데, 노예들은 마치 몸에 튜브를 감은 듯 가라앉지 않고 오히려 물 위로 둥둥 떠올랐다. 그러고는 곧 물가로 안전하게 떠밀려왔다. 다시 여러 번 시도해보았지만 결과는 마찬가지였다. 사해의 비밀을 몰랐던 사령관은 신이 그들을 특별히 가호하는 줄로만 알고 노예들을 모두 방면했다고 한다.

사해의 동쪽과 서쪽 해안은 모두 수백 미터에 달하는 절벽과 낭떠러지이고 북부는 질퍽한 진흙탕, 남부는 썩은 식물이 퇴적하여 이루어진 소택지이다. 요르단 강과 알 하사Al-Hasa 강 등 여러 갈래의 하천이 흘러들지만 밖으로 빠져나가지는 않는다. 근처에는 사막과 사암, 석회암층 등이 분포해 각종 광물질이 강물을 따라 사해로 유입된다. 이곳은 기후가 몹시 무덥고 건조해서 호수물이 대량 증발되고 물속에 녹아 있던 염분이 호수 안에 쌓였다. 그렇게 오랜 세월이 지나면서 사해의 염분은 갈수록 누적되어 결국 고농도의 염호가 되었다. 현재 사해의 염분 함량은 무려 25~30퍼센트에 달해 일반 바닷물보다 몇 배나 높다. 사람이 빠져 죽지 않고 물 위로 떠오르는 이유가 바로 여기에 있다.

사해의 해수면에는 소금 기둥이 즐비하게 늘어서 있다. 어떤 곳에는 부서진 빙산 조각 같은 소금 덩어리들이 둥둥 떠 있기도 한다. 구약성서 《창세기》에 나오는 롯Lot의 아내 이야기가 바로 이곳을 배경으로 한다.

롯과 아내가 살던 도시 소돔Sodom과 고모라Gomorrah는 죄악으로 가득 차 그 벌로 하느님이 유황 불비를 내렸는데, 롯의 아내는 하나님의 경고를 어기고 도망가다가 도중에 뒤를 돌아보아 사해의 소금 기둥이 되었다고 한다. 사실 이 소금 기둥들은 300여만 년 전부터 형성된 퇴적층의 꼭대기 부분이다. 고고학자들의 고증에 따르면 성서에 나오는 그 두 도시는 사해 남부의 깊지 않은 지하에 매몰되어 있다고 한다.

사해 연안에는 온통 죽음의 정적이 흐르지만 염분 함량이 풍부해서 인류에게 큰 보탬이 되고 있다. 사해에서의 식염 채굴은 아주 오래전부터 중요한 산업 활동으로 자리 잡았다.

시베리아 툰드라

러시아 ★ Tundra of Siberia

북극과 다붓하게 붙어 있는 시베리아 영구 동토 지대는 비록 아득히 멀어서 인간의 발자취가 드문 곳이지만, 온갖 꽃이 만발하고 많은 야생 동물이 더불어 살아가는 삶의 터전이다.

러시아의 시베리아 북부에 자리한 시베리아 툰드라는 북극 빙하의 가장자리를 따라 3,200킬로미터나 길게 이어지는 광활한 평원이다. 호수와 늪이 보석처럼 촘촘하게 박혀 있고 대부분 지역이 지의류로 덮인 이곳은 유라시아 대륙 최북단 타이미르 Taimyr 반도의 전형적인 지형이다.

타이미르 반도에는 쩍쩍 갈라진 영구 동토 지대가 많다. 고랑과 이랑이 늪과 작은 호수들을 불규칙한 벌집 모양으로 갈라놓은 특수한 지형으로, 동결과 해빙이 반복됨에 따라 지면에 균열이 생기면서 형성된다. 갈라진 틈에 주입된 지표의 물이 얼어 갈수록 틈이 넓어지면서 그 속에 얼음쐐기가 형성되고 얼음쐐기의 강한 압력으로 지면이 융기해 고랑이 형성된다. 그리고 해빙된 흙과 녹은 얼음물이 고랑을 따라 흘러내려 호수와 늪을 이룬다.

툰드라의 대부분 하층토는 영구 동토이며 가장 두꺼운 동토층은 무려 1,370미터에 달한다. 겨울에는 모든 토양이 꽁꽁 얼어 동토가 되고, 여름에는 맨 위층의 토양이 녹아서 얇은 습토濕土가 되어 식물이 뿌리 내리고 자란다. 가장 북쪽에서는 습토의 두께가 보통 0.15~0.3미터에 불과하지만, 남쪽으로 갈수록 습토가 두터워지고 최고 3미터까지 달해 자작나무나 낙엽송 등의 식물도 무성하게 자랄 수 있을 정도이다.

차가운 이곳 얼음의 땅에서는 해마다 3개월 동안은 태양이 지지 않는다. 그런가 하면 겨울에는 한동안 온종일 기나긴 밤이 이어져 달빛밖에 보지 못하며, 가끔은 오로라Aurora를 볼 수 있다. 한여름에도 기온이 섭씨 5도 정도이고 겨울에는 영하 44도까지 뚝 떨어져 식물들이 꽃을 피우

툰드라의 많은 야생 동물 중에서도 가장 중요한 구성원인 희귀 동물 시베리아흰두루미

북극과 붙어 있는 시베리아 영구 동토 지대는 온갖 꽃이 만발하고 많은 야생 동물이 더불어 살아가는 삶의 터전이다.

고 씨앗을 만들 시간이 매우 짧다. 따라서 이곳 식물들은 대부분 다년생이며 심한 추위에 살아남도록 키가 작고 성장 속도도 비교적 느리다.

타이미르 반도의 등줄기인 비랑가 Byrranga 산맥은 해발 고도가 1,500미터이며 남쪽에 타이미르 호Lake Taymyr가 자리 잡고 있다. 북극 지역에서 면적이 가장 큰 호수이지만 수심은 겨우 3미터 정도이다. 봄이면 호수에 얼음 녹은 물이 가득 차고, 여름에는 호수 물의 3/4이 하천으로 빠져나가며, 겨울에는 수면이 꽁꽁 얼어붙는다. 호숫가는 사향소와 순록의 서식지이다. 이끼 아래에 굴을 파서 사는 쥐과의 포유동물 레밍Lemming은 북극여우와 흰올빼미의 주요 먹잇감이다.

겨울철이 되면 조류를 비롯한 많은 동물이 추운 겨울을 나기 위해 남쪽의 따뜻한 곳으로 이동하고, 여름이면 붉은가슴기러기 등 물새들이 이곳 호수와 작은 섬에서 둥지를 틀고 알을 낳는다. 서부에서는 소택지와 와지가 오프Ob 강에서 우랄Ural 산맥까지 이어지고 희귀한 시베리아흰두루미가 오프 강 하류에 와서 긴긴 낮과 짧은 밤을 보낸다.

캄차카 반도

러시아 ★ Kamchatka

러시아에서도 아득히 먼 동쪽 변방에 있는 캄차카 반도는 추위와 화산, 온천, 그리고 곳곳에서 솟아오르는 짙은 연기와 수증기로 인간 세상이 아닌 듯한 신비로운 경관을 이룬다.

러시아 극동 지역에 자리한 캄차카 반도는 서쪽으로 오호츠크Okhotsk 해, 동쪽으로는 태평양과 베링Bering 해에 인접한다. 반도에는 활화산 22개를 비롯해 화산이 총 127개 있으며, 그중에서도 클류체프스카야Klyuchevskaya 화산은 해발 4,750미터로 유라시아에서 가장 큰 활화산이다. 300여 년 동안 총 50여 차례 폭발했으며, 지금도 산꼭대기에서는 일 년 내내 짙은 연기를 내뿜고 있다.

캄차카 반도에 있는 화산과 반도 남동쪽의 쿠릴Kuril 열도에 있는 화산 16개가 태평양에서 가장 활발한 화산 지대이다. 1907년에 일어난 화산 폭발은 화산재를 100킬로미터 밖의 페트로파블로브스크Petropavlovsk까지 날려 보내 하늘을 온통 어두컴컴하게 뒤덮어버렸다. 화산 폭발 외에 지진도 빈번하게 발생한다. 200여 년 동안 지진이 모두 150차례나 발생했으며 1925년 11월에는 사상 두 번째로 큰 진도 8.4의 강

해발 2,741미터의 아바친스카야(Avachinskaya) 화산은 캄차카 반도에 있는 많은 활화산 중 하나이다.

진이 발생했다.

캄차카 반도에는 수백 개에 이르는 분수와 온천이 있으며 남단에는 소형 지열 발전소도 하나 있다. 반도 중부 산지에서 발원하는 캄차카 강은 북동쪽으로 흘러 베링 해로 흘러드는데, 전체 길이가 약 758킬로미터이다. 기후가 매우 열악하여 겨울은 길고 추우며 눈이 많이 내리고 여름은 습하고 시원하다. 이곳 식생은 대부분 툰드라 식물이다. 저지대와 골짜기에는 사스래나무와 소나무가 수풀을 이루고, 습지에는 포플러나무와 버드나무 등이 우거진다. 현지에서 가장 중요한 경제 활동은 어업이다. 그중에서도 바닷게 잡이를 주업으로 하며, 간간이 농업에 종사하거나 소와 순록을 방목한다. 이곳 주민들의 구성을 보면 러시아인이 가장 많고 그 밖에 코랴크Koryak 족, 추크치Chukchi 족과 캄차카인들이 함께 살고 있다.

불곰이 가장 좋아하는 먹이인 연어가 산란을 위해 출생지인 캄차카 반도의 강을 거슬러 올라오고 있다. 거대한 몸집의 불곰도 이때는 고생을 마다하지 않고 연어 잡이에 나선다.

캄차카 반도의 크로노츠키Kronotsky 자연 보호 지구 안에는 세계 4대에 꼽히는 '죽음의 계곡'이 있다. 기이한 자연 현상으로 세상에 널리 알려진 이 계곡은 길이가 2,000미터, 너비가 100~300미터, 높이가 1,000~1,100미터이며 북쪽에서 남쪽으로 구불구불 이어진다. 바닥이 훤히 보일 정도로 맑고 투명한 여울이 계곡을 가로지르고 사방에 온통 가파른 절벽이 펼쳐진다. 산꼭대기에는 하얀 눈이 수북하게 쌓여 있다. 서쪽 산비탈에는 파릇파릇한 풀밭이 펼쳐지는데 동쪽 경사면은 풀 한 포기 없이 헐벗은 모양을 하고 있어 대조를 이룬다. 계곡에는 늘 옅은 안개가 자욱하게 끼어 있어서 불곰과 들쥐를 비롯한 야생 동물들에게는 죽음의 덫이 되고 있다. 과학자들의 연구에 따르면 계곡 바닥에는 유황을 함유한 암석층이 있으며, 어떤 곳은 심지어 순수 유황이 대량 노출되어 독성이 강한 황화수소가 새어 나온다고 한다. 지하 가스의 밀도가 공기보다 높아서 서풍이 불면 웅덩이의 유일한 출구가 바람에 막혀 기체가 흩어지지 못하고 정체된다. 따라서 먹이를 찾아 이곳에 왔던 동물들은 유독 가스에 질식되어 죽고 만다. 동풍이나 북풍이 강하게 불 때만 지하 가스가 희석되거나 흩어져 동물들이 살아서 계곡으로 들어올 수 있다.

EUROPE

숨겨 놓은 보물인 듯 절묘하고 경이로운 풍광
유럽

교과 관련 단원

중1 〈사회〉

Ⅲ. 다양한 지형과 주민 생활

고등학교 〈세계 지리〉

Ⅲ. 다양한 자연환경

EUROPE

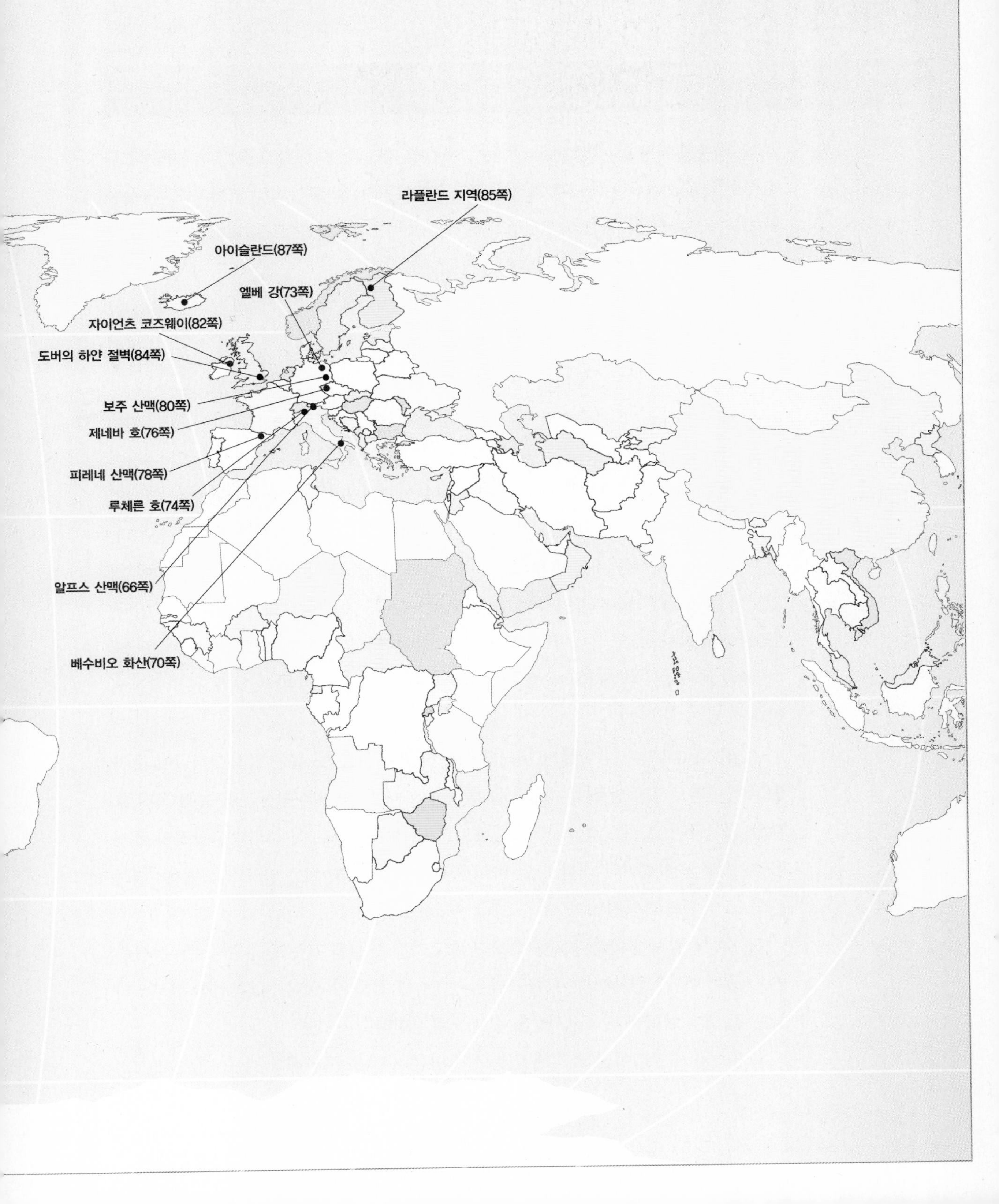

라플란드 지역(85쪽)
아이슬란드(87쪽)
엘베 강(73쪽)
자이언츠 코즈웨이(82쪽)
도버의 하얀 절벽(84쪽)
보주 산맥(80쪽)
제네바 호(76쪽)
피레네 산맥(78쪽)
루체른 호(74쪽)
알프스 산맥(66쪽)
베수비오 화산(70쪽)

알프스 산맥

유럽 ★ Alps Mountains

유럽 대륙에 동서로 길게 뻗은 '유럽의 거대한 용' 알프스 산맥에는 실로 절묘한 경관이 곳곳에 펼쳐진다. 어떤 이들은 대자연이 알프스 산맥을 궁전 삼아 귀중한 보물들을 숨겨 놓았다고 말하기도 한다.

유럽 중남부에 있는 알프스 산맥은 '유럽의 거대한 용'이라고 불린다. 지중해 서남쪽의 제노바Genova 만에서 시작해 동북쪽으로 마치 활 모양처럼 뻗어 비엔나Vienna까지 이른다. 길이는 1,200킬로미터, 면적은 20만 7,000제곱킬로미터이며 평균 해발은 2,000미터이다.

알프스 산맥은 서부, 중부, 동부 알프스로 구분된다. 서쪽은 프랑스 동남부와 이탈리아 서북부에 속하고, 중간 지역은 이탈리아 중부와 스위스 남부에 속하며, 동쪽은 독일, 오스트리아, 슬로베니아에 걸쳐 있다.

먼 옛날에는 고대 지중해의 일부였는데, 200~300만 년 전쯤 히말라야 조산 운동으로 지반이 융기되면서 높은 습곡 산계가 형성되었다. 그 후 200만 년 동안 유럽이 몇 차례 빙하기를 겪으면서 알프스 산 대부분이 2,000미터 두께의 얼음으로 뒤덮였다. 빙하가 이동하면서 암석을 침식하고 길을 깎아내 가파른 절벽과 뾰족한 봉우리, 깊은 협곡 등 기이한 지형이 형성되었다. 현재 알프스 산맥에는 빙하가 1,200여 개 있으며 빙하 녹은 물이 라인Rhein 강, 론Rhone 강 등 많은 하천의 원천이 되고 있다. 알프스의 산기슭에는 유명한 제네바Geneva 호, 취리히Zürich 호, 보덴Constance 호, 뇌샤텔Neufchatel 호, 가르다Garda 호, 코모Como 호 등 크고 작은 빙하 호가 곳곳에 분포한다.

비행기를 타고 가며 위에서 내려다보면 하늘을 찌를 듯 높은 산봉우리들이 솟아 있고 만년설로 뒤덮인 설봉이 햇빛을 받아 눈부시게 빛난다. 험산준령 속에 쪽빛 호수와 굽이굽이 흐르는 강, 하얗게 빛나는 만년설봉이 서로 어우러져 환상적인 풍경을 자랑한다. 일찍이 위대한 시인 바이런George Gordon Byron은 알프스 산맥을 '대자연의 궁전'이라고 극찬했다.

광대하게 펼쳐진 아름다운 풍경 중에서도 가장 눈길을 끄는 산봉우리로는 몽블랑Mont Blanc, 마터호른Matterhorn, 융프라우Jungfrau를 꼽을 수 있다. 이 장엄한 산봉우리들은 전 세계 여행객과 등산객들의 발길을 유혹한다.

프랑스와 이탈리아의 국경에 있는 몽블랑은 주봉을 포함해 2/3는 프랑스에, 1/3

마터호른은 피라미드 형태의 특이한 빙식첨봉으로 유명하다. 알프스 산맥의 봉우리들 속에 우뚝 솟아 있는 마터호른은 고독한 영웅처럼 장엄하면서도 쓸쓸해 보인다.

알프스 산맥은 동 · 식물 자원이 풍부해 빙산 설원의 모습과 극명한 대조를 이룬다.

은 이탈리아에 속한다. 해발 고도가 4,807미터로, 알프스 산맥은 물론 서유럽에서도 제일 높은 봉우리이다. 풍경이 아름답고 기후가 좋으며 사계절의 변화무쌍한 대자연을 느낄 수 있다. 봄과 가을에는 숲이 우거지고 공기가 상쾌하며 꽃이 흐드러지게 피고 새들이 지저귀는 소리가 천상의 하모니를 선사한다. 여름에는 기후가 시원하고 쾌적해 피서지로서 주목받고, 겨울에는 사방천지가 온통 흰 눈으로 뒤덮여 설경을 만끽하려는 관광객과 스키어들로 북적인다.

몽블랑은 프랑스어로 '희다' 라는 뜻으로, 그 이름처럼 산꼭대기에 일 년 내내 하얀 눈이 쌓여 있다. 산기슭에서 올려다보면 많은 산봉우리 위에 몽블랑이 유아독존의 자태로 우뚝 솟아 있다.

알프스 산의 또 다른 준봉 마터호른은 스위스와 이탈리아 국경에 자리하며, 높이가 4,478미터에 이른다. 알프스 산맥의 봉우리들에 둘러싸여 우뚝 솟아 있는 모습이 매우 웅장하면서도 도도해 보인다. 마터호른은 특이한 모습의 피라미드 형태로, 빙하기에 산봉우리 주위의 카르Kar가 빙하에 깎이면서 만들어졌다. 카르는 빙하의 운동으로 생겨난 반원상의 오목한 지형을 말한다. 눈이 지속적으로 내리면 산비탈에 바람을 등지고 움푹하게 파인 구덩이에 가득 눈이 쌓인다. 해가 거듭되면서 녹지 않은 눈 위에 다시 눈이 쌓여 단단하게 굳어지고 결국 얼음으로 변한다.

1787년에 스위스의 자연과학자 소쉬르Ferdinand de Saussure가 몽블랑 등정에 성공했다. 이어서 1789년에 해발 3,317m 지점에서 마터호른을 등반할 계획을 세웠으나 산세가 험준하고 산비탈에 눈이 많이 쌓여 손으로 잡을 곳이나 발을 디딜 곳이 전혀 없자 포기하고 말았다. 지금은 현지에서 캠핑장과 밧줄, 아이젠 등 등산 장비를 제공해 매년 약 2,000명이 마터호른을 오른다. 하지만 산세가 험준하기로 유명한 마터호른은 인간의 도전을 쉽게 허락하지 않는다. 해마다 등반 사고가 심심찮게 일어나고, 많게는 연간 등산객 15명가량이 사고로 목숨을 잃는다.

스위스 중남부에 자리한 융프라우는 서북쪽으로 인터라켄Interlaken과 19킬로미터 떨어져 있다. 해발고도가 4,158m이며, 가로로 쭉 뻗은 길이가 18킬로미터에 달한다. 산꼭대기에는 얼음 동굴이 많이 분포하는데, 동굴 안으로 들어가면 길이 이리 구불 저리 구불, 좁았다 넓었다 하여 마치 미궁 속을 걷는 느낌이다. 또 얼음을 깎아 만든 다양한 조각품과 얼음 자동차, 얼음 의자, 에스키모인 조각 등 정교한 조각상들이 전시되어 관광객들의 눈과 손을 즐겁게 한다. 정상에 서면 둥근 모양의 커다란 암석들이 우뚝 솟아 있고 눈과 얼음이 투명하게 빛나는 아름다운 경관이 펼쳐진다. 위에서 내려다보면 여러 갈래의 빙하들이 산을 타고 내려와 알레치 빙하Aletsch Glacier로 흘러든다.

오스트리아의 알프스 산 깊은 곳에 숨어 있는 기이한 얼음 동굴. 자연이 만든 환상적인 작품으로 동굴 깊숙이 들어가 보면 거대한 얼음 덩어리가 천장에서부터 바닥까지 드리워 있다.

베수비오 화산

이탈리아 ★ Vesuvius Volcano

베수비오 화산의 대폭발로 화려했던 도시 폼페이(Pompeii)와 헤르쿨라네움(Herculaneum)이 고스란히 화산재 속에 묻혀 버렸다.

유럽 대륙의 유일한 활화산인 베수비오 화산은 이탈리아 남부 나폴리Napoli 만 연안에 자리하며, 나폴리 시에서 약 11킬로미터 떨어져 있다. 해발 고도가 1,277미터이며, 이곳에는 세계에서 가장 오래된 화산 관측소가 있다.

베수비오 화산은 원래 작은 섬이었는데, 화산이 폭발한 후 그 분출물이 쌓여 육지와 연결되었고 원추형 화산이 되었다. 분화구 주위는 야생 식물이 가득 자란 가파른 암벽인데, 한쪽은 곳곳에 틈새가 벌어져 있다. 분화구의 밑바닥은 풀 한 포기 자라지 않는 황무지로, 지세가 비교적 평탄하다. 화산추의 바깥쪽 비탈면은 농사짓기 좋은 비옥한 흙으로 덮여 있고, 산기슭 아래는 고대 로마의 번영했던 도시 헤르쿨라네움과 폼페이가 있었던 곳이다.

역사 기록에 따르면, 로마 시대 노예 반란의 지도자 스파르타쿠스Spartacus가 노예 1만여 명을 이끌고 화산 분출구 안에 진영을 세웠다고 한다. 높이가 1,000미터 이상인 화구는 방어하기는 쉽고 공격하기는 어려운 천연의 요새인 데다 차가운 바람까지 막아주어 주둔지로서는 제격이었다.

79년 8월 24일 오전 7시, 베수비오 화산 꼭대기에는 마치 가지를 쭉쭉 뻗은 아름드리 소나무 같은 거대한 구름덩어리가 몰려왔다. 곧이어 엄청난 굉음과 함께 불빛이 번쩍이더니 삽시간에 칠흑 같은 어둠이 세상을 삼켜버렸다. 화산 대폭발이 일어난 것이다! 화산재는 멀리까지 날아가 근처 해안가에 얕은 모래톱을 형성했고, 썰물이 되어 바닷물이 빠져나간 모래톱에는

폼페이 유적지에서 멀리 바라보면 온전한 원형의 화산추가 유난히 눈에 띈다.

베수비오 화산의 서쪽 산자락은 거의 전체가 나폴리 만에 자리하며, 평균 해발 600미터 이상인 반원형의 외륜산으로 둘러싸여 있다.

바다 생물의 유해가 수없이 널려 있었다.

화산 폭발의 가장 큰 피해자는 그 근처에서 번영하던 도시 헤르쿨라네움과 폼페이였다. 도시 전체가 부석과 화산재에 묻혀 한순간에 자취를 감추었다. 베수비오 화산과 9.6킬로미터 떨어진 작은 도시 스타비아이Stabiae도 고스란히 땅속에 묻혀 버렸다. 폼페이는 비교적 해발이 높고 분화구에서도 멀리 떨어져 피해가 덜한 반면에 헤르쿨라네움은 분화구와 가까운 거리에 있어서 참혹한 재앙을 면하지 못했다. 화산 분출 물질이 도시 곳곳에 산더미처럼 쌓였고, 심각한 곳은 그 두께가 무려 33미터에 달했다.

폼페이는 매몰 상황이 그리 심각하지 않아 현재 옛 도시의 거리 대부분이 발굴되었다. 유적 발굴을 통해 발견된 폼페이성의 성벽은 길이가 4.8킬로미터에 달했다. 헤르쿨라네움은 워낙 깊이 매몰되어 그 크기를 알 수 없었다. 두 도시의 신전이 지진 피해로 파괴되었다가 복구되었다는 사실을 기록한 비문도 발견되었다. 비문은 당시 엄청난 파괴력을 보인 지진의 상황을 기록했으며, 두 도시가 매몰되기 16년 전인 63년에 지진이 발생했다고 언급했다. 돌길에 깔린 큰 용암 석판은 이음새가 가지런하고, 그 위에 4센티미터 정도로 깊이 파인 차바퀴 흔적이 남아 있다. 심각한 파괴 상황과 달리 매몰된 유골은 많이 발견되지 않았다. 아마도 화산 대폭발이 있기 전에 지진이 빈번하게 일어났기 때문에 대부분 주민이 미리 천재지변의 조짐을 알아차리고 귀중품을 챙겨서 피신해 참변을 면한 것으로 추측된다.

화산 분출물에 묻혀버린 두 고대 도시는 18세기에 이르러서야 본격적으로 발굴 작업이 시작되면서 다시 세상에 모습을 드러냈다. 1713년에 이곳에서 우물 공사를 하다가 우연치 않게 매몰된 원형 극장을 발견했고, 이어서 헤르쿨라네움인의 청동상이 발견되었다. 스타비아이 발굴 작업도 진행되었는데, 이곳에서는 사람의 유골 몇 구와 고대 문자가 적힌 종이 등의 유물이 발견되었다.

엘베 강

유럽 ★ Elbe River

유럽 중부에서 가장 중요한 하천인 엘베 강과 엘베 계곡은 고요함 속에 위대한 대자연의 이치를 간직하고 있다. 수억 년 동안 묵묵히 흐르면서 '유럽 심장부'의 상전벽해를 기록하고 있다.

거울처럼 맑고 투명한 강물과 울창한 숲 속에서 어렴풋이 모습을 드러내는 기암괴석들. 눈부신 햇살 아래 속세를 벗어난 듯 고요하고 평화로운 기운이 물씬 느껴진다.

엘베 강은 유럽 중부, 더 나아가 전 유럽에서 중요한 하천으로 손꼽힌다. 체코와 폴란드의 국경을 이루는 카르코노세Karkonosze, 리젠 산맥에서 발원하여 남쪽과 서쪽 방향으로 활 모양을 그리며 흐른다. 체코의 보헤미아Bohemia를 지나 독일을 횡단하고 쿡스하펜Cuxhaven에서 북해로 흘러든다. 길이는 1,165킬로미터, 최대 강폭은 14킬로미터, 연 평균 유량은 1초에 약 710세제곱킬로미터에 달한다.

엘베 계곡은 독일의 유서 깊은 도시 드레스덴Dresden 남쪽에 있다. 계곡의 양안에 기암괴석으로 이루어진 성채들이 옹기종기 모여 있다. 8000만 년이 넘은 사암석이 오랜 세월 침식을 거쳐 형성된 성채들은 보루의 형태와 고딕Gothic 양식의 탑, 뾰족한 지붕, 둥근 아치형 천장이 절묘한 조화를 이룬다. 성채들을 양쪽으로 갈라놓은 엘베 강 협곡에서는 급한 물살이 수직으로 내리꽂히는 폭포와 세차게 요동치는 강물의 포효 소리가 멀리까지 울려 퍼진다.

엘베 강 연안에 있는 바스테이Bastei 바위산의 풍경은 마치 뉴욕 맨해튼Manhattan 시가지를 연상케 한다. 크고 작은 성들이 한구석에 외로이, 혹은 오순도순 모여 있는 것이 마치 신비로운 미궁 같다. 이 밖에도 꼭대기에 성채의 폐허가 있는 암석, 어수선하게 흩어져 있는 공 모양 암석 등 천태만상의 기암괴석들이 즐비해 절경을 이룬다.

루체른 호

스위스 ★ Lake Lucerne

루체른 호는 마치 지느러미가 여러 개 달린 물고기처럼 항만과 지류가 매우 많고 주변에 산이 병풍처럼 둘러쳐져 있어 경치가 일품이다. 호수의 나라 스위스에서도 가장 아름다운 곳으로 손꼽힌다.

스위스 중부 고원 지대 루체른의 남동쪽에 자리한 루체른 호는 4개 주를 경계한다고 해서 피어발트슈테르Vierwaldstätter 호, 즉 사주四州 호라고도 불린다. 알프스 북부 석회암 지대에 있으며 유럽 남북 교통의 요충지이다. 호수의 길이는 39킬로미터, 폭은 3.2킬로미터이다. 호면의 높이가 437미터, 면적이 114제곱킬로미터, 가장 깊은 곳의 수심이 214미터에 달한다.

루체른 호는 마치 지느러미가 여러 개 달린 물고기처럼 항만과 지류가 매우 많다. 북부의 퀴스나흐트Küssnacht 호, 남서쪽의 알프나트Alpnach 호, 남동쪽의 우리Uri 호가 있고 몇 개의 만灣이 연결되어 호안이 매우 복잡하다. 호수의 물은 로이스Reuss 강을 거쳐 라인 강으로 흘러든다.

병풍처럼 둘러싼 푸른 산과 쪽빛 호수가 어우러진 한 폭의 그림 같은 풍경

노을빛에 물든 루체른 호는 색다른 웅장함과 아름다움이 돋보인다.

여름이면 산간 지대의 빙설이 녹아내려 수위가 높아진다. 가장 좁은 곳에는 기암괴석이 울퉁불퉁한 산 두 개가 서로 대치하듯 호숫가에 우뚝 솟아 있다. 호반의 경사지에는 아름다운 포도밭과 목장, 작은 나무집들이 빽빽하게 분포한다. 멀리 보이는 산봉우리들은 사시사철 빙설로 뒤덮여 있으며, 대부분 세모 형태를 띠어 '얼음 피라미드' 로 불린다. 리기Rigi 산과 필라투스Pilatus 산 정상에 오르면, 루체른 호의 전체 모습을 굽어보거나 주위의 설봉을 올려다볼 수 있다. 눈부신 햇살과 파란 하늘 아래 화려한 돛을 단 요트들이 눈이 시리게 시원한 비취색 호수 위를 가로지르는 풍경은 보는 것만으로도 가슴이 탁 트이게 한다.

제네바 호

스위스/프랑스 ★ Lake Geneve

제네바 호반에 서서 멀리 바라보면, 맑고 고요한 수면에 제네바를 감싸 안은 알프스 산과 백설에 뒤덮인 몽블랑 봉우리가 비치는 모습이 절로 감탄이 나올 정도로 아름답다. 그중에서도 제네바 분수가 단연 눈길을 끈다.

스위스 제네바 근교에 있는 제네바 호는 레만Leman 호라고도 불린다. 서유럽의 유명한 자연 휴양지이자 관광지로, 호면의 해발이 375미터에 달한다. 길이가 72킬로미터에 이르고 평균 너비는 8킬로미터, 최대 너비는 13.5킬로미터이며 평균 수심은 80미터, 최대 수심은 310미터이다. 호면은 초승달 모양인데, 깊게 파인 부분이 프랑스에 인접해 있다. 알프스 산지 최대의 호수로 일 년 사계절 얼지 않으며, 물감을 풀어놓은 듯 새파랗게 반짝인다. 잔잔한 물결 위에 백조와 물새들이 유유히 노닐고 돛을 단 요트와 유람선이 물살을 가르는 아늑하고 평화로운 풍경에 보는 이들의 마음도 절로 평온해진다.

알프스 산중에 있는 론 빙하에서 발원한 론 강은 호수 동쪽 끝에 있는 스위스 빌뇌브Villeneuve에서 흘러들어와 제네바 시를 거쳐 도시의 서쪽 끝으로 빠져나간다. 제네바 호는 동쪽의 그랑 호Grand Lac와 서쪽의 프티 호Petit Lac로 구분된다. 수심과 길이에 따라 호수가 주기적으로 진동하는 정진동Seiches, 靜振動 현상이 강해 수면이 매우 불안정하며, 진동 현상이 일어날 때는 호수물이 한쪽 끝에서 다른 쪽 끝으로 심하

인공적인 아름다움과 자연적인 아름다움이 완벽한 조화를 이룬 제네바 대분수는 세계적인 관광 명소로 전혀 손색이 없다.

게 출렁인다. 제네바 호의 특징 중 하나이다.

알프스 산맥 안쪽에 살포시 기대어 있는 제네바 호는 바닥까지 훤히 보일 정도로 물이 맑고 푸르며 경치가 빼어나다.

제네바 대분수 젯토The Jet d' Eau는 제네바 호로 흘러드는 론 강 입구에 있으며, 몽블랑 다리를 사이에 두고 루소Rousseau 섬과 마주보고 있다. 지상 145미터까지 하얀 물기둥이 힘차게 솟아올라 제네바 어디에서도 그 시원스러운 모습을 볼 수 있다. 1886년에 처음 만들어졌을 때는 물줄기가 겨우 30미터 높이까지 뿜어져 올랐지만, 1891년에 제네바의 유명한 수력 발전 엔지니어가 개조하고 나서 분사 높이가 85미터까지 높아졌다. 분사 높이를 더 올리고자 1945년에 스위스 정부가 다시 개조 작업을 진행해 현재 대분수는 호수 바닥에 설치된 16톤짜리 초강력 펌프 두 개의 힘으로 1분에 3만세제곱미터의 물을 시속 200킬로미터로 쏘아 올린다. 지름이 16센티미터인 분수대 노즐은 물줄기를 직선으로 강하게 쏘아 올릴 수 있도록 정교하게 설계되었고 조명도 다양한 변화를 연출할 수 있도록 복잡하게 설계했다. 아래에서 위로 향하는 스포트라이트는 흐린 날씨에도 분수대를 대낮처럼 환하게 비춰 준다.

바람이 잔잔한 날에는 대분수가 마치 하늘을 떠받드는 거대한 은색 기둥처럼 호면 위에 당당하게 치솟아 오르고, 바람이 불면 풍향과 바람세기에 따라 분수의 모양도 다양하게 변한다. 눈부신 햇살 아래 하얗게 부서지는 물방울은 투명한 다이아몬드처럼 반짝반짝 빛난다. 바람이 강하게 불면 공중으로 솟구친 물줄기가 바람결에 따라 얇은 안개처럼 흩날리며 수면 멀리까지 물보라를 뿌린다. 어둠이 내리면 대분수는 백색 스포트라이트를 받아 마치 호수 한가운데에 하얀 드레스를 입은 순결한 소녀가 서 있는 듯한 몽환적인 광경을 연출한다. 사방으로 흩날리는 물방울들이 수면을 어지럽히면 호면에 비친 찬란한 불빛이 더욱 신나게 반짝거린다.

대분수는 제네바의 자랑이자 번영과 발전의 상징이다. 인간 창조의 아름다움과 대자연 그대로의 수려함이 서로 어울려 완벽한 조화를 이룬 명작으로 전 세계 관광객들의 사랑을 한몸에 받고 있다.

피레네 산맥

프랑스/스페인 ★ Pyrenean Mountains

수백 킬로미터로 길게 뻗은 피레네 산맥은 알프스 산맥의 연장으로, 비슷한 자연적 특징을 보인다. 각 구간의 높이가 각기 다르며, 가로로 놓여 있든 세로로 놓여 있든 모두 독특한 정취를 자아낸다.

유럽 남서부에 있는 피레네 산맥은 프랑스와 스페인의 국경을 이루는 산계이다. 동쪽의 지중해 해안에서 서쪽 대서양의 비스케이Biscay 만까지 길이가 약 430킬로미터에 이르며, 자연적 특징에 따라 서부, 중부, 동부 세 구간으로 구분된다.

서부 구간은 대서양 해안에서 솜포르Somport 고개까지로, 피레네 산맥에서 강수량이 가장 많고 하천이 곳곳에 분포한다. 오랜 세월 강물의 침식 작용으로 지레목산줄기가 끊어진 곳이 형성되어 프랑스와 스페인 양국을 잇는 자연적인 통로가 만들어졌다.

중부 구간은 솜포르 고개에서 가론Garonne 강 상류 어귀에 이르는 부분으로, 산세가 가장 높고 험준하며 가파른 산봉우리들이 빽빽이 늘어서 있다. 해발고도 3,000미터 이상인 봉우리만도 다섯 개에 이르며 그 중심부에는 피레네 산맥의 최고봉인 해발 3,404미터의 아네토Pico de Aneto 산이 있다.

동부 지역은 가론 강 상류 유역에서 지중해 해안에 이르는 구간이다. 해발이 비교적 낮고 주로 결정질 암석으로 형성된 산지와 분지가 분포한다.

피레네 산맥의 기후와 식생은 해발고도에 따라 뚜렷한 차이를 보인다. 해발 400미터 이하의 저지대에는 올리브나무와 같은 지중해성 식물이 자라고, 400~1,300미터 지역에는 낙엽활엽수림이 분포한다. 1,300~1,700미터 지역에는 너도밤나무와 전나무 등이 자라고, 더 올라가 2,300미터 고도에 이르면 고산침엽수림 지대로 소나무가 많다. 2,300~2,800미터 산림한계선 위로는 초지가 전개되며, 2,800미터 이상의 지대는 일 년 내내 눈으로 뒤덮여 식물을 찾아보기 어렵다.

이 밖에도 수려한 자연풍광과 쾌적한 기후로 훌륭한 관광지이자 겨울 등반과 스키를 즐기기 좋은 곳으로 큰 인기를 끌고 있다.

피레네 산맥의 기후와 식생은 해발고도에 따라 선명한 차이를 보인다. 해발 1,000여 미터 지역에는 낙엽활엽수림이 분포한다.

보주 산맥

프랑스 ★ Vosges Mountains

보주 산맥 남부는 산세가 비교적 완만하고 아름다운 계곡과 호수가 많아 겨울 스키를 즐기기에 안성맞춤이다. 전 세계 여행자들이 선망하는 최고의 여행지라고 할 만하다.

프랑스 북동부에 있는 보주 산맥은 오랭Haut-Rhin, 바랭Bas-Rhin, 보주Vosges 데파르트망Department에 걸쳐 있다. 라인 계곡 서쪽에 자리한 보주 산맥은 고대 암석으로 이루어지고, 산꼭대기가 구릉 모양이다. 벨포르Belfort 협곡에서 서쪽으로 모젤Moselle 강 계곡까지 64킬로미터나 뻗어 있으며, 라인 강과 나란히 114킬로미터를 뻗어나간다. 남쪽에는 1,200미터가 넘는 산봉우리들이 우뚝 솟아 있고, 최고봉인 발롱 드 게브빌레르Ballon de Guebwiller는 해발이 1,424미터에 달한다. 남서쪽 지역은 산세가 비교적 완만하고 아름다운 계곡과 호수가 많아 휴양지와 관광지로 이름 높다.

보주 산맥 북부는 스트라스부르Strasbourg 남서쪽 지역인 도농Donon 산에서 높이 1,008미터에 이르는 지대이다. 이 고지대는 일 년 중 9개월 동안 눈으로 덮여 있어 관광지로 명성이 자자할 뿐만 아니라 겨울철 스포츠를 즐기기에도 안성맞춤이다.

보주 산맥의 대부분 면적이 속한 보주는 프랑스에서 숲이 많은 지역의 하나이다. 프랑스의 영웅 소녀이자 가톨릭 성녀인 잔 다르크Jeanne d'Arc의 탄생지인 뫼즈Meuse 강 서쪽의 작은 도시 동레미 라 퓌셀Domrémy-la-Pucelle에는 해마다 그를 기리고자 수많은 관광객이 찾아온다.

보주 산맥의 남동쪽 언덕에는 알자스Alsace 포도원이 자리 잡고 있는데, 최고봉인 발롱 드 게브빌레르가 훌륭한 발코니를 형성하여 태양의 혜택을 최대한으로 누린다. 보주 고원 이외 지역의 시골 마을들은 인구가 조밀하고 농장 규모가 작은 편이다. 반면에 포도 재배는 매우 활발해서 세계 최고급 포도주인 리슬링Riesling과 게뷔르츠트라미너Gewurztraminer 화이트 와인을 해외로 대량 수출한다. 포도주 생산지는 콜마르를 중심으로 보주 산맥 주변의 산간 지대에 집중되어 있다.

보주 산맥의 봉우리들은 거의 구릉 모양이며 산봉우리 사이의 아름다운 협곡은 천혜의 자연 관광지로 유명하다.

자이언츠 코즈웨이

영국 ★ Giant's Causeway

현무암 기둥들이 병정처럼 줄지어 늘어선 장엄한 광경은 보는 이들을 절로 숙연하게 한다. 자이언츠 코즈웨이와 연안은 웅장하고 놀라운 자연 경관으로 유명할 뿐만 아니라 특이한 지형으로 지질학적 연구에도 소중한 자료이다.

영국 북아일랜드 앤트림 카운티County Antrim 북서쪽 해안에 있는 자이언츠 코즈웨이는 바다로 통하는 천연의 거대한 계단이다. 이 보기 드문 자연 절경을 두고 현지에서는 거인 족들이 도로로 사용하려고 만들었다는 전설이 전해진다. 윗부분이 가지런하게 절단된 육각형 각주角柱들이 해안에 깊숙이 뿌리를 내리고 빽빽하게 늘어서서 마치 계단처럼 층을 이룬다.

현대 지질학자들의 끈질긴 연구 끝에 자이언츠 코즈웨이의 비밀이 비로소 밝혀졌다. 백악기 말에 북대서양이 갈라지기 시작하면서 북아메리카 대륙과 유라시아 대륙이 분리되었다. 지각 운동이 더욱 심해지고 화산 분출이 빈번해지다가 약 5000만 년 전에 지금의 스코틀랜드 이너헤브리디스Inner Hebrides 제도에서 북아일랜드 동쪽에 이르는 지역의 화산 활동이 활발해지면서 지각의 갈라진 틈으로 현무암 용암이 분출했다. 뜨거운 용암이 바다에 닿아 급격히 냉각되면서 규칙적인 모양으로 파열되어 육각형의 각주가 형성된 것이다.

육각형의 현무암 기둥들이 빽빽하게 밀집해 있는 자이언츠 코즈웨이. 들쭉날쭉 높이가 다른 기둥들이 줄지어서 바다로 통하는 거대한 계단을 이룬다.

자이언츠 코즈웨이 연안은 썰물 지역과 절벽, 절벽 꼭대기로 통하는 길과 평지가 포함된다. 절벽의 평균 높이는 100미터이다. 화산 용암이 각기 다른 시기에 5, 6차례에 거쳐 흘러나왔기 때문에 절벽 형태가 다층 구조를 띠게 되었다.

자이언츠 코즈웨이는 해안선에서 현무암의 특색이 가장 짙은 곳이다. 독특한 현무암 기둥들이 틈이 잘 보이지도 않을 정도로 한 데 엮여 늘어선 듯한 모습은 불가사의에 가깝다. 지질학자들은 돌기둥 사이의 수직적인 틈을 주상절리柱狀節理라고 한다. 용암이 냉각되어 터질 때 생기는 절리는 보통 수직으로 발달하는데, 절리를 따라 물이 흐르면서 오랜 세월이 지나면 이렇게 밀집된 형태의 다각형 현무암 기둥이 형성된다.

돌기둥이 끊임없이 바닷물의 침식 작용을 받아 다양한 높이로 절단되면서 자이언츠 코즈웨이는 들쭉날쭉한 계단과 같은 형태를 띠게 되었다. 6킬로미터나 되는 거리에 지름 40~50센티미터의 정다각형 기둥 약 4만 개가 빼곡하게 줄지어 있다. 검은색 현무암 각주들은 지름이 38~50센티미터이고 대부분 육각형이며, 그 밖에 4각, 5각, 8각형으로 된 것도 있다. 각주의 단면은 계단처럼 높이가 서로 다른데, 대개 해면보다 6미터 이상 높으며 가장 높은 기둥은 12미터에 달한다. 또 해수면과 같거나 혹은 낮아서 보이지 않는 각주들도 있다.

도버의 하얀 절벽

영국 ★ White Cliffs of Dover

도버의 하얀 절벽이 해안선에서 눈부시게 빛나고, 하늘과 바다가 하나 된 가운데 육지가 서서히 모습을 드러낸다.

잉글랜드 남부 해안에 있는 도버 절벽은 런던과 128킬로미터 떨어져 있다. 동쪽은 영국과 프랑스 사이의 도버 해협과 맞닿으며, 맞은편의 프랑스와 겨우 34킬로미터 거리에 있다. 도버는 역사적으로 영국의 중요한 전략적 군사 요충지이다.

잉글랜드 남부 해안은 모두 백악기 때부터 형성된 절벽인데 그 가운데 가장 전형적 지리 형태를 띠는 것이 바로 도버 절벽이다. 백악기의 지층이 주를 이루며, 백악기보다 조금 늦은 시기에 형성되었다. 당시 수많은 미생물과 석회질의 껍질을 가진 조개류가 죽어 바다 속에 가라앉았고 침전과 퇴적 작용을 거듭하면서 석회암으로 변했다. 이런 부드러운 석회암들은 백악 형성기에 바닷물과 바람의 침식을 받았고, 여기에 소금물과 온도의 변화까지 더해져 하얀 절벽이 형성되었다.

도버의 하얀 절벽은 오래전부터 항해자들에게 가장 익숙한 항로 표지이자 잉글랜드의 첫인상으로 기억되었다. 절벽의 틈에서 강한 생명력을 자랑하는 유럽 통통마디와 노란색 양귀비꽃, 백악토를 좋아하는 야생 난초가 보는 이의 눈과 마음을 더욱 즐겁게 한다.

도버의 하얀 절벽은 수백 년 동안 바다를 항해하는 선박들에 익숙한 항로 표지가 되고 있다.

라플란드 지역

북유럽 ★ The Lapland Area

라플란드 지역은 산업 문명의 영향을 거의 받지 않은 청정무구의 땅이다. 원주민인 라프족들은 자신들의 독특한 문화를 지키는 데 힘쓰고 있다.

북극권에 있는 라플란드 지역은 일 년 중 1/3 이상이 빙설에 뒤덮여 있어서 다양한 형태의 빙하 지형을 구경할 수 있다.

스칸디나비아Scandinavia 반도 북부의 북극권에 자리한 라플란드 지역에는 순록과 더불어 살아가는 라프 족Lapp族, 사메(Saame) 족이 거주한다. 라프 족은 일찍이 3000년 전부터 이곳에 정착하여 순록 수렵을 생업으로 삼고 살아왔다. 라프 족과 순록은 떼려야 뗄 수 없는 밀접한 관계에 있다.

라프 족은 주로 노르웨이, 스웨덴, 핀란드의 스칸디나비아 반도에 분포한다. 이 가운데 스웨덴 북부의 국립공원 네 개를 중심으로 하는 라포니안 지역The Laponian Area은 세계복합유산으로 지정되었다.

라포니안 지역의 서쪽 산악 지대에는 스칸디나비아 산맥이 뻗어 있고 흰자작나무, 상록 관목인 에리카Heath 등이 숲을 이룬다. 동쪽은 타이가Taiga로 불리는 광활한 냉온대침엽수림이고, 남동쪽 삼림 지대에는 빙하 침식으로 형성된 U자 계곡이 있다. 혹독하고도 복잡한 자연 환경 속에서도 큰곰과 스라소니Eurasian lynx, 뇌조 등 희귀 야생 동물들이 서식하고 있다.

라프 족의 조상은 약 1000년 전에 러시아의 볼가Volga 강 유역에서 서진해왔다고 알려졌다. 이동 과정에서 사용한 텐트와 흙집의 구조가 시베리아 유목 민족과 유사하다. 처음에는 사냥을 하고 함정을 설치해서 순록을 잡으며 순록 떼를 쫓아 이동하는 생활을 하다가 17세기에 이르러 소극적인 수렵 생활에서 유목 생활로 바뀌었다.

오늘날 라프 족은 대부분 정착 생활을 하며, 모터 달린 눈썰매가 순록 썰매를 대신한다. 하지만 라플란드 지역은 여전히 지구상에서 산업 문명의 영향을 거의 받지 않은 몇 안 되는 '깨끗한 땅'으로, 태곳적 자연의 모습을 그대로 간직하고 있어 소중한 지리 '표본'이 되고 있다.

아이슬란드

유럽 ★ Iceland

북극권 바로 남쪽에 있는 아이슬란드는 '불과 얼음의 나라'로 불린다. 격렬한 화산 폭발과 만년 빙하, 검은 얼음과 시뻘건 불길이 기상천외한 세계를 만들어 낸다.

아이슬란드는 대서양 북부에 있는 섬나라로, 노르웨이와 그린란드 중간 지점에 있다. 국토 면적은 10만 3,000제곱킬로미터이며 남북 길이가 350킬로미터, 동서 길이가 540킬로미터이다. 구불구불 험하게 이어지는 해안선의 길이는 4,800킬로미터가 넘는다. 북쪽은 그린란드 해와 북극권에 인접하고, 동쪽은 노르웨이 해와 닿아 있다. 남쪽과 남서쪽은 대서양, 북서쪽은 덴마크 해협과 닿아 있다.

아이슬란드 국경 안에는 무려 화산이 200여 개나 있다. 아이슬란드에 사람이 정착한 이후, 그중에 적어도 30개가 폭발한 적이 있으며 총 150회 이상 폭발했다. 아이슬란드의 특이한 점은 화산 활동이 활발할 뿐만 아니라 화산 위에 거대한 빙하가 있고, 또 유명한 지열 현상인 간헐천**間歇泉, 열수와 수증기, 기타 가스를 일정한 간격을 두고 주기적으로**

화산재에 오염되어 검회색을 띠는 얼음 조각들, 북극제비갈매기 떼가 노리는 것은 아이슬란드 남해안의 플랑크톤이 풍부한 석호(潟湖)이다.

북극곰은 아이슬란드를 비롯한 북극권 전 지역에 분포하며, 흔히 큰 부빙(浮氷) 위에서 모습을 볼 수 있어서 현지에서는 '얼음곰'으로 불린다.

분출하는 온천이 있다는 것이다.

아이슬란드의 가장 대표적인 화산 헤클라Hekla 산은 12세기 이래로 100년에 두 번씩 화산 대폭발이 일어났다고 기록되었다. 특히 1947년에 일어난 화산 대폭발은 끔찍할 만큼 격렬했다. 엄청난 양의 돌멩이와 화산재가 높이 튀어 올랐고 주변 지역의 하늘은 온통 어둠으로 뒤덮였다. 고층 대기의 거센 기류는 화산 쇄설물과 화산재를 아이슬란드에서 동쪽으로 1,600킬로미터나 떨어진 스칸디나비아 반도에까지 날려 보냈다. 그리고 정상의 분화구에서는 섭씨 1,000도의 펄펄 끓는 용암이 장장 1년이 넘게 흘러내렸다. 용암이 멈춘 후 새로 암석층이 형성되어 헤클라 산의 화산추많은 양의 용암과 화산력, 화산사 따위가 계속 분출하여 쌓이면서 원뿔 모양을 이룬 지역는 약 140미터나 높아졌다. 1948년 봄에 드디어 분화를 멈추었지만, 짙은 화산 기류가 계속해서 산비탈을 타고 흘러내려와 근처 골짜기에 방목한 가축들이 질식해 죽는 상황이 자주 발생했다.

또 아이슬란드의 일부 지역은 '빙하 홍수'로 큰 피해를 입었다. 빙하 홍수는 주기적으로 폭발하는 활화산의 열기로 빙상氷床, 대륙 빙하 아래의 얼음이 녹아 수백만 세제곱미터의 물이 갑자기 지면 위로 솟구쳐 오르는 현상을 말한다. 엄청난 양의 빙하수가 모이면 얼음이 수압을 견디지 못하고 갈라지면서 빙하수가 분출된다. 그러면 빙하수는 거대한 얼음덩어리, 돌멩이를 끌고 시속 100킬로미터로 산 아래로 돌진해 순식간에 마을을 쓸어버린다.

아이슬란드의 거대한 빙하도 화산만큼이나 유명하다. 아이슬란드 남동부에 있는 바트나이오쿠를Vatnajokull 빙하는 면적이 무려 8,400킬로미터이며, 얼음의 평균 두께가 900미터 이상이다.

화산과 빙하과 비교해 아이슬란드의 간헐천은 더욱 높은 명성을 자랑한다. 간헐천은 화산 활동과 관련된 지질 현상으로 말미암아 생겨나며, 아이슬란드에는 가장 대표적인 그레이트 가이저Great Geyser를 비롯해 간헐천이 여러 곳 있다. 그레이트 가이저는 수도 레이캬비크Reykjavik에서 북동쪽으로 100킬로미터 떨어진 평원에 있다. 원래 대규모 분수 지역이었던 이곳은 지금도 곳곳에서 뜨거운 물이 솟아나고, 허연 수증기가 자욱하게 피어오른다. 그중에서도 그레이트 가이저는 가장 높은 물줄기를 뿜어내며, 아이슬란드의 모든 분수와 간헐천 중에서 최고로 손꼽힌다.

그레이트 가이저는 지름이 약 18미터에 달하는 둥그런 샘이며, 중심부의 샘구멍은 지름 2.5미터의 '공동空洞'이다. 공동의 깊이는 23미터, 공동 속 수온은 섭씨 100도 이상이다. 매번 분출하기 전에 우르릉 하는 굉음이 나는데, 소리가 갈수록 커지면서 점점 끓는 물이 솟아올라 마침내 공중으로 분출된다. 최고 70~80미터까지 솟아오른 물줄기는 곧 하얗게 부서지는 유리구슬처럼 공중에서 아래로 떨어진다.

지진으로 형성된 그레이트 가이저는 분출할 때 지하의 깊은 곳에서 뜨거운 수증기가 용솟음치면서 하얀 물줄기를 하늘 높이 뿜어낸다.

AFRICA

반짝이는 호수와 눈 덮인 산봉우리, 야생 동물들의 낙원
아프리카

교과 관련 단원

중1 〈사회〉

Ⅲ. 다양한 지형과 주민 생활

고등학교 〈세계 지리〉

Ⅲ. 다양한 자연환경

AFRICA

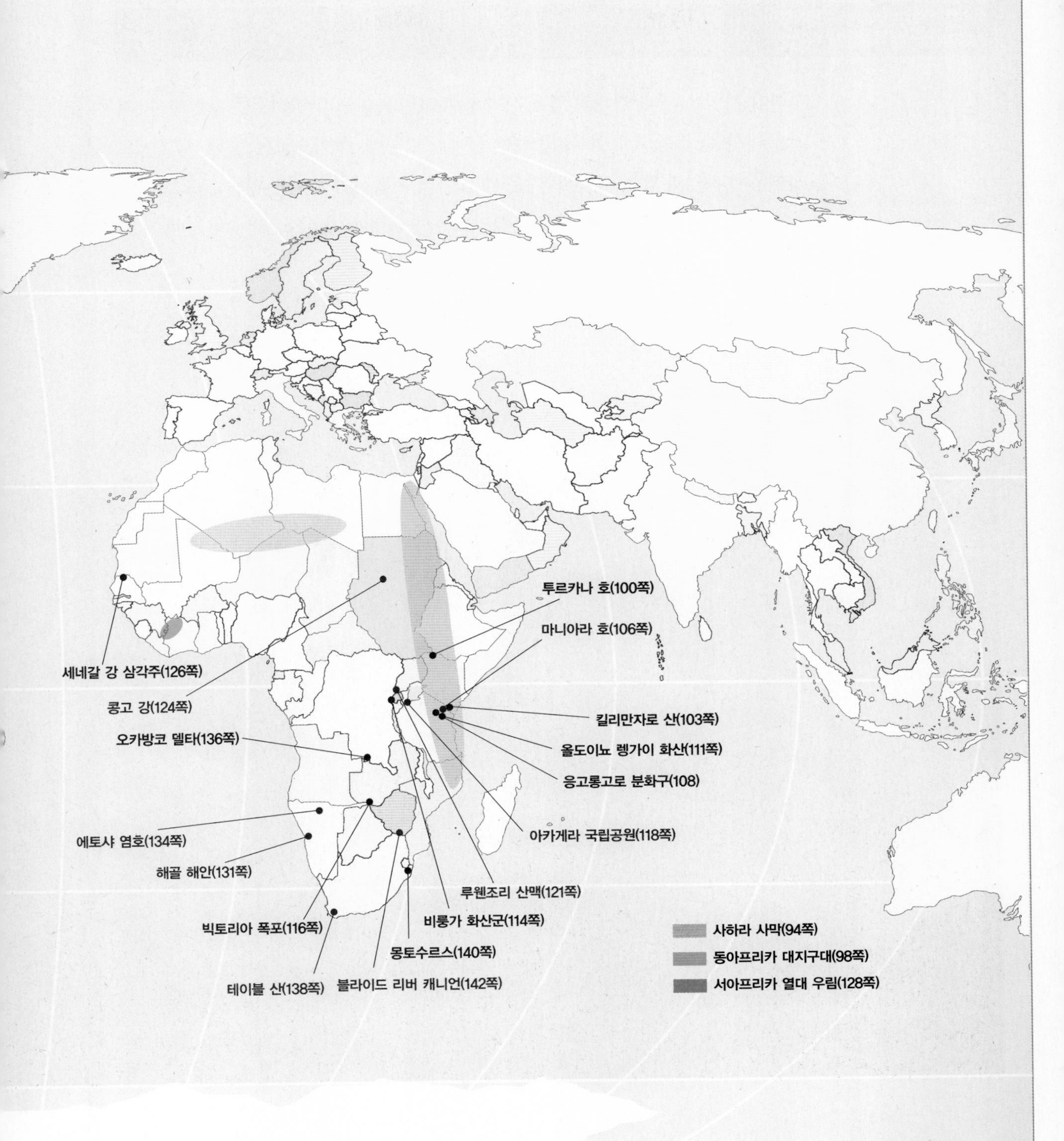

투르카나 호(100쪽)
마니아라 호(106쪽)
세네갈 강 삼각주(126쪽)
콩고 강(124쪽)
킬리만자로 산(103쪽)
오카방코 델타(136쪽)
올도이뇨 렝가이 화산(111쪽)
응고롱고로 분화구(108)
아카게라 국립공원(118쪽)
에토샤 염호(134쪽)
해골 해안(131쪽)
루웬조리 산맥(121쪽)
비룽가 화산군(114쪽)
빅토리아 폭포(116쪽)
몽토수르스(140쪽)
테이블 산(138쪽)
블라이드 리버 캐니언(142쪽)
사하라 사막(94쪽)
동아프리카 대지구대(98쪽)
서아프리카 열대 우림(128쪽)

사하라 사막

아프리카 ★ Sahara Desert

뜨거운 태양 아래 지평선이 보이지 않을 정도로 하얀 모래의 세상이 끝없이 펼쳐진 사하라 사막 한가운데에 아하가르 산맥이 거대한 섬처럼 우뚝 솟아 있다.

사하라 사막 중북부에 자리한 아하가르 산맥은 사실 화강암으로 이루어진 고원이다.

사하라 사막은 세계 최대의 열대 사막으로 거의 북아프리카 전체를 포함한다. 서쪽으로 대서양, 북쪽으로 아틀라스Atlas 산맥과 지중해, 동쪽으로는 홍해, 남쪽으로는 사헬Sahel 지역과 닿아 있다. 뜨거운 태양 아래 지평선이 보이지 않을 정도로 하얀 모래의 세상이 끝없이 펼쳐진 사하라 사막의 한가운데에 아하가르Ahaggar 산맥이 마치 거대한 섬처럼 우뚝 솟아 있다.

사하라 사막은 세 면이 절벽에 둘러싸였고 서쪽에 유일한 출입구가 있다. 과거에 이곳에 버려진 사람은 절대로 살아나가지 못했다고 한다.

아하가르 산맥은 이름은 산맥이지만 사실은 화강암으로 이루어진 고원이다. 그 중심부에는 화강암 위에 화산 용암이 180미터까지 높이 쌓여 현무암이 형성되었다. 해발 3,000미터 지대에는 또 다른 종류의 화산암인 향암響岩, 일명 '우는 바위'로 이루어진 석탑과 돌기둥, 돌바늘 등 기묘한 형태의 바위들이 병정처럼 나란히 줄지어 있다. 냉각된 용암이 파열되어 형성된 각 기둥들이 마치 거대한 갈대 새싹처럼 밀집해 있다. 주변의 777킬로미터에 이르는 둘레 안에 이런 돌기둥이 무려 300여 개나 자리하고 있어 기이한 경관을 이룬다. 현지의 투아레그Tuareg 족은 이곳을 '세상의 끝'이라고 부른다.

아하가르 산맥에는 식물이 거의 자라지 않는다. 비 오는 날이 드물고 강우량이 매우 적기 때문이다. 그나마 절벽에 에워싸인 계곡 안에서는 빗물이 많이 증발되지 않고 못이 형성되어 근처에 푸른 식물이 조금씩 자란다.

아하가르의 투아레그 족들은 체구가 건장하고 피부가 하얗다. '투아레그'라는 이름은 아랍어로 '알라 신에게 버림받았다'는 뜻이다. 투아레그 족 남자들은 사춘기 때부터 베일을 써야 한다. 악마가 입을 통해서 몸속으로 들어가는 것을 막기 위해서라고 한다. 그들은 장검, 비수와 영양 가죽으로 만든 방패를 항상 지니고 다닌다. 반면에 여인들은 외출할 때도 베일을 쓰지 않고 집안일을 처리할 권리도 여인에게 있다.

사하라 사막 남부는 안정적인 대륙성 아열대 기류와 남쪽에서 온 불안정한 해양성 열대 기류가 만나 계절적 상호 작용을 일으켜서 건조한 열대 기후가 형성된다. 그래서 낮 동안의 기온 변화가 북부 지역만큼 뚜렷하지 않다.

또한 사막 중부 지역은 기후가 유난히 무더워서 여름철 정오에는 모래와 자갈들이 화상을 입을 정도로 뜨겁게 달구어진다. 가장 더운 몇 개월 동안에는 현지 주민들도 해가 진 저녁에만 외출한다. 오아시스 사이의 거리가 무척 멀어서 오아시스에서 2,000미터만 떨어져도 온통 황량하기 그지없는 불모지가 펼쳐지고 살아있는 생물 하나, 나무 한 그루조차 찾아보기 어렵다. 구름 낀 날씨가 매우 적고 보통 일 년에 겨우 몇 시간 동안만 비가 내리며, 빗물은 순식간에 모래 속으로 사라져버린다.

사하라 사막 오아시스에 사는 작은 새이다. 깃털 색이 화려하고 아름다우며 움직임이 민첩하고 날렵하다.

극도로 건조하고 메마르며 식물이 희소한 이 땅에 고도로 번영한 상고 시대의 문명이 존재했다. 사막 곳곳에서 발견되고 있는 상고 문명의 결정체인 화려하고 아름다운 대형 벽화들이 그것을 증명한다.

사하라 사막 벽화들의 내용을 보면 다채롭고 풍부한 대자연과 당시 현지인들의 생활 모습을 담고 있다. 일련의 연구 결과, 과학자들은 이곳에서 기후가 마법을 부렸다고 말한다. 지질학적으로 제4기로 구분되는 최근 200~300만 년 동안 지구상에서는 건조한 기후와 습한 기후가 뚜렷하게 교대되는 변화가 몇 차례 있었다. 제4기 때 고위도 지역은 몇 번이나 거대한 빙하에 뒤덮였고 사하라 같은 저위도 지역에는 폭우와 홍수가 발생해 하천이 넘쳐흐르고 곳곳에 호수가 생겨났다. 기원전 1만 년쯤에 사하라 지역은 기후가 점점 습윤해져 식물이 무성하게 자랐다. 기원전 7000년~기원전 2000년까지 대부분 기간에 기후는 매우 습윤했고, 그중에서도 기원전 3500년 전후에는 사하라의 호수 면적이 최고 규모를 이루었다. 하천과 호수가 넘쳐나 많은 지역에서 어획이 성황을 이루었다.

그러나 기원전 3500년부터 대기 환류의 변화로 기후가 점점 건조해지기 시작했고 초원이 삼림을 대체했다. 기원전 2000년 이후부터는 기후가 건조해지는 속도가 더욱 빨라져 호수 면적이 줄어들고 하천이 메마르며 식물이 시들고 퇴화하기 시작했다. 불타는 태양 아래 하천 유역에 널리 분포했던 소택지들은 모두 건조한 육지로 변해버렸고, 부드러운 하천 충적물은 따가운 햇볕과 뜨거운 바람에 점점 균열되고 부서져 먼지를 풀풀 날렸다. 먼지는 바람에 날려가고 남겨진 석영 입자들은 그 자리에서 대량으로 퇴적되어 사구와 모래바다로 변해 버렸다. 결국 사하라 지역 전체가 끝이 보이지 않을 정도로 광대한 사막이 되고 말았다.

아득하게 펼쳐진 사막에는 바람의 풍화 작용으로 형성된 다양한 지형이 있어서 결코 단조롭거나 밋밋하지 않다.

동아프리카 대지구대 아프리카 ★ East African Great Rift Valley

공중에서 내려다보면 동아프리카 대지구대는 '대지의 가장 큰 흉터' 같다. 그 속에 주렁주렁 줄지어 분포하는 호수들이 반짝이는 보석처럼 아프리카 대륙을 아름답게 수놓는다.

동아프리카 대지구대는 자연 경관이 웅장하고 아름다울 뿐만 아니라 인류가 탄생한 '요람' 이기도 하다.

지구대는 지각 단층으로 생긴 길쭉한 함몰 지대로, 어떤 사람들은 이를 '지구의 흉터' 에 비유한다. '대지의 가장 큰 흉터' 는 바로 동아프리카 대지구대이다. 잠베즈 Zambezi 강 어귀에서 북쪽으로 홍해까지 이어지며 적도 남북을 가로지른다. 총 길이는 6,750킬로미터이고 너비는 보통 50~80킬로미터이며 가장 좁은 곳은 겨우 3미터 정도에 이르기도 한다. 대지구대의 양쪽에는 깎아지른 듯 날카로운 절벽이 수백 미터에서 1,000~2,000미터 높이로 치솟아 있다. 비행기를 타고 공중에서 내려다보면 대지구대는 마치 불도저로 거침없이 밀어서 생겨난 깊은 고랑 같다. 그 속에 주렁주렁 줄지어 분포된 호수들이 반짝이는 보석처럼 아프리카 대륙을 아름답게 수놓는다.

북측의 시리아에서 남측의 모잠비크까지 동아프리카 대지구대는 20여 개 나라를 관통하며 길게 이어진다. 만약 지구의 두 지각판 아랍 반도와 동아프리카가 한 지각판, 아프리카 대

륙의 나머지 부분이 또 한 지각판이 지하에서 분리된다면 어떤 상황이 벌어질까? 아마도 동아프리카 대지구대의 중심선을 따라 지속적으로 진행되는 지각 운동으로 호수와 하천들은 더욱 광활해질 것이다. 그로 말미암아 대지구대는 더욱 깊어져서 언젠가는 바닷물이 밀려들어올 것이고, 결국 동아프리카와 아프리카 대륙을 갈라놓게 된다.

그렇다면 이런 지형은 도대체 어떻게 형성되었을까? 사실 이곳은 맨틀 상층의 열대류 현상으로 지각 단층이 일어나면서 생긴 함몰 지대이다. 맨틀 상승류의 활동이 몹시 활발한 지대에 자리한 동아프리카가 맨틀 상승류의 상승 작용으로 융기하여 고원이 되었고, 지각도 장력에 의해 균열이 생겼다. 갈라진 틈의 가운데 지반이 함몰되고 반면에 양쪽 날개는 상대적으로 높아지면서 지구대의 양쪽 벽이 형성되었다. 지구대가 형성되는 과정에서는 흔히 격렬한 화산 활동이 함께 발생하여 용암이 대량으로 분출된다. 에티오피아 고원이 바로 화산 분출물의 퇴적으로 형성된 용암 고원이다. 현재 이곳의 지각은 여전히 불안정하다. 화산 활동도 계속 진행되고 있으며 지진도 자주 발생한다.

투르카나 호

케냐 ★ Lake Turkana

투르카나 호는 수천 년 전에 형성된 함수호이다. 경치가 아름다울 뿐만 아니라 '인류의 요람'으로 세상에 널리 알려졌다.

케냐 북부에 자리한 투르카나 호는 동아프리카 대지구대와 케냐에서 가장 큰 내륙호로, 에티오피아 국경과 맞닿아 있다. 남북 길이가 290킬로미터, 최대 너비가 56킬로미터이며 면적이 6,450제곱킬로미터, 해발고도가 375미터이다. 1888년에 텔레키Teleki 백작 일행이 발견하여 오스트리아 황태자 루돌프Rudolf의 이름을 따서 명명했다. 그래서 루돌프 호라고도 한다.

투르카나 호는 남부, 북부, 중앙에 섬이 세 개 있는데, 모두 뜨거운 마그마가 식어서 만들어진 화성암으로 형성된 것이다. 중앙에 있는 섬은 2000여만 년 전에 화산이 폭발하여 형성된 원형의 섬으로 지름이 약 5킬로미터이다. 섬 안에도 작은 호수가 있는데 농어가 많이 나며 악어도 수만 마리나 살고 있다. 농어는 고요한 호수에 살면서 봄철 산란기가 되면 포도송이처럼 주렁주렁 이어진 알을 얕은 물의 수초 속에 숨겨둔다. 섬에는 또 길이가 2미터에 달하는 도마뱀이 사는데, 1억 3천만 년 전의 도마뱀과 생김새가 거의 흡사하다.

도마뱀과 악어는 상고 시대 파충류 동물의 살아 있는 화석이다. 투르카나 호의 섬에는 또 살무사, 코브라, 방울뱀 등 독사가 곳곳에서 출몰해 고기잡이를 하는 사람이 매우 드물다.

투르카나 호는 수위와 호면의 면적이 일정하지 않으며 일 년 내내 유입되는 수원은 에티오피아령에서 흘러드는 오모Omo 강이 유일하다. 물이 흘러나가는 출구가 없고 물 속 염분이 높으며 예고 없이 폭풍이 몰아치는 경우가 많아 항해하기에 위험하다. 호수에 물고기가 많아서 물고기를 먹이로 하는 홍학, 가마우지, 물총새 등 철새와 텃새가 많이 서식한다. 호수 주변에는 소규모이지만 붉은 수수를 심은 곳도 종종 보인다.

1972년에 케냐 국적의 영국인 인류학자 리처드 리키Richard Leakey가 투르카나 호숫가의 쿠비 포라Koobi Fora 지역에서 '1470호 사람'으로 불리는 인류의 두골을 발견했는데 현대인과 무척 비슷했다. 측정 결과 유인원에서 인간으로 진화하는 과도 단계를 완성한, 지금으로부터 290만 년 전에 생존한 호모 하빌리스Homo habilis였다. 이로써 지구상에 인류가 생존한 역사가 기존 학설에서 주장하는 50만 년이 아니라 적어도 100만 년이라는 사실이 밝혀졌다.

리처드 리키의 부모님 역시 유명한 인류학자였는데, 온 가족이 투르카나 호숫가에서 수십 년 동안이나 힘든 탐사 작업을 진행해 마침내 자랑할 만한 성과를 거두었다. 리처드 리키는 23세의 젊은 나이에 국제 탐사대 대장을 맡아 미국, 프랑스, 케냐의 내로라하는 인류학자들을 이끌고 투르카나 호 북안에서 탐사 활동을 펼쳤다. 그

하늘과 물이 이어져 끝이 보이지 않을 정도로 드넓게 펼쳐진 투르카나 호는 산물이 풍족할 뿐만 아니라 경치도 매우 수려하다.

결과 이곳에서 10만 년 전에 이미 호모 사피엔스Homo sapiens가 존재했다는 것을 증명해 냈다.

1970~1980년대 투르카나 호 부근에서는 인간의 두개골 화석 160여 개, 포유동물 화석 4,000여 개, 거북이와 악어 등의 화석, 석기 시대의 도구 등 많은 유물이 발굴되었다. 이 화석들은 300만 년 전의 투르카나 호 지역에 울창한 수풀이 우거지고 수초가 무성하게 자랐으며 동물들이 무리 지어 서식했다는 것을 증명한다.

투르카나 호 주변 지역에는 28개의 용감한 부족들이 살고 있으며, 그중에서도 투르카나 족의 인구가 가장 많다. 투르카나 호의 이름은 바로 이 부족의 이름을 따서 지어졌다. 투르카나 족은 오늘날까지도 그들만의 독특한 생활방식을 고집하며 유목과 어획을 통해 원시적인 삶을 살아가고 있다.

도마뱀은 색깔을 바꾸는 방식으로 자신을 위장하며, 꼬리로 나뭇가지를 칭칭 감아 몸을 고정시킨다.

킬리만자로 산

탄자니아 ★ Mount Kilimanjaro

킬리만자로 산은 기후가 몹시 한랭하고 산 정상이 만년설에 덮여 있어 아프리카인들에게 '적도 부근의 백설 공주'로 불린다.

정상이 일 년 내내 적설로 뒤덮여 있는 '아프리카의 지붕' 킬리만자로 산은 주봉인 키보Kibo 봉의 해발 높이가 5,890미터에 달한다. 스와힐리어에서 '킬리만자로'는 '번쩍이는 산'이라는 뜻인데 산기슭은 열대 지역에 속하지만 산꼭대기는 시베리아의 엄동처럼 눈이 가득 쌓인 채 햇빛을 반사한다고 해서 붙여진 이름이다.

탄자니아 북동부 케냐와 국경을 접하는 지대남위 3도에 자리하며, 길이가 100킬로미터이고 너비가 75킬로미터이며 주위에 맞닿은 산맥 없이 외톨이처럼 홀로 솟아 있다. 킬리만자로 산은 200만 년 전에 형성되었다. 당시 화산 활동이 활발하게 일어나면서 지구 내부에서 용암이 끊임없이 솟아올랐다. 한 번 분출되어 굳어진 용암 위에 또다시 분출된 용암이 흐르고 냉각되었다. 현재 킬리만자로 산의 중요한 세 봉우리는 각각 지각 활동이 격렬했던 시기에 형성되었다. 최고봉 키보 봉이 중앙에 자리하고, 마웬지Mawenzi 봉과 시라Shira 봉이 동쪽과 서쪽을 차지하고 있다. 가장 낮은 시라 봉은 최초의 화산 분출 때 형성되고 나서 붕괴와 침식을 거쳐 지금의 모습을 갖추게 되었다. 마웬지 봉은 혹처럼 키보 봉 옆에 찰싹 붙어 있으며 가파른 정도가 전혀 다르다. 마웬지 봉과 가장 최근에 형성된 키보 봉 사이에는 길이가 11킬로미터에 이르는 말안장 형태의 지대가 있다.

'강철 사나이' 이미지를 부각하는 것으로 유명한 헤밍웨이의 작품 가운데서도 《킬리만자로의 눈》은 미국 문학의 고전으로 간주되는 대표적인 유명 단편이다.

키보 봉의 꼭대기는 지름 2,500미터, 깊이 약 300미터의 둥근 분화구이다. 화구 중심부에는 유황을 함유한 화산재로

킬리만자로 산의 눈은 고요함 속에 웅장한 기세를 품고 있다. 대륙 빙하의 가장자리에 남아 있는 빙설은 언제나 신성하고 순결한 빛으로 눈이 부신다.

뒤덮인 작은 구덩이가 있으며 지금도 유황 가스를 뿜어낸다. 키보 봉은 산봉우리 가운데 유일하게 해발 고도가 설선 이상인 봉우리이다. 북쪽 가장자리를 뒤덮은 빙하가 분화구까지 이어지고, 남서쪽 4,500미터 이하에 아프리카 대륙에서 가장 넓은 빙하가 걸려 있다.

독특한 지리적 특징은 기후에도 큰 영향을 미쳤다. 인도양에서 불어오는 동풍이 킬리만자로 산에 도착하면 수직으로 솟아 있는 절벽에 가로막혀 위로 상승한다. 이 상승 과정에서 기류 속의 수분이 빗물이나 눈, 서리가 되어 내린다. 즉 산꼭대기를 뒤덮고 있는 빙설은 정상에 모여 있는 구름이 아니라 산 밑에서 상승한 구름에서 온 것이다. 그래서 킬리만자로 산의 식생은 관목이 적은 주위의 열대 초원 사바나 지대와는 전혀 다른 모습을 보인다.

킬리만자로 산자락의 열대림은 야생 동물의 세상으로, '세계 야생 동물원' 이라고 불린다. 산 중턱은 토양이 비옥하여 커피, 땅콩, 차나무, 사이잘삼 등 경제 작물이 무성하게 자란다. 해발 3,500미터에는 관목과 이끼류 등 전형적인 고지대 식물들이 자라며 설선 가까이에는 고산 식물들이 주를 이룬다. 설선 부근에서는 들소 같은 덩치 큰 동물과 그들을 쫓는 표범을 종종 볼 수 있지만 열악한 기후와 환경 때문에 그곳에서 오랫동안 생활하지는 않는다. 정상은 빙설에 뒤덮여 있으며, 몹시 한랭한 기후로 일 년 내내 눈이 녹지 않아 보기 드문 적도 설산의 절경을 이룬다.

겨울 없이 기나긴 여름만 지속되는 적도 지대에서 이런 설경이 나타나는 것은 특수한 지형과 기후 때문이다. 일 년 내내 높은 곳에서 태양이 강렬하게 내리 쬐지만, 고산 정상은 공기가 희박하고 대기 투명도가 높아 태양의 열량을 많이 흡수하지 못한다. 수직 방향으로 1,000미터 올라갈 때마다 기온이 약 6도씩 낮아지고, 일정한 높이에 이르면 영도 이하로 뚝 떨어져서 일 년 사계절 눈이 쌓여 있는 경관이 나타난다.

킬리만자로 산은 또한 세계에서 높기로 손꼽히는 화산 중의 하나이며 1,000년 전에 분화한 적도 있다. 산 정상에 지름이 1,800미터에 이르는 거대한 분화구가 있는데, 그 속에 빙설이 가득 쌓여 있고 테두리에 거대한 얼음 기둥이 곧게 서 있는 모습이 독특하다. 휴화산이기 때문에 아직도 가끔 빙설 속에서 푸른 연기가 피어오른다.

킬리만자로는 거부할 수 없는 매력으로 해마다 전 세계의 수많은 관광객을 불러들인다. 1938년에 세계적인 작가 헤밍웨이Ernest Miller Hemingway가 이곳을 찾았고 유명한 소설 《킬리만자로의 눈The Snow of Kilimanjaro》1936을 지었다. 소설에서 그는 킬리만자로 산을 "온 세계만큼이나 넓고 거대하며 높은, 그리고 햇빛을 받아 믿을 수 없을 만큼 하얗게 빛나는 네모진 봉우리"라고 묘사했다.

마니아라 호

탄자니아 ★ Lake Manyara

녹음이 우거지고 경치가 아름다운 이곳은 새들의 낙원이다. 해마다 플라밍고가 떼를 지어 몰려와 일자 모양으로 수천 미터나 늘어선다. 플라밍고들이 일제히 분홍색 날개를 퍼덕이며 수면 위를 날아갈 때의 모습은 장관이다.

마니아라 호는 응고롱고로Ngorongoro 분화구 동쪽으로 10킬로미터 떨어진 곳에 자리한다. 호수 주변에 면적 140제곱킬로미터에 달하는 숲이 있는데 녹음이 우거지고 경치가 빼어나게 아름답다. 숲 속에는 플라밍고, 망치머리황새, 저어새, 노란부리백로, 이집트기러기, 물총새, 사다새 등 350여 종의 조류가 서식하는 '새들의 파라다이스' 다.

망치머리황새는 황새목 섭금류涉禽類에 속하며, 몸길이가 60센티미터이고 깃털은 다갈색 혹은 흑갈색을 띤다. 머리가 큰 편이고 뒤통수에 수평으로 도가머리가 나 있다. 검정색 부리는 굵고 크며 옆면이 납작하고 끝이 뾰족한 갈고리 모양이다. 다리도 검정색이며 매우 짧다. 주로 황혼 무렵에 활동하며, 두 발로 번갈아가며 흙탕물을 휘저어 연체동물이나 개구리, 작은 물고기, 수생 곤충 등 먹이를 찾아낸다.

마니아라 호수의 '단골손님' 사다새는 크고 탄력 있는 아랫부리 주머니가 가장 큰 '매력' 이다. 몸집이 큰 대형 조류로, 일부 종류는 몸체가 180센티미터에 이르며 날개를 폈을 때 길이가 3미터이고 체중이 13킬로그램에 달한다.

사다새가 고요한 수면을 무대로 우아한 자태를 뽐내며 화려한 춤사위를 펼친다.

맑고 투명한 수면을 스치며 날아가는 플라밍고가 마니아라 호의 그림 같은 풍경에 화려한 색채를 더한다.

사다새는 고기잡이 그물 같은 부리주머니를 이용해서 작은 물고기나 새우 따위를 빨아 삼키며, 부리주머니 속에 먹이를 저장해 두지는 않는다. 갈색사다새가 공중에서 물속으로 돌진해서 재빠르게 물고기를 낚아채는 동작은 군더더기 하나 없이 깔끔하고 그야말로 백발백중이다. 또한 사다새들이 대오를 맞춰 헤엄치며 물고기를 옅은 물 쪽으로 몰고 가서 신나게 잡아먹는 모습도 매우 흥미롭다.

사다새는 보통 한배에 알을 1~4개 낳는다. 알은 파란빛을 띠는 흰색이며, 나뭇가지를 이용해 만든 둥지 속에서 알을 낳고 부화하기까지 약 한 달이 걸린다. 갓난 새끼는 어미의 식도 속으로 부리를 집어넣어 어미가 뱉어내는 먹이를 받아먹는다. 사다새는 흔히 무리를 지어 섬에서 번식하는데, 한 섬에 여러 무리가 있을 수는 있지만 어떤 종류이든 반드시 번식 주기의 같은 단계에 있는 새들끼리 쌍을 이룬다.

사다새는 육지에서는 동작이 굼뜨고 서툴지만 비행하는 자태는 더없이 우아하고 품위가 넘친다. 보통 몇 마리씩 무리 지어 높은 상공에서 빙빙 선회하며 함께 날개를 펄럭이는 모습이 너울너울 화려한 춤사위를 펼치는 무용수를 떠올리게 한다.

마니아라 호 지역에는 식생도 매우 다양하다. 삼림에는 코끼리와 통칭 비비라고 불리는 개코원숭이 등 동물들이 무리 지어 서식하고, 광활한 초원에는 들소 약 400마리, 그리고 사자, 표범, 코뿔소 등이 산다. 호숫가의 밀림 속에서 생활하는 개코원숭이는 체격이 매우 튼튼하고 듬직하다. 네 발로 기어 다니며, 머리가 크고 입 속에는 먹이를 모아두는 큰 주머니가 있다. 주둥이가 길고 분명하게 돌출되었으며 콧구멍이 꼭 개코처럼 생겼다. 종류에 따라 체격이 다른데 몸무게는 14~40킬로그램이고 키는 50~115센티미터이다. 땅 위나 나무 위에서 생활하면서 곡식알, 나뭇잎, 열매, 곤충을 주로 먹고, 간혹 영양의 새끼나 토끼, 새와 새알도 잡아먹는다.

마니아라 호의 관광 지역에서는 사파리 투어도 진행된다. 관광객들은 차를 타고 지나가며 사자와 표범 등 맹수들이 연약한 동물을 잡아먹는 약육강식의 잔인하면서도 역동적인 광경을 가까운 거리에서 구경할 수 있다.

응고롱고로 분화구

탄자니아 ★ Ngorongoro Crater

세계에서 두 번째로 큰 분화구로, 외형이 큰 냄비 모양이고 내벽이 몹시 가파르다. 황량한 모습이 마치 달의 분화구를 방불케 한다.

응고롱고로 분화구는 탄자니아 북부 동아프리카 대지구대 안에 자리한 사화산의 분화구이다. 높이가 2,400미터이고 지름이 약 18킬로미터, 깊이가 610미터이다. 형태가 큰 냄비 모양이고 내벽이 깎아지른 듯이 가파르며 바닥 부분은 지름이 16킬로미터, 면적이 326제곱킬로미터에 달한다.

응고롱고로 화산은 꼭대기가 본래 원뿔 모양이었고 높이도 지금의 2배였다. 그러나 250만 년 전에 마지막 폭발로 용암이 모두 분출되면서 꼭대기 부분이 함몰되어 지금의 모습으로 변했다.

지질학에서는 화산추가 폭발하거나 마그마가 분출한 후 함몰되어 생겨난 화구를 칼데라Caldera라고 한다. 응고롱고로 분화구는 변두리가 완벽하게 보존된 가장 큰 칼데라로, 아프리카 사람들은 이를 '큰 구멍'이라는 뜻의 '응고롱고로'라고 불렀다. 1959년에 분화구 안으로 통하는 3,200미터 길이의 울퉁불퉁한 좁은 길이 닦여 지금까지 이용되고 있다.

매년 12월에서 이듬해 4,5월까지 지속되는 우기가 지나면 응고롱고로 분화구 안의 초지에는 부드러운 풀이 파릇파릇 돋아난다. 이 푸르른 풀밭 사이로 분홍색, 노란색, 파란색, 하얀색 꽃들도 수줍은 듯 빠끔히 얼굴을 내민다. 비옥한 화산 토양에서 나팔꽃, 층층이부채꽃, 데이지, 그리고 보기 드문 개자리꽃 등이 앞 다투어 꽃망울을 터뜨린다.

건기인 5~11월이면 분화구 안은 생명력이 넘치는 푸른색에서 점점 누런색으로, 황갈색으로, 끝내는 짙은 갈색으로 변하고, 동물들이 소택지 주위로 몰려들기 시작한다. 분화구 안의 3분 2가 초지이기 때문에 띄엄띄엄 흩어져 있는 미모사나무와 벌거벗은 암석 외에는 거의 균일한 색깔을 띤다.

지형적 특징으로 분화구 안팎이 철저하게 단절되었지만, 분화구 안에 사는 동물들은 먹이를 찾아 밖으로 나갈 필요가 전혀 없다. 얼룩말, 누, 가젤 등 초식 동물은 분화구 내 초지의 풀을 뜯어먹고 살아가는 동시에 사자, 치타, 하이에나, 이리 등 맹수의 먹잇감이 된다. 육식 동물들은 초식 동물의 주변을 맴돌면서 무리를 이탈한 동물을 기습하고자 호시탐탐 기회를 노린다. 초식 동물들은 대부분 풀이 가장 싱싱할 때인 1~2월 사이에 새끼를 낳는데, 육식 동물도 똑같이 그 기간에 번식한다. 손쉬운 사냥감인 초식 동물의 새끼가 많아져서 젖을 먹이는 어미와 갓 젖을 뗀 새끼에게 먹이를 풍족하게 조달할 수 있기 때문이다.

응고롱고로 분화구는 동아프리카 야생 동물 세계의 축소판으로 불린다. 대부분 동물이 모두 분화구 안에서 생활하며, 건기에만 일부 동물이 생존을 위해 먹이를 찾으러 분화구 밖 평원으로 나갔다가 건기가 지나면 다시 '집'으로 돌아온다.

우기가 지나면 응고롱고로 분화구 안에는 푸르른 생명의 기운이 활짝 피어난다.

이곳은 아프리카에서 야생 동물이 가장 많이 집중해 있는 곳이다. 약 3만 마리에 이르며, 그중에는 대형 포유동물이 사자, 코끼리, 코뿔소, 기린, 원숭이, 개코원숭이, 혹멧돼지, 하이에나 및 각종 영양 등 50여 종에 이른다. 이 밖에도 타조, 들오리, 기니닭 등 조류 200여 종이 분포해 동아프리카 야생 동물 세계의 축소판이라고 불린다.

응고롱고로 산의 동물들은 대부분 분화구 안에서 생활한다. 분화구 안에는 건기에도 두 갈래 샘물과 두 갈래 하천이 소택지에 물을 공급해 수원이 풍족한 편이다. 게다가 옅은 알칼리 호인 마가디Magadi 호가 있어서 일 년 내내 마르지 않는 생명의 물을 보급한다. 마가디 호는 물이 빠져나가는 출구가 없고 오랜 세월 동안 물이 증발되기만 해 염분 농도가 매우 높으며 햇빛을 받으면 짙푸른 색깔을 띤다. 높은 염도 때문에 조류 식물과 새우류 갑각 동물만이 물속에서 생존할 수 있다.

올도이뇨 렝가이 화산 탄자니아 ★ Oldoinyo Lengai Volcano

차가운 달빛 아래 음산한 빛이 감도는 분화구에서 시꺼먼 용암이 솟아올라 회백색 화산재가 더욱 돋보인다.

동아프리카 대지구대의 화산 중 하나인 올도이뇨 렝가이 화산은 탄자니아 북부 나트론Natron 호 남쪽에 자리하며 높이가 2,878미터이다. '렝가이'는 마사이Masai어로 신의 산을 뜻한다.

올도이뇨 렝가이 화산은 세계에서 유일하게 탄산염 용암을 분출하는 활화산이다. 때로는 산꼭대기에 하얀 눈이 덮여 있는 것처럼 보이는데, 사실은 눈이 아니라 화산 폭발 때 남은 백색 화산재이다. 밝은 달빛 아래 음산한 빛이 감도는 분화구에서 시꺼먼 용암이 솟아올라 회백색 화산재가 더욱 돋보인다.

현무암으로 이루어진 올도이뇨 렝가이 화산은 나트륨과 칼륨 자원이 무척 풍부하다. 올도이뇨 렝가이 화산이 뿜어내는 용암은 화산재와 탄산염 암석으로 구성된 특

차가운 달빛이 하얗게 쏟아지는 분화구 속에서 회백색 화산재가 더욱 눈에 띈다.

올도이뇨 렝가이 화산은 유일하게 탄산염 용암을 분출하는 활화산이다. 분화구를 뒤덮은 회백색 흔적들은 화산이 분화하면서 뿜어낸 화산재들이다.

수한 용암이다. 중심 부분이 검은색이고, 분출될 때의 열도는 일반 용암의 절반 정도밖에 못 미치며 심지어 분화구에서 뿜어져 나올 때도 별로 빛이 나지 않는다. 용암은 공중으로 솟구친 후에 색깔이 변하고 화학 작용을 거쳐 천연 소다가 된다. 이런 소다는 세척과 표백에 사용할 수 있으며, 피부에 닿으면 쉽게 화상을 입힐 수 있다.

올도이뇨 렝가이 화산은 1880~1967년 사이에 분화한 기록이 있으며 활동 중심이 여러 군데 있다. 최근의 분화는 거의 북부 분화구에서 이루어졌다. 오늘날에도 분화구 속에서 여전히 우르르 괴성을 내며 용암이 시꺼먼 타르처럼 펄펄 끓어오른다.

올도이뇨 렝가이 화산의 산기슭은 토양이 비옥하여 포도와 감귤이 많이 나고 조금 높은 산비탈에는 떡갈나무와 자작나무, 너도밤나무가 가득 자란다. 해발 2,000미터가 넘는 곳에는 식생이 매우 드물다.

화산 서쪽에는 광활한 세렝게티Serengeti 평원이 펼쳐진다. 11월에 우기가 오면 이곳에는 생명력이 넘쳐흐른다. 가젤과 얼룩말 등 초식 동물이 싱싱한 풀을 찾아 이곳으로 몰려오고, 먹잇감을 노리는 사자와 들개 등이 그 뒤를 슬금슬금 쫓아온다.

올도이뇨 렝가이 화산 북쪽 비탈 아래에는 나트론 호가 자리한다. 호수물이 따뜻한 이곳은 대지구대에 서식하는 플라밍고들에게 가장 이상적인 번식지이다.

나트론 호수의 물속에는 푸른색 해조류가 자생하며 진흙 속에 미생물이 대량 번식해 플라밍고가 서식하기에 매우 적합하다. 마치 자신들의 영지라고 과시라도 하듯 수백만 마리에 달하는 플라밍고 떼가 붉은 구름처럼 몰려와 수면을 빽빽하게 뒤덮고 물속의 해조와 미생물을 부리로 쪼아 먹는다. 반짝이는 분홍색 날개를 퍼덕이며 군무를 펼치는 플라밍고들의 정열적인 모습은 마치 한 편의 멋진 공연을 보는 것만 같다. 낮에는 바람이 불어 파도가 일기 때문에 플라밍고들은 대부분 수면이 잠잠해지는 밤에 나와서 먹이를 찾는다. 때로는 서로 바싹 붙어 동그란 원 모양을 이루며 미세한 바람까지도 완전히 차단한 채로 행복한 '만찬'을 마음껏 즐긴다.

고고학자들은 나트론 호 바로 서쪽에서 형태가 거의 완전하게 유지된 인간의 아래턱뼈 유골을 발견했다. 나트론 화석인골이라고 불리는 이 하악골은 최초의 화석인류인 오스트랄로피테쿠스Australopithecus에 속하는 것으로 증명되었다.

비룽가 화산군

콩고 민주 공화국 ★ Virunga Volcanoes

산맥의 중부와 동부는 분화구가 사라지고 침식 작용이 일어나 굴곡진 지형이 형성되었다. 산맥 서쪽 곳곳에 분포하는 분화구에서는 용암이 계속 솟아나와 저 멀리 키부 호까지 흘러간다.

아프리카 중부의 콩고민주공화국, 우간다, 르완다의 국경에 있는 비룽가 산맥은 음품비로M'fumbiro 산맥이라고도 한다. 길이가 약 80킬로미터이며 큰 화산 여덟 개로 구성된다. 최고봉은 르완다에 있는 카리심비Karisimbi 산이다. 산맥의 중부와 동부에 사화산이 여섯 개 있는데 그중에서 가장 오래된 미케노Mikeno 산과 사비니오Sabinio 산은 약 200만 년 전의 홍적세에 형성되기 시작했다. 분화구는 이미 사라지고 침식 작용으로 굴곡진 지형이 형성되었다. 산맥의 서쪽에 있는 니라공고Nyiragongo 산과 니아믈라지라Nyamlagira 산은 형성된 지 2만 년이 채 안 되었으며, 지금도 곳곳에 분포하는 화구에서 용암이 계속 솟아나와 저 멀리 키부Kivu 호까지 흘러든다.

니아믈라지라 화산은 화산 활동이 매우 활발한 활화산이다. 1894년에 유럽인이 최초로 그 폭발을 목격했다. 그때부터 산비탈의 갈라진 균열을 따라 또다시 몇 차례 분화했는데 1938~1940년 사이에 일어난 대폭발이 가장 격렬했다. 당시 화산 옆면의 한 구덩이에서 용암이 솟아나와 24킬로미터 밖의 키보 호까지 세차게 흘러갔는데, 용암이 흐를 때 마치 방금 나온 난로 재처럼 호수로 흘러들어가 뿌연 수증기가 짙게 솟아올랐다. 용암이 대량 분출되면서 니아믈라지라 화산 꼭대기가 함몰되어 지름 2,000미터가 넘는 거대한 분화구가 형성되었다.

비룽가 산맥 서쪽에 있는 니라공고 화산은 분화구 내벽 가장자리가 거의 수직 상태이며 분화구의 지름이 1,000미터가 넘는다.

니아믈라지라 화산과 인접한 니라공고 화산도 비슷한 분화구가 있다. 1977년에 화산추 주위에 다섯 군데에 틈이 생겨 뜨거운 용암이 그 틈새로 흘러나왔다. 용암은 무서운 기세로 아래로 돌진하면서 지나가는 곳을 모조리 쓸어버렸다.

키부 호의 평균 수심은 약 180미터이며 깊

은 곳은 400미터나 된다. 겉모습은 고요하고 아름답지만 엄청난 파괴력을 감추고 있다. 호수 밑바닥에서 이산화탄소가 지속적으로 새어나오는데, 수압 때문에 흩어지지 못하고 바닥에 축적되었다가 세균의 작용으로 메탄가스로 변한다. 만약 사람들이 연료로 사용하려고 이 메탄가스를 수면 위로 뽑아낸다면 정말 위험천만한 상황이 벌어질 것이다. 가연성이 높은 메탄가스는 불꽃을 만나면 즉시 폭발하여 주위의 모든 것을 잿더미로 만들어버리기 때문이다.

비룽가 산맥의 다른 곳들은 설령 지각이 융기된다고 해도 화산들이 이미 휴면 상태이기 때문에 별로 위험하지 않다. 카리심비 화산의 최고봉은 4,507미터에 달하며 근처의 비소케Visoke 화산 비탈은 멸종 위기의 희귀동물인 마운틴고릴라의 터전이다. 비룽가 산맥 동쪽 가까이에 있는 사비니오 화산은 뾰족한 봉우리가 여러 개 있으며 그중에서 가장 높은 봉우리는 르완다, 우간다, 콩고민주공화국의 국경이 만나는 곳에 있다.

비룽가 산맥의 밀림 속에서 고릴라들이 삶의 터전을 가꾸며 살아간다.

비룽가 산맥은 나일 강의 근원지를 찾는 데 큰 역할을 했다. 이집트 최대의 하천인 나일 강의 원류에 대해서는 일찍이 고대 그리스의 전성기 때부터 온갖 추측이 무성했다. 2세기에 지리학자이며 천문학자, 수학자인 클라디우스 프톨레마이오스Claudius Ptolemaeus는 나일 강의 발원지가 '달의 산맥' 이라고 믿었고, 1862년에 영국 탐험가 존 스피크John Hanning Speke가 비룽가 산맥이 바로 그 '달의 산맥' 이라고 주장했다. 오늘날 사람들은 비룽가 산맥 북부에 있는 루웬조리Rwenzori 산맥을 '달의 산맥' 으로 보고 있다.

비룽가 산맥의 수풀은 고릴라의 서식지이지만 1960~1970년대에 이르러 고릴라 개체수가 원래의 400여 마리에서 250마리로 크게 줄었다. 고릴라들이 소와 먹이 다툼을 해야 하고 동물원 직원들의 포획과 밀렵에 시달렸기 때문이다. 그러자 국제 야생 동물 보호 조직은 이곳 고릴라를 살리고자 산지 고릴라 보호 프로젝트를 실시하여 고릴라에 대한 많은 사람의 이해를 높이고 관광 산업 발전을 촉진하여 취업을 늘림으로써 밀렵이 줄어들도록 힘쓰고 있다.

빅토리아 폭포

짐바브웨/잠비아 ★ Victoria Waterfalls

데이비드 리빙스턴이 이곳의 웅장한 폭포를 목격하고 당시 영국 여왕의 이름을 따서 빅토리아 폭포라고 명명했다.

빅토리아 폭포는 아프리카 남부 잠베즈 강 중상류의 바토카Batoka 협곡 지대에 있다. 잠비아와 짐바브웨의 국경에 걸쳐 있으며 잠비아의 관광 도시인 리빙스턴과 10킬로미터 떨어져 있다. 세계에서 가장 큰 폭포로, 낙차가 106미터이고 너비가 약 1,800미터이다. 폭포 지대가 있는 바토카 협곡은 총 길이가 130킬로미터에 달하며 협곡 일곱 개가 지그재그로 뻗어나가는 보기 드문 천연의 요새이다.

19세기 중엽에 영국 선교사 데이비드 리빙스턴David Livingstone이 아프리카 내륙을 탐험하다가 이곳의 웅장한 폭포를 목격하고 당시 영국 여왕의 이름을 따서 빅토리아 폭포라고 명명했다. 그 전까지 현지인들은 이 폭포를 '천둥소리가 나는 연기'라는 뜻의 '모시 오아 투냐Mosi-oa-Tunya'라고 불렀다. 이러한 시적인 표현을 통해 그들이 대폭포에 얼마나 깊은 애정을 품고 있었는지 알 수 있다.

잠베즈 강은 잠비아 서북부의 험한 산속에서 발원해 고원 산간 지대를 가르며 흐른다. 빅토리아 폭포에 이르기 전까지는 매우 조용하게 흐르고, 가끔 강 복판에 떠 있는 작은 섬들만이 고요한 물길을 어지럽힌다. 잠비아와 짐바브웨의 경계를 이루는

공기 중의 물방울이 햇빛을 반사하여 피어나는 아름다운 무지개가 빅토리아 폭포를 더욱 웅장하고 황홀하게 장식한다.

잠베즈 강 유역에는 초원이 드넓게 펼쳐지고 나무가 드문드문 자라며 강물이 줄기차게 힘찬 기세로 흐른다. 이 구간은 강의 중류로 강폭이 1.6킬로미터에 달하며 물의 흐름이 완만하다.

바토카 협곡에서 폭포에 가까워지면 강물은 갑자기 물길이 남쪽으로 꺾여 절벽 아래로 떨어진다. 흰 비단 띠 같은 물줄기가 상상을 초월하는 웅장한 기세로 포효하며 좁고 들쭉날쭉한 협곡으로 곤두박질친다. 1초에 평균 1,400세제곱미터, 수량이 많은 우기에는 5,000세제곱미터에 달하는 어마어마한 수량을 쏟아내며 웅장한 물 커튼을 형성해 세계에서 손꼽히는 폭포 경관이다.

빅토리아 폭포는 바토카 협곡 상단에 있는 네 개 섬에 의해 다섯 구간으로 나뉜다. 가장 서쪽은 '악마의Devil's 폭포'로 불리며, 천지를 집어 삼킬 듯한 기세로 귀청이 터질 것 같은 굉음을 내며 깊은 협곡으로 수직 낙하한다. 너비가 겨우 30여미터이고 물살이 급하게 흘러 고온 건조한 건기에도 기세가 꺾이지 않는다. 악마의 폭포와 인접한 메인Main 폭포는 수량이 가장 많고 높이가 약 93미터이다. 메인 폭포의 동쪽은 리빙스턴 섬이다. 영국 선교사 리빙스턴이 카누를 타고 잠베즈 강을 따라 내려가다가 발견했다고 해서 붙여진 이름이다. 리빙스턴 섬 동쪽의 폭포는 '말발굽Horseshoe 폭포'로 불린다. 동쪽으로 더 가면 빅토리아 폭포의 가장 높은 구간이 나오는데, 협곡 사이에 거대한 물안개 기둥이 치솟아 오르고 황홀한 무지개가 피어나 '무지개Rainbow 폭포'라고 한다. 빅토리아 폭포의 동쪽 끝에 있는 '이스턴Eastern 폭포'는 건기 때는 거의 가파른 절벽이고 우기에만 웅장한 폭포가 쏟아진다.

악마의 폭포는 너비가 30여 미터에 불과하지만 기세만큼은 하늘을 찌르고도 남는다. 시원한 물줄기가 귀청이 터질 것 같은 굉음을 내며 거침없이 쏟아져 내린다.

아카게라 국립공원

르완다 ★ Akagera National Park

공원 안에는 크고 작은 산봉우리가 기복을 이루고 하천이 가로 세로로 뒤얽혀 흐른다. 호수 속에 섬이 있고 섬 안에 호수가 있어 야생 동물의 번식지로 최적의 조건을 갖추었다.

르완다 북동부에 자리한 아카게라 국립공원은 면적이 2,500제곱킬로미터로 르완다 전국 면적의 1/10을 차지한다. 해발 1,250~1,825미터 사이에 있으며 공원 내에는 산봉우리들이 기복을 이루고 하천이 가로 세로로 뒤얽혀 흐른다. 크고 작은 호수가 22개, 호수 속에 섬이 있고 섬 안에 호수가 있어 야생 동물의 번식지로 최적의 조건을 갖추었다. 산비탈에는 곧게 쭉쭉 뻗은 나무들이 빽빽하게 하늘을 덮고 있고 호수 주변에는 나무가 푸르게 우거졌고 꽃들이 화사하게 피어난다. 그리고 동쪽 경계선을 따라 아카게라 강이 굽이굽이 흐른다.

강가에서 먹이를 찾고 물을 마시며 더없이 한가하고 여유로운 시간을 즐기는 물소들. 그러나 누구라도 감히 자신들의 근거지에 침입하면 떼로 달려들어서 인정사정없이 공격한다.

아카게라 국립공원 안에는 육식 동물과 초식 동물, 영장목, 조류 등이 서식한다. 육식 동물로는 사자, 표범 ,하이에나 등이 있고 초식 동물은 코끼리, 하마, 코뿔소,

영양들은 작고 가벼운 체구와 날렵하고 민첩한 몸놀림으로 단번에 사람들의 눈길을 사로잡는다.

들소, 얼룩말, 멧돼지 및 다양한 종류의 영양이 있다. 영장목 동물은 개코원숭이와 원숭이 등이 있다.

사자는 낮 동안에는 늘 도로와 멀리 떨어진 밀림 속에 숨어 있다가 밤이 되어야 밖으로 나온다. 반면에 훈련을 거친 코끼리들은 성격이 아주 온순하고 귀엽기까지 하다. 아카게라 강 유역과 공원 안의 호수에는 하마가 많이 서식한다. 기슭에서는 움직임이 굼뜨고 서툴지만, 깊은 물속에서는 놀라울 정도로 날쌔고 민첩하다.

하마는 육생 포유류에 속하지만 물속과 땅 위 모두에서 활동한다. 주로 하천이나 호수, 늪을 집으로 하고 물풀을 먹거나 교미하고, 분만하고, 젖을 먹이는 것까지 모두 물속에서 이루어진다. 낮에는 몇 시간씩 수면 위로 얼굴만 드러낸 채 꼼짝도 하지 않고 물속에 몸을 담그고 있거나 상반신은 강가 모래톱에 올려놓고 하반신은 물속에 담근 상태로 눈을 지그시 감고 정신을 가다듬는다. 그러면서 편안하게 숨을 쉬며 물 밖에서 일어나는 일들을 느긋하게 지켜본다.

하마는 식욕이 아주 좋아서 한 마리가 매일 적어도 30~40킬로그램의 식물을 먹어치운다. 주로 물풀을 먹는데, 물속의 먹이가 부족하거나 입맛을 바꿔 보고 싶을 때면 육지로 올라가서 강기슭을 따라 새로운 맛의 풀을 찾아다닌다.

하마 외에 아카게라 공원에서 가장 많은 동물은 영양으로, 대부분이 임팔라영양이다. 주로 호숫가에서 생활하는데 평균 1제곱킬로미터에 600마리씩이나 모여 있다. 임팔라영양은 언제나 떼를 지어 생활하며, 그중 우두머리 수컷 한 마리가 무리의 모든 암컷을 차지한다. 다른 수컷들이 함부로 손을 대면 목숨을 건 한 판 결투가 벌어진다.

아카게라 국립공원의 호숫가에서는 또 나풀나풀 춤추는 채색나비와 즐겁게 지저귀는 새들을 볼 수 있다. 하마가 호수면 위로 모습을 드러냈다 숨겼다 숨바꼭질을 하고, 악어는 귀찮은 듯 작은 섬 위에 느긋하게 누워 있다. 고상한 백로는 벌을 서는지 명상을 하는지 물속에 조용히 서 있고, 저 멀리에는 물소가 먹이를 찾느라 정신이 없다. 개구쟁이 원숭이들은 서로 장난치느라 여념이 없고 얼룩말들은 삼삼오오 무리를 지어 노닌다. 날쌘돌이 꽃사슴들이 여기저기 껑충껑충 뛰어다니고 당나귀, 말, 소, 사슴을 닮은 사불상은 고독을 즐기는 듯 홀로 느릿느릿 걸어 다닌다. 멧돼지들은 열심히 나무껍질을 뜯고, 사나운 코뿔소들은 도로에서 멀리 떨어진 관제 구역에 유폐되어 있다.

중국이 원산지인 사불상은 아카게라 국립공원에서 귀빈 대접을 받는다. 굵고 튼튼한 다리와 넓고 큰 발굽은 늪지를 걸어 다니기에 알맞게 발달했고 몸 빛깔은 여름에는 연한 적갈색을 띠다가 겨울에는 회갈색으로 바뀐다. 뿔은 수컷만 있으며, 뿔자리가 없고 두 갈래로 자라는데 안쪽의 뿔이 크고 뒤쪽의 뿔은 안쪽과 같이 길고 곧바르다.

관리 당국의 효과적인 보호 조치 덕분에 아카게라 공원에 서식하는 동물들의 개체수가 해마다 증가하고 있으며, 특히 일부 희귀 동물들이 멸종의 재앙을 피하게 되었다.

루웬조리 산맥

우간다/콩고 민주 공화국 ★ Mount Rwenzori

적도에 자리한 산봉우리들은 일 년 내내 꼭대기의 적설이 하얗게 빛나며 몽환적인 천상 세계를 연상케 한다. 짙은 안개 속에 꼭꼭 숨어 있다가 풍향이 바뀌어 안개가 걷히면 그제야 위용을 드러낸다.

우간다와 콩고민주공화국 국경에 있는 루웬조리 산맥은 남북 길이가 약 130킬로미터, 너비가 약 50킬로미터에 이르며 에드워드Edward 호와 앨버트Albert 호 사이에 자리한다.

루웬조리는 '비의 신' 이라는 뜻이다. 1888년에 탐험가 헨리 스탠리Henry M. Stanley가 처음으로 이 산맥을 발견했는데, 일 년 365일 중 300일을 짙은 구름에 뒤덮여 있지만 그 구름과 안개가 걷히고 나면 놀라울 만큼 아름다운 경치가 나타난다고 한다. 그 풍광에 매료된 스탠리는 "산봉우리들이 꼬리에 꼬리를 물고 짙은 구름 뒤에서 솟아나오며 마침내 하얀 설산이 위용을 드러낸다. 웅대하고 아름다워 눈을 뗄 수가 없고, 심금을 울릴 정도로 감동적이다."라고 극찬했다. 그리고 흰 눈빛으로 반짝이는

기상천외한 식물들의 모습이 음산하고 비현실적인 분위기를 한층 고조시킨다.

코끼리들은 보통 빙설과 멀리 떨어진 산기슭 아래에서 자유롭게 활동한다.

이 산맥을 아프리카 원주민 반투Bantu 족의 말로 '루웬조리'라고 이름 지었다. 1906년에는 이탈리아의 탐험가 아브루치Luigi Amedeo Abruzzi가 최초로 루웬조리 산맥의 상세한 지도를 제작하고 사진까지 촬영했다.

사실 일찍이 2000년 전부터 그리스 지질학자들은 이 신비로운 산맥의 빙설과 급류를 나일 강의 수원으로 믿었다. 기원전 4세기에 아리스토텔레스Aristotle가 아프리카 중부에 '은산銀山'이 있다고 말했고, 프톨레마이오스Claudius Ptolemaeus는 그것을 '달의 산맥'이라고 불렀다. 오늘날 사람들은 루웬조리 산맥이 바로 그 '달의 산맥'이라고 믿고 있다. 적도에 있는 루웬조리 산의 봉우리들은 일 년 내내 꼭대기의 적설이 하얗게 빛나며 몽환적인 천상 세계를 연상케 한다.

루웬조리 산맥이 기이한 빛을 내는 것은 단순히 적설 때문만이 아니라 점토질 암석이 지하의 온도와 압력을 받아 변성된 운모편암이 스스로 빛을 내기 때문이다. 화산 작용으로 형성된 대다수 아프리카의 설봉과 달리 루웬조리 산맥은 둘레가 단층으로 경계 지어진 거대한 단층 산지이며, 최고 지점은 스탠리 산의 마르게리타

Margherita 봉으로 해발이 5,109미터이다.

루웬조리 산맥의 가장 독특하고 기이한 풍경은 단연 산비탈에 자라는 천태만상의 식물이다. 산경채는 키가 얼마나 큰지 어떤 것은 사람 키의 3배나 된다. 히스Heath 속屬의 식물들은 높이가 12미터에 달하며, 양치식물과 덩굴 식물 사이로 바나나나무가 자란다. 이런 특이한 식물들은 대부분 수목 생장 한계선 이상에서 자란다. 일반 나무들이 자라지 않아 생존 경쟁을 할 필요가 없는 데다 부식질이 풍부한 산성 토양이어서 이렇게 놀라울 정도로 높이 자랄 수 있다. 지렁이가 사람 팔뚝만큼 길이가 긴 것도 같은 이유에서이다.

루웬조리 산맥이 오늘과 같은 독특한 경관을 형성한 데는 불순한 기후가 크게 한몫을 했다. 이곳은 구름층이 해발 2,700미터까지 낮게 드리우고 기후가 유난히 습윤하다. 습도가 가장 높은 11월에는 강우량이 무려 510밀리미터에 달하며, 수증기가 끊임없이 피어올라 사방이 축축하고 습윤하다. 이런 기후는 식물의 성장을 크게 촉진하는데 그중에는 균류菌類와 스펀지 모양의 이끼도 섞여 있어서 이곳 식물들이 특이하고 괴상하게 자라는 것이다.

루웬조리 산맥에는 또한 다양한 동물이 살고 있다. 흑백 콜로부스원숭이들이 당당하게 나무 꼭대기를 차지하고, 숲속을 어슬렁거리는 표범은 활동 범위가 거의 설선에까지 이른다. 가장 특별한 동물은 바위너구리로, 겉모습은 토끼처럼 생겼는데 우는 소리는 쥐목 고슴도치과의 기니피그Guinea Pig와 같다. 발톱이 없고 어떻게 보면 오히려 코끼리와 더 많이 닮았다. 루웬조리에서는 코끼리를 자주 볼 수 있지만 주로 산기슭 아래에서 활동한다.

1952년에 우간다 남서부의 평원과 루웬조리 산맥의 남쪽 구릉 지역에 면적이 1,978제곱킬로미터에 이르는 루웬조리 국립공원이 들어섰다. 우간다 최대 공원의 하나로, 홍적세지질시대의 하나. 신생대 제4기 전반에 속한다. 분화구가 곳곳을 장식하고 있다.

콩고 강

콩고 민주 공화국 ★ Congo River

물길 따라 펼쳐지는 맹그로브와 소택지, 무성한 밀림과 급류, 협곡, 폭포로 이어지는 경이로운 광경은 끝없는 호기심을 불러 일으킨다.

콩고 강은 자이르Zare 강이라고도 한다. 아프리카 대륙의 중서부에 자리하며, 상류는 잠비아 지역의 잠베즈Zambezi 강이고 활 모양의 강줄기가 콩고민주공화국을 휘감아 흐르며 대서양으로 유입된다.

17세기에 유럽의 탐험가가 강 하류에 콩고 인들이 산다고 해서 '콩고 강'이라고 이름 붙였다. 1971년에 콩고가 벨기에의 식민 통치를 받으면서 국명이 '하천'을 뜻하는 현지어 '자이르'로 바뀌어 콩고 강도 따라서 '자이르 강'으로 바뀌었다가 1998년에 국명을 콩고 민주 공화국으로 개칭하면서 강 이름도 다시 콩고 강으로 돌아왔다.

콩고 강은 수많은 지류가 합류하여 이루어졌다. 길이가 4,700미터이고 유역 면적이 370만제곱킬로미터에 달하며, 연평균 유량이 1초에 4만 1,000세제곱미터로 아마존 강에 이어 세계에서 두 번째로 많다. 콩고 강의 광활한 유역에는 수많은 지류와 작은 강들이 조밀한 부채꼴 그물망을 이루며 주변에 동심원 모양으로 둘러선 높이 270~460미터의 산기슭에서 중앙 저지대의 드넓은 분지로 흘러든다. 주요 지류는 우

현지인들에게 아름다운 콩고 강은 배가 다니기에도 좋고 고기잡이도 잘 되는 더없이 고마운 강이다.

방기Ubangi 강, 상가Sangha 강, 카사이Kasai 강이 있다.

콩고 강은 발원지에서 강어귀에 이르기까지 상, 중, 하의 세 부분으로 나뉜다. 상류에는 합류점, 호수, 폭포, 급류가 많고 중류에는 보요마Boyoma 폭포, 일명 스탠리 폭포로 알려진 일곱 개의 큰 폭포가 있다. 하류에는 지류 두 갈래가 말레보 폴Malebo, 스탠리 풀이라는 거대한 물웅덩이를 이룬다.

1482년에 한 포르투갈 탐험가가 콩고 강의 입구를 발견했지만 야수처럼 으르렁거리는 급류를 거슬러 올라갈 수가 없어서 탐험을 포기했다. 그 후 400여 년 동안 콩고 강은 여전히 외부에 알려지지 않았고, 19세기 유럽인들에게 '가장 암흑한 아프리카'로 인식되었다. 일례로 소설가 조셉 콘래드Joseph Conrad는 1899년에 출판한 《암흑의 핵심Heart of Darkness》이라는 책에서 이곳을 '악몽이 가득한 곳'으로 묘사했다.

19세기에 스코틀랜드 선교사이자 탐험가인 리버스턴은 콩고 강이 나일 강 혹은 나이저Niger 강의 원류라고 생각했다. 그러나 정글 깊은 곳에 무서운 식인족이 산다는 말에 겁을 먹고 감히 확인하지 못했다. 그러다 1876~1877년에 영국계 미국인 탐험가인 헨리 모턴 스탠리Henry Morton Stanley가 강을 따라 탐험하여 결국 진상을 밝혀냈다.

콩고 강의 원류는 일부 구간에만 배가 다닐 수 있다. 강물이 북쪽으로 험준한 계곡을 지나 갈대에 둘러싸인 늪을 경유하여 호수로 흘러들기 때문이다. 호수에는 백로와 물수리, 물총새가 출몰하고 현지 어민들이 고기잡이를 한다. 아래쪽인 콩고르Kongolo에 이르면 물살이 급해지면서 강폭이 500미터까지 넓어진다. 여기서부터 하류 2,800미터까지의 구간은 가파른 협곡이 이어지고 폭포와 소용돌이치는 깊은 못이 있어서 '지옥의 문'으로 불린다.

더 앞으로 가면 급류와 위험한 여울이 이어지고 곧 으스스한 밀림으로 흘러들어간다. 바로 리빙스턴이 식인족이 사는 줄 알고 겁을 먹고 물러갔던 곳이다.

콩고 강은 아프리카 중부를 가로질러 마침내 대서양으로 흘러들어간다. 경유한 우림과 초원의 면적은 거의 인도와 맞먹는 수준이며, 포장수력발전용 수자원으로 이용할 수 있는 물의 양이 이미 확인된 전 세계 수력 자원의 1/6을 차지한다. 물줄기를 따라 맹그로브열대와 아열대의 갯벌이나 하구에서 자라는 목본식물의 집단와 소택지, 무성한 밀림과 급류, 협곡, 폭포 등 그림처럼 아름다운 광경이 끝없이 펼쳐지고, 흥미진진한 탐험 이야기들이 사람들의 무한한 호기심과 상상력을 유발한다.

세네갈 강 삼각주

세네갈 ★ Senegal River Delta

수초가 풍성하게 자라고 환경이 아름다운 광활한 삼각주는 원시적인 자연의 모습을 그대로 보존하고 있어 조류들의 지상 낙원이다.

세네갈 강 삼각주는 세네갈 강 어귀인 카보베르데Cape Verde 남쪽에 자리한다. '서아프리카의 급수탑'으로 불리는 푸타잘론Futa Jalon 고원에서 세네갈 강이 발원해 다가나Dagana 아래 지역에서 광활한 삼각주를 이룬다. 지세가 낮고 평탄하며 물길이 여러 갈래로 갈라지고 곳곳에 늪이 있다. 우기에는 세네갈 강의 수량이 크게 증가해 삼각주 지역에 수초가 무성하게 자라고 수생 생물의 번식이 왕성하게 이루어진다. 건기에는 홍수가 물러가도 늪과 저지대, 강이나 호수와 연결된 작은 물길에 여전히 담수가 가득 저장되어 있어 물고기와 새우들이 많이 서식한다. 대표적인 수목은 아라비아고무나무와 같은 미모사과 식물이다.

세네갈 강 삼각주는 수초가 풍성하게 자라고 환경이 매우 아름답다. 원시적인 자연의 모습을 그대로 보존하고 있어 조류가 번식하는 천상의 낙원이다. 이곳에는 현재 300여 종에 이르는 물새 수백만 마리가 서식하며, 그중 2/3는 서유럽과 북유럽에서 날아온 철새이다. 노랑부리저어새, 왜가리, 백로 등이 널리 분포한다.

황새목 왜가리과에 속하는 백로는 대부분 깃털 빛깔이 흰색이다. 습성은 다른 해오라기들과 대체로 비슷하지만, 일부는 깃털을 자랑하는 등 짝짓기를 위해 구애 행동을 하기도 한다. 섭금류인 백로는 늘 늪이나 호수, 습지 등에서 얕은 물에서 생활하는 작은 물고기, 양서류, 파충류, 포유동물, 갑골동물 등을 잡아먹는다. 보통 교목이나 관목의 나뭇가지 위에 둥지를 틀지만 드물게는 땅 위에 어수선하게 틀기도 한다.

물새들의 화려한 깃털이 수면에 비쳐 맑고 깨끗한 수면이 한결 더 밝고 생기발랄해진다.

세네갈 강 삼각주에는 다양한 텃새 외에도 철새 수십 종이 서식하며, 그중에 사다새, 두루미, 꿩이 가장 많다. 해마다 11월에서 다음해 4월까지 많은 철새가 겨울을 나려고 유럽에서 이곳으로 날아들었다가 꽃이 피는 따뜻한 봄날이 되면 다시 유럽으로 돌아간다. 이곳의 자연 환경이 갈수록 더 좋아지고 있어 더욱 많은 철새가 찾아오며 진정한 새들의 낙원이 되고 있다.

세네갈 강 삼각주 지역은 토양이 부드러워 바다거북이 번식하기에 가장 좋은 곳이기도 하다. 이곳의 수생 생활에 적응한 바다거북들은 보통 번식 기간에만 육지로 올라오며, 암컷이 모래톱에 구덩이를 파서 알을 숨긴다. 방대한 바다거북 무리 중에 털북숭이처럼 등껍질에 녹조가 자라는 희귀종이 있는데, 인간들의 무분별한 포획으로 멸종 위기에 놓여 있다.

이 밖에도 세네갈 강 삼각주에는 다양한 어류와 부유 생물이 살고 있어 갈매기, 왜가리, 물수리 등 북유럽에서 날아온 철새들이 풍부한 먹잇감을 찾아 이곳으로 몰려든다.

그 많은 새들 가운데 가장 큰 몸집과 날개를 자랑하는 '멋쟁이'는 단연 물수리이다. 주로 바닷가와 비교적 면적이 넓은 내륙 수역에서 물고기를 잡아먹으며 생활한다. 등은 회색이고 아랫면은 흰색이다. 흰색 머리에 눈에서 뒷머리까지 검은 줄이 이어진 모습이 제법 멋스럽다. 수면 위를 낮게 날다가 먹잇감을 발견하면 그 위를 뱅뱅 맴돌다가 발을 뻗어 아래로 돌격한다. 먼저 갈고리 같은 긴 발톱으로 물고기를 잽싸게 낚아채고 발가락으로 옴짝달싹 못하게 꽉 잡아 쥐고는 나무 위로 가져가서 여유 있게 '맛있는 식사'를 즐긴다. 둥지는 높은 나무 위나 작은 섬 혹은 절벽에 나뭇가지를 대충 얹어서 지름 2미터가 넘게 큼직하게 만든다.

조류의 종과 수는 생태 환경의 크기, 다양성과 관련 있다. 수초가 풍성하고 환경이 아름다운 곳은 새들이 가장 좋아하는 삶의 낙원이다.

서아프리카 열대 우림 아프리카 ★ Rain forest in Western Africa

생물종의 거대한 보고라고 불리는 서아프리카의 열대 우림은 야생 동물의 천국 아프리카에 마지막 남은 열대 원시림이다.

서아프리카는 열대 원시림 경관이 비교적 완벽하게 보존된 지역으로 나무가 빽빽하게 우거지고 야생 동물의 번식이 왕성하게 이루어진다. 그중에서도 코모에Comoe와 타이Tai 원시림이 가장 대표적이다.

산림은 인류의 생존 환경을 보호하는 데 매우 중요한 역할을 한다. 그것은 산림이 가져다주는 직접적인 경제 가치를 훨씬 능가하므로 인류에게 더없이 소중한 재산이다.

코모에 원시림은 코트디부아르Cote d'Ivoire의 북부에 자리한다. 이곳에는 서아프리카 최대의 자연 보호 구역인 코모에 국립공원이 있는데 동식물 종류가 매우 풍부하고 다양하다. 1983년에는 유네스코 세계유산 목록에 등록되었다. 수단 초원에 보석처럼 박혀 있는 코모에 국립공원은 면적이 1만 1,500제곱킬로미터에 달하며 대부분이 200~300미터 높이의 구릉 지대이다. 코모 강과 볼타Volta 강이 굽이굽이 흘러 지나고 높이 600미터 미만의 작은 산 몇 개가 당당하게 솟아 있다.

코모에 자연 보호 구역의 가장 큰 특징은 풍경이 다양하고 따뜻한 남부 지역 식물이 자란다는 것이다. 코모에 강이 국립공원을 가로지르며 흐르고 230킬로미터나 이어지는 강 유역을 따라 나 있는 빽빽한 원시림이 녹색의 통로를 형성한다. 목초와 수풀, 관목이 섞여 있는 이곳 광활한 초원에는 측백나무가 주를 이루는 나무 군락이 듬성듬성 자리하고 있는가 하면, 건조림과 우림이 무성한 곳도 있어 원래 남부 지역에서 살던 많은 동물이 이곳으로 이주했다. 현

서아프리카 열대 우림은 지구상에 몇 남지 않은 열대 원시우림 중 하나로 현지 생태계의 균형을 유지하는 중요한 역할을 하고 있다.

재 이곳 국립공원에는 영장목目 동물 11종과 식육목 동물 17종, 우제목偶蹄目 21종이 살고 있다. 새의 종류는 더욱 다양해서 서아프리카에 서식하는 매 6종 가운데 5종, 황새 6종 가운데 4종이 이곳에 서식한다. 파충류로는 뱀 10종, 악어 3종이 있다.

타이 국립공원은 아프리카에 마지막 남은 열대 원시림 가운데 하나로 저지대 우림 식생으로 유명하다. 1982년에 유네스코의 세계유산 목록에 등록되었다. 서쪽은 라이베리아 국경과 인접하고 동쪽은 사산드라Sassandra 강을 경계로 한다. 1956년에 동물 보호 구역으로 설립되었다가 1972년에 국립공원으로 지정되었다. 면적은 3,500제곱킬로미터이며 지형은 평원이 주를 이룬다.

기후적 요인으로 타이 국립공원 안에는 측백나뭇과의 사이프러스로 이루어진 원생림과 감나무가 가득한 원생림이 동시에 존재한다. 또한 공원에는 침팬지, 천산갑, 얼룩말, 표범 등 수많은 야생 동물이 살고 있다. 각종 원숭이, 라이베리아애기하마, 흰어깨다이커영양 등 지역 고유의 희귀 동물들도 있다.

숲 속에 사는 침팬지들은 몸집과 생김새가 서로 다르다. 보통 똑바로 섰을 때 몸길이가 1~1.7미터, 체중이 약 35~60킬로그램이며 수컷이 암컷보다 더 강하고 힘이 세다. 얼굴을 제외한 온몸이 갈색 또는 검정색 털로 덮여 있으며 피부는 성인 침팬지가 검정색, 젊은 침팬지가 분홍색 또는 하얀색이다. 멸종 위기의 동물로 지정되어 천산갑은 주로 야간에만 활동하며 짧은 거리 정도는 헤엄쳐 갈 수 있다. 솔방울처럼 겹쳐진 갈색 비늘이 얼굴 양쪽과 몸의 아랫면을 제외한 온몸을 뒤덮고 있다. 두개골은 원뿔형이고, 눈은 작고 눈꺼풀이 두텁다. 주둥이는 가늘고 길며 이빨이 전혀 없고 혀는 개미를 핥아먹기 좋게 길고 무척 날렵하다. 네 다리는 두툼하고 발가락 다섯 개에 모두 길고 날카로운 발톱이 있다. 주로 흰개미를 잡아먹고 가끔 개미와 그 밖의 다른 곤충을 먹기도 하는데, 후각을 이용해서 먹잇감의 위치를 확인하고 앞발로 개미집을 파헤쳐서 잡아먹는다.

타이 국립공원은 풍부한 지역 생물종과 멸종 위기의 포유동물들이 서식해 과학적 연구 가치가 크다. 1926년에 이곳에 면적 9,600제곱킬로미터의 산림 보호 공원이 설립되었고, 1933년에 다시 야생 동물 보호 구역으로 지정되었다. 효과적인 보호 조치 덕분에 타이 국립공원의 대부분 지역은 처녀림**원시림이라고도 한다. 사람에 의하여 한 번도 이용, 벌채된 적이 없는 천연상태의 삼림**의 상태가 그대로 유지되고 있으며 인류 활동의 영향을 거의 받지 않았다. 오늘날 타이 국립공원은 지구상에 몇 남지 않은 엄청난 규모를 자랑하는 열대 원시림으로 세계인들의 많은 관심과 사랑을 받고 있다.

해골 해안

나미비아 ★ Skeleton Coast

사막과 암석 사이에서 눈부시게 빛나는 신기루가 서서히 솟아오르고 신기루를 에워싸고 물결처럼 흐르는 모래언덕이 바람 속에서 포효하듯 소리를 내지른다.

나미브Namib 사막과 대서양 냉수역해류 사이에 생기는, 물의 온도가 낮은 해역 사이에는 나미비아의 해안선을 따라 백색 사막이 길게 늘어져 있다. 과거에 한 포르투갈 선원이 이곳을 '지옥의 모래톱' 이라고 불렀고, 시간이 지나 오늘날에는 '해골 해안' 이라는 이름이 붙었다.

1933년 스위스의 한 조종사가 비행기를 몰고 케이프타운Cape Town에서 영국으로 가던 도중에 기체 사고로 이곳 해안 근처에 추락했다. 당시 어떤 기자가 언젠가는 그 해안에서 조종사의 해골을 찾게 될 것이라고 말해 그때부터 '해골 해안' 이라는 이름으로 불렸다.

해골 해안에는 비가 거의 내리지 않으며, 약간의 이슬과 안개 형태로만 수분이 존재한다. 황량하지만 범속(凡俗)을 초월하는 아름다움이 느껴진다.

사막의 잔혹함을 증명하듯 모래바람 속에 무참히 사라져버린 동물의 잔해가 여기저기 널려 있다.

공중에서 내려다보면 해골 해안은 주름이 쩍쩍 잡힌 드넓은 금빛 모래언덕이며, 대서양에서 북동쪽으로 모래와 자갈로 이루어진 내륙 평원까지 뻗어 있다. 해골 해안 연안에는 곳곳에 위험이 도사리고 있다. 거친 물살과 강풍, 소름 돋는 안개 바다와 깊은 바다 속의 들쭉날쭉한 암초 등으로 이곳을 오가는 선박들의 사고가 빈번하게 발생한다.

1942년에 승객 21명과 선원 85명을 태운 영국 화물선이 쿠네네Cunene 강에서 남쪽으로 40킬로미터 떨어진 곳에서 암초에 부딪혀 침몰했다. 갓난아기 세 명을 포함한 승객 전원과 남자 선원 42명이 구조되었지만, 불행하게도 나머지 사람들은 목숨을 잃었다.

구조 작업은 예상보다 훨씬 힘들었고, 조난당해 실종되거나 사망한 이들의 시체와 생존자들을 찾는 데 거의 4주가 걸렸다. 조난자 구조를 위해 육로 탐험대 두 팀이 파견되고 구조용 폭격기 세 대와 기선汽船까지 출동했는데, 오히려 구조선 한 척이 암초에 부딪히는 사고가 발생해 선원 세 명이 추가로 사망했다.

해골 해안에는 침몰한 선박들의 잔해가 이리저리 나뒹굴고 있다. 사고에서 운 좋게 살아남은 생존자들이 비틀거리며 해안으로 올라와 처음에는 살아 있다는 사실에 행복을 느끼고 기쁨에 겨워 눈물을 흘리지만 결국 모래바람 속에서 아주 천천히 고통스럽게 죽어갔다는 섬뜩한 이야기가 전해진다. 1859년에 이곳을 찾은 스웨덴의 한 생물학자는 소름끼치는 끔찍한 광경에 충격을 받아 "이런 나라에서 떠도느니 차라리 죽겠다!"라고 소리 질렀다고 한다.

해안의 모래언덕과 멀리 떨어진 곳에는 7억 년 동안 풍화 작용을 받아 기이한 모습으로 변해버린 암석들이 마치 괴물이나 유령처럼 황량하기 그지없는 지면 위에 모습을 드러낸다. 남부에 하천들의 발원지인 내륙 산맥이 길게 이어져 있지만, 대부분 하천은 바다에 흘러들기도 전에 말라 버린다. 바짝 말라서 쩍쩍 갈라진 강바닥은 사막 특유의 황량함을 드러내다가 결국에는 모래언덕 속으로 사라져 버린다.

과학자들은 이곳의 바짝 마른 강바닥을 '좁고 길쭉한 오아시스'라고 부른다. 놀랍게도 강바닥 아래에 지하수가 흐르기 때문이다. 이 지하수 덕분에 이곳에도 수많은 동물과 식물이 서식한다. 포유동물들도 촉촉한 초지와 관목림에 이끌려 먹이를 찾고자 모여든다. 코끼리는 수원水源을 찾으려 긴 이빨을 모래 속에 깊숙이 꽂아 넣고, 몸집이 큰 일런드영양은 발굽으로 먼지 풀풀 날리는 땅바닥을 힘껏 차며 애타게 물의 흔적을 찾는다.

에토샤 염호

나미비아 ★ The Etosha Pan

에토샤 염호는 아프리카 최대 염호로, 현지의 오밤보 족에게 '환영의 호수' 또는 '메마른 땅'으로 불린다.

염호鹽湖는 염수호 또는 함수호라고도 한다. 북아프리카와 사우디아라비아 해안에 많이 분포하며 보통 모래언덕이 염호 사이의 경계를 이룬다. 주기적인 범람과 증발로 염호의 밑바닥은 부드럽고 폭신폭신하며 점성이 없지만 물이 새지 않는다. 바닷물이 농축되고 지하수가 모세혈관처럼 배수되면서 석고, 방해석, 선석의 침적 현상이 일어난다. 대부분 염호는 과거에 작은 해만海灣이었으며, 지질 시대에 형성된 증발암 분지와 유사하다는 것이 오늘날의 일반적인 생각이다.

나미비아 북부에 자리한 에토샤 염호는 면적 4,800제곱킬로미터, 해발 1,030미터로 아프리카 최대의 염호이며 현지의 오밤보Ovambo 족에게 '환영幻影의 호수' 또는 '메마른 땅'이라고 불린다. 에토샤 염호는 에토샤 분지의 일부분이다. 한때 지질학자들은 에토샤 분지와 보츠와나Botswana 북부에 있는 오카방고 델타Okavango Delta 및 주변의 수많은 염호와 호수들이 원래는 하나의 어마어마하게 큰 호수였다고 믿었다. 수백만 년 전에 그 호수로 유입되던 강이 메마르면서 수원이 사라지고 더불어 기나긴 세월에 걸쳐 끊임없이 증발되고 밑바닥으로 물이 새어나가면서 결국에는 호수가 사라져 버린 것이다.

건기가 되면 에토샤 염호는 푸른빛으로 반짝인다. 표면이 울퉁불퉁하고 곳곳에 갈라진 틈이 보이며 가끔 강한 모래폭풍과 회오리바람이 몰아치기도 한다. 염화 토양에는 수렵의 흔적이 선명하다. 지금도 수많은 동물이 물과 먹이를 찾아 염호의 물구덩이와 녹지로 몰려든다. 이곳 녹지들은 야생 동물들에게 끊임없이 물을 공급해주는 더없이 고마운 생명의 원천이다.

오늘날의 에토샤 염호는 본래 길이가 130킬로미터, 너비가 50킬로미터인 드넓은 백색 염호가 다 사라지고 남은 아주 작은 부분이다. 염호에는 드문드문 흩어져 있는 염천 때문에 상대적으로 돔처럼 위쪽으로 튀어나온 듯 보이는 점토 암염돔Salt Dome이 있고, 평행으로 흐르는 물줄기 몇 갈래가 이곳을 지나 북쪽에 있는 앙골라로 흘러들어간다.

12월에서 4월 사이에 계절풍이 부는 계절이면 염호 주위 곳곳에 빗물이 가득 찬

못이 생겨난다. 동쪽 지평선 위에서 비를 잔뜩 머금은 먹구름이 몰려와 호수 곳곳에 빗물을 가득 채워준다. 생명의 수원은 가득 차다 못해 흘러넘쳐서 에토샤 염호의 건조한 변두리 지대까지 촉촉하게 적신다. 엉기어 말라붙은 소금덩어리들이 얕은 물길 위에 겹겹이 쌓이고, 수많은 홍학과 그 밖의 다른 새들이 호수로 날아든다. 메마른 토양 속에서 깊은 잠에 빠져 있던 풀씨도 활기를 띠며 파릇파릇 돋아나 푸르른 융단이 넓게 펼쳐진다.

우기가 다가오면 동물들의 대규모 이동이 시작된다. 얼룩말과 타킨Takin이 떼를 지어 내달리고 기린은 성큼성큼, 코끼리는 육중한 몸을 흔들며 느릿느릿 뛰어간다. 스프링복Springbok과 일런드영양 등의 무리도 대이동의 대열에 합류하고, 이 땅의 맹주인 사자와 또 하이에나, 치타, 들개 등 맹수들이 그 뒤를 쫓는다.

우기가 끝나자 이 땅에 생명을 불어넣었던 물도 금방 메마르고, 염호 표면에는 지평선 끝까지 이어진 수많은 발자국만이 선명하게 남아 있다.

먹이를 찾으러 떠나는 대규모 이동 행렬에는 이집트기러기와 선홍색 가슴의 때까치, 송골매, 비둘기, 악어물떼새, 종달새 등 다채로운 색깔의 여러 새들도 함께한다.

우기가 끝나면 염호는 다시 메마른 상태로 돌아가고, 표층에 남겨진 수많은 발자국이 저 멀리 지평선까지 길게 이어진다.

에토샤 국립공원 면적은 2만 2,269제곱킬로미터로 세계에서 대형 동물이 많기로 유명한 공원 중 하나이며, 염호는 바로 에토샤 국립공원의 중심부에 자리하고 있다. 염호의 동쪽 끝에는 독일 식민 통치자들이 세운 나무토니Namutoni 요새가 있으며 복원 작업을 거쳐 현재 에토샤 국립공원 캠프로 활용되고 있다.

오카방고 델타

나미비아 ★ Okavango Delta

공중에서 내려다보면 신비로운 내륙 삼각주 오카방고 델타가 마치 거대한 손처럼 칼라하리 사막 북부까지 손가락을 길게 뻗고 있다.

오카방고 델타의 강물이 흘러 지나는 이 푸른 섬은 이곳 독특한 경관의 축소판이다.

나미비아 북동부에 있는 오카방고 델타는 북쪽으로 오카방고 강이 앙골라와 경계를 짓고, 남동쪽은 보츠와나, 서쪽은 오밤보Owambo 지역과 인접한다. 면적 4만 1,700제곱킬로미터로 지구상에서 가장 큰 내륙 삼각주이다.

공중에서 내려다보면 오카방고 델타는 마치 거대한 손처럼 칼라하리Kalahari 사막 북부까지 손가락을 길게 뻗고 있다. 홍수에 밀려온 퇴적물이 축적되어 형성된 부채꼴 모양의 지형으로, 지리학적으로는 충적선상지라고 한다. 해발이 약 1,100m이고 지세가 평탄하며 연간 강우량이 500~600밀리미터이다. 이곳 습지에는 수로와 늪, 섬과 푸르른 갈대들이 널리 분포한다. 키 큰 풀 사이로 관목과 교목이 듬성듬성 자라고, 동부에는 로디지아 티크Rhodesia Teak나무와 마호가니Mahogany나무가 숲을 이룬다. 늪의 거의 절반 이상이 일 년 내내 그 상태를 유지하며, 대부분 지역에서는 우기에 강물이 범람하고 계절 변화와 지류의 합류, 증발, 그리고 강바닥이 수분을 얼마나 흡수하느냐에 따라 하천의 수량이 크게 변한다. 강바닥과 평원은 높이 1~2미터의 여러해살이풀 파피루스Papyrus와 그 밖의 수생 식물로 덮여 있고, 높은 지대에는 나무가 드문드문 자라는 초원과 소규모 임지가 자리 잡고 있다. 무성하게 자라는 파피루스 때문에 강줄기가 막혀 물 흐르는 방향이 끊임없이 바뀐다.

빗물이 풍성한 해에는 삼각주의 '손가락'인 주요 수로 네 개의 수량이 크게 불어나 칼리하리 사막의 2만 2,000제곱킬로미터가 강물에 잠긴다. 메마른 사막이 푸른 물결이 반짝이는 오아시스로 변하고 삼각주의 강줄기와 섬은 동식물의 천국이 된다. 물에서 생활하는 생물과 칼라하리 사막에서 온 동물들이 더불어 평화롭게 살아간다.

오카방고 델타에는 하마들이 무리 지어 생활하는 모습이 색다른 볼거리를 제공한다. 하마들은 대부분 시간을 물속에서 지낸다. 몸은 물속에 담그고 얼굴만 수면 위로 내민다. 잠수의 명수인 하마는 한 번 잠수하면 약 5분을 견딘다. 발가락 사이에 물갈퀴가 있어서 물밑에서도 강바닥의 작은 길을 따라 여유롭게 걸어 다닌다. 수컷 하마는 보통 길이 8,000미터의 수역을 자신의 세력 범위로 확보하고 10~15마리에 이르는 암컷과 새끼 하마를 거느리고 대가족을 이루며 함께 생활한다. 하마는 삼각주 지대의 수로를 원활하게 하는 일등 공신이다. 밤마다 먹이를 찾아 좁은 강줄기를 헤집고 걸어 다니며 강바닥을 평탄하고 고르게 다져줄 뿐만 아니라 하루에 150킬로그램의 풀을 먹어 치워 강물이 막히지 않게 한다.

오카방고 델타에는 코끼리, 물소, 론영양, 임팔라영양 등 많은 대형 야생 동물이 서식한다. 저녁노을이 질 무렵이면 여기저기서 울려 퍼지는 다양한 야생 동물들의 울음소리와 원주민들이 연주하는 특이한 리듬의 북소리가 더해져 으스스한 분위기가 물씬 풍긴다.

일찍이 1750년부터 이곳에 정착한 원주민들은 물 위에서의 수렵 생활에 매우 능숙해 모코로라는 나무배를 타고 고기잡이를 생업으로 하며 살아간다.

오카방고 델타의 강줄기는 수많은 동물의 천국이다. 이곳에서 하마는 본성을 거리낌 없이 드러내며 여유로운 생활을 즐긴다.

테이블 산

남아프리카 공화국 ★ Table Mountain

아프리카 대륙 최남단인 희망봉에서 멀리 바라보면 꼭대기가 평평한 책상 모양의 테이블 산이 눈에 쏙 들어온다. 그 특이한 모습은 이제 세계적인 랜드마크가 되었다.

황혼에 물든 테이블 산. 태곳적 자연의 아름다움이 느껴진다.

남아프리카공화국에 있는 테이블 산은 꼭대기가 평평한 책상 모양의 산이다. 높고 바위가 많은 케이프반도 북단에 자리하며, 케이프타운Cape Town과 테이블 만을 굽어보면서 우뚝 솟아 있다. 땅거미가 질 무렵이면 테이블 산의 평평한 꼭대기와 보디가드처럼 양측을 지키고 서 있는 데빌스 피크Devil's Peak와 라이온스 헤드Lion's Head의 선명한 자태를 볼 수 있다.

테이블 산의 평평한 정상은 길이가 3,000미터가 넘는다. 이곳에서는 서쪽으로 대서양, 남쪽으로 희망봉, 북쪽으로 끝없이 펼쳐진 아프리카 대륙을 한눈에 볼 수 있다.

1488년에 포르투갈의 유명한 항해가 바르톨로뮤 디아스Bartolomeu Dias가 최초로 테이블 산을 발견하고 나서부터 이곳은 선원들의 '등대'가 되었다. 테이블 산의 웅장하고 아름다운 모습을 본 선원들은 감탄과 흥분을 금치 못했다고 한다. 테이블 산은 이제 세계적인 랜드마크로 자리 잡았다.

테이블 산은 사실 하나의 거대한 사암이다. 4~5억 년 전에는 본래 얕은 바다의 해저였는데 지각이 융기하면서 산꼭대기가 1,086미터 높이로 솟아올랐다. 데빌스 피크와 라이온스 헤드 사이에 끼어 있으며, 북쪽 사면은 황량하고 가파른 낭떠러지이다. 산 정상이 책상처럼 평평한 것은 풍화 작용으로 사암층이 거의 수평에 가깝게 깎였기 때문이다.

남동풍이 불 때면 평평한 정상 위에 테이블클로스라고 불리는 구름층이 생기는데, 그 덕분에 고원성 초본 식물이 자란다. 고산 저수지 다섯 곳이 겨울철의 빗물을 저장하고 있으며 정상의 연간 강우량은 1,525밀리미터로 풍부한 편이다.

여름에는 남동풍이 불어 형성된 구름층이 산 정상에서부터 산기슭을 따라 미끄러진다. 흰 구름이 산 전체를 뒤덮은 모습이 마치 하얀 식탁보를 씌워 놓은 것 같다.

식생이 풍부하여 난초, 실버트리 등의 식물이 많이 분포하며 데이지는 250여 종에 이른다. 정상까지 가는 데는 1929년에 개설된 케이블카 외에도 350여 갈래 길이 있다. 최고 지점은 1865년에 해발 1,069미터에 세워진 매클리어Maclesr's 등대이다.

질푸른 산기슭에는 각종 야생화가 흐드러지게 피어난다. 관광객들은 작은 오솔길을 따라 올라가며 산속 구석구석을 음미하거나 케이블카를 타고 편안하게 정상에 오를 수도 있다. 해마다 테이블 산의 케이블카를 이용하는 관광객 수가 50만 명에 달한다.

숲이 울창하게 우거진 테이블 산 동쪽 경사면에는 남아프리카에서 가장 대표적인 커스텐보시(Kirstenbosch) 국립식물원이 있다.

몽토수르스

남아프리카 공화국 ★ Mont Aux Sources

싱그러운 아침 햇살이 내리 비치자 우뚝 솟은 절벽이 황금색으로 빛난다. 밤이 되면 '콜로세움'의 차갑고 날카로운 암벽에서 음산한 분위기가 물씬 풍겨 난다.

남아프리카의 드라켄즈버그Drakensberg 산맥 북부에 자리한 해발 3,050미터의 몽토수르스는 오렌지Orange 강과 발Vaal 강, 투겔라Tugela 강의 발원지이며 레소토 국경에 속한다.

기후가 습하고 안개가 많으며 산속에서 맑고 깨끗한 샘물이 솟아난다. 동쪽 비탈면에서 발원한 투겔라 강은 완만한 흐름을 유지하다가 반달 모양의 절벽 가장자리에서 아래로 급격히 떨어지며 아름다운 폭포를 형성한다. 폭포의 낙차가 948미터로 세계 2위를 자랑한다. 절벽 아래에 마치 칼로 깎아낸 듯 날카롭고 깊숙한 투겔라 계곡으로 많은 지류가 모여든다.

투겔라 강은 레이디스미스Ladysmith 분지를 지나면서 강줄기가 좁고 깊게 변한다. 그리고 로열나탈Royal Natal 국립공원을 통과하며 동쪽으로 흐르다가 버펄로 강과 합류한다. 여기서 남동쪽으로 방향을 바꾸어 해안 평야를 흐르고 더반Durban 북쪽 84킬로미터 지점에서 인도양으로 흘러든다.

몽토수르스의 가장자리인 반달 모양의 절벽은 이름이 '콜로세움'이다. 이른 아침이면 우뚝 솟은 절벽이 눈부신 햇살 아래 온통 황금색으로 빛난다. 그러나 밤이 되면 '콜로세움'의 차갑고 날카로운 암벽에서 음산한 분위기가 물씬 풍겨 보기만 해도 간담이 서늘해진다.

보어(Boer, 남아프리카 공화국의 네덜란드계 백인) 족 지도자 세실 로즈(Cecil John Rhodes)의 동상

콜로세움의 길이 4,000미터의 거대한 벽을 따라 거대한 암석 두 개가 돌출해 있다. 한쪽에는 늑대의 이빨처럼 생긴 암석이 뾰족하게 솟아 있고 다른 한쪽에는 거무스레한 암석이 장엄한 기세로 청록색의 산골짜기를 굽어보고 있다.

몽토수르스는 비록 황량하지만 사뭇 색다른 매력이 있다. 정상에 서면 드라켄즈버그 산맥의 동쪽 절벽을 따라 웅장한 산봉우리들이 그림처럼 눈앞에 펼쳐진다. '드라켄즈버그'란 '용의 산'이라는 뜻으로 부시먼Bushman 족의 전설에서 유래했다. 높이가 3,475미터이고 트란스발Transvaal 주 북동부에서 케이프 주 남동부까지 길이가 약 1,125킬로미터에 이르는 산지로 스와질란드Swaziland–나탈–트란스케이Transkei와 트란스발–오렌지 자유 주Orange Free

몽토수르스의 차가운 암벽이 싱그러운 아침 햇살을 받아 부드러운 황금색을 띤다.

State–레소토Lesotho 사이의 경계를 이룬다. 동쪽과 남쪽 비탈은 험준하고, 북쪽과 서쪽 비탈은 경사면이 점점 완만해지다가 레소토 산간 지대로 이어진다. 레소토 국경에 있는 몽토수르스에는 깊은 골짜기와 폭포가 많다.

드라켄즈버그 산맥은 약 1억 5천만 년 전에 발생한 화산 폭발로 형성되었다. 지각 틈새에서 분출되어 지면을 뒤덮은 용암이 냉각되고, 새로 분출된 용암이 다시 그 위를 뒤덮었다. 화산 폭발이 멈추고 나서 아프리카 대부분 지역이 응고된 용암으로 덮였으며, 어떤 곳은 용암의 두께가 1,500미터에 달했다. 그리고 수세기에 걸친 풍화 작용과 침식 작용으로 깊숙한 협곡과 뾰족한 봉우리, 돌기둥이 형성되었다.

이곳의 골짜기와 협곡은 남아프리카 개코원숭이의 보금자리이다. 개코원숭이들은 무리를 지어 엄격한 질서에 따라 움직인다. 나이가 많은 수컷이 무리를 이끌고, 주로 풀과 곤충을 먹는다. 때때로 고요한 산속에 메아리치는 개코원숭이들의 낮고 묵직한 울음소리가 이곳의 신비로움을 한층 더해 준다.

겨울이면 흰 눈과 얼음으로 뒤덮이는 드라켄즈버그 산맥은 암벽 등반가들에게 무척이나 매혹적인 곳이다. 하지만 몇몇 봉우리는 워낙 코스가 험난하고 위험해 오늘날까지도 정복되지 않고 있다. 현재 일부 산간 지역에 리조트와 캠핑장이 개방되고 있다.

블라이드 리버 캐니언

남아프리카 공화국 ★ Blyde River Canyon

한때 수많은 사람이 금광을 찾아 몰려들었던 이곳 블라이드 리버 캐니언은 아프리카의 아름다운 풍경 중에서도 가장 신비롭고 기이한 경관을 담고 있다.

트란스발Transvaal 주에 있는 블라이드 리버 캐니언은 남아프리카 고원과 동쪽의 저지대를 구분하는 경계선의 일부이다. 드라켄즈버그 산맥의 화강암 언덕이 굴곡진 깊은 협곡 안에 우뚝 솟아 있다.

이곳은 한때 수많은 사람이 금광을 찾아 몰려들었던 협곡으로 아프리카의 아름다운 풍경 중에서도 가장 신비롭고 기이한 곳이다. 높이가 1,000미터에 이르는 날카로운 절벽이 깊은 협곡까지 수직으로 서 있다. 절벽 꼭대기에는 스리 론다벨스Three Rondavels라고 불리는 작은 봉우리 세 개가 있는데 마치 원추형 지붕의 남아공 전통 가옥 론다벨Rondavel 세 채가 나란히 모여 있는 듯한 모습이다.

협곡 사이로 은빛 물줄기가 과거에 금광을 찾아왔던 사람들의 야영지와 버려진 농장을 돌아 시원하게 흐른다. 광물질 때문에 붉은색, 노란색, 오렌지색으로 물든 절벽 아래에서 청량한 물소리와 낭랑한 새소리, 비비의 괴이한 울음소리가 뒤섞여 웅장하고 아름다운 협곡이 더욱 신비롭게 느껴진다.

블라이드 리버 캐니언이 시작되는 곳에서는 트레우Treur, 슬픔의 강 강의 급한 물살이 블라이드Blyde, 기쁨의 강 강과 합류한다. 급한 물살의 충격으로 강물의 방향이 급격하게 바뀌어 소용돌이가 형성되고, 작은 돌들이 소용돌이에 휘말리면서 암반에 원통형의 깊은 홈을 만들어 냈다. 이를 포트홀Potholes이라고 하며 깊이가 최대 6미터에 이른다. 현지에서는 포트홀과 관련해 재미있는 이야기가 전해진다. 옛날에 부르크Bourke라는 농부가 살았는데, 그가 소유한 땅에 이런 포트홀이 무척 많았다. 사람들이 강의 상류에서 금을 찾았으니 포트홀 속에도 분명히 금싸라기가 있을 것이라고 생각한 그는 포트홀을 샅샅이 뒤져 결국 많은 금을 찾아내고 부자가 되었단다. 그래서 이 특이한 지형은 그의 이름을 따서 '부르크스 럭 포트홀Bourke's Luck Potholes' 이라고 명명되었다.

남아공에서 나는 금광석

블레이드 리버 캐니언에는 거세게 소용돌이치는 물의 흐름에 바위가 깎여 수많은 '부르크스 럭 포트홀'이 생겨났다.

NORTH AMERICA

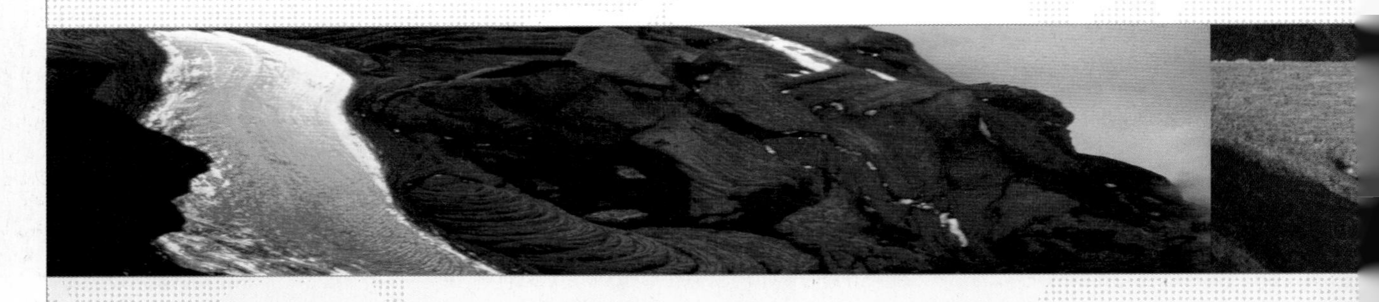

한 폭의 풍경화처럼 장엄하고 경이로운 경관
북아메리카

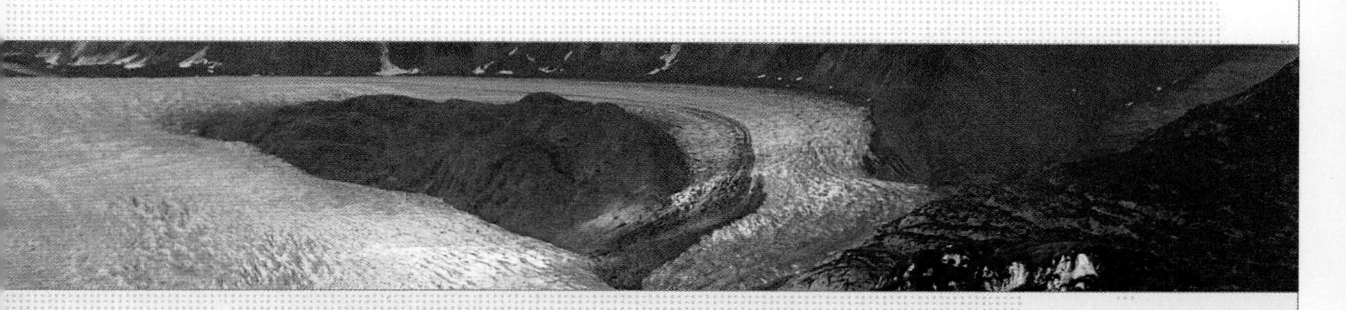

교과 관련 단원

중1 〈사회〉
Ⅲ. 다양한 지형과 주민 생활

고등학교 〈세계 지리〉
Ⅲ. 다양한 자연환경

NORTH AMERICA

캐나디안 로키 산맥 공원

캐나다 ★ Canadian Rocky Mountains National Parks

캐나다 남서부의 앨버타 주와 브리티시컬럼비아 주에 자리한 캐나디안 로키 산맥 공원은 한 폭의 풍경화처럼 경관이 빼어나게 아름답다.

캐나다 남서부의 앨버타Alberta 주와 브리티시컬럼비아British Columbia 주에 자리한 캐나디안 로키 산맥 공원은 면적 2만 3,401제곱킬로미터의 넓은 자연 보호 지역이다. 재스퍼Jaspe, 밴프Banff, 쿠트네이Kootenay, 요호Yoho 등 국립공원 네 곳과 햄버Hamber, 롭슨Robson, 아시니보인Assiniboine 등 주립공원 세 곳을 포함하는 세계 최대의 국립공원 지역이다.

그중에 재스퍼 국립공원의 면적이 가장 크다. 컬럼비아 빙원Columbia Icefield에서 발원한 아타바스카Athabasca 강이 이곳을 경유하여 청아하고 아름다운 경치를 자랑하는 그레이트슬레이브Great Slave 호로 흘러든다. 그리고 공원 안에 수온이 54도에 달하는 뜨거운 유황 온천이 있다. 재스퍼 국립공원의 서쪽은 롭슨 주립공원이며, 로

빅토리아 산 밑에 자리한 루이즈 호는 절대 빼먹을 수 없는 필수 관광 코스이다.

멀리서 바라본 빅토리아 산

키 산맥의 최고봉인 높이 3,954미터의 롭슨 산이 있다. 롭슨 고원에 있는 무스Moose 호수는 헤라 사슴이 자주 출몰해 '헤라사슴 호'라고 부르기도 한다.

로키 산맥의 동쪽 비탈면에 있는 밴프 국립공원은 1887년에 캐나다 최초의 자연공원으로 개설되었다. 면적이 6,680제곱킬로미터이며 경치가 워낙 아름다워 캐나다의 유명한 피서지로 인기를 끌고 있다.

브리티시컬럼비아 주에 자리한 요호 국립공원은 밴프 국립공원의 서쪽에 인접해 있다. 빙설에 뒤덮인 높이 3,000미터 이상의 산들이 공원의 중심인 요호 계곡을 둘러싸고 있다. '요호'는 인디언 말로 '훌륭하다, 경이롭다'라는 뜻이다.

쿠트네이 국립공원도 브리티시컬럼비아 주에 자리하며 공원 안에 빙하와 U자형의 빙하 계곡, 빙하호 등이 있다. 이곳의 스티븐Stephen 산은 혈암Shale, 頁岩 화석에서 완벽하게 보존된 캄브리아기Cambrian의 삼엽충 등 고생물 화석이 발견되어 유명해졌다. 그 화석들은 약 5억 3000만 년 전의 것으로 추정된다.

공원들과 이어지는 로키 산맥은 약 7000만 년 전에 형성된 아주 젊은 산이다. 톱

밴프 국립공원의 모레인 (Moraine) 호이다. 청록색 호수물이 진주처럼 영롱하게 빛난다.

니처럼 들쭉날쭉한 날카로운 봉우리와 천천히 흐르는 빙하가 독특한 대조를 이룬다. 넓게 펼쳐진 빙원에서 빙하가 서서히 흘러내리며 지나는 곳마다 암석 표면을 깎아 내고 마모한다. 그렇게 생긴 하얀색 암석 가루가 빙하에 섞여 빙하호로 흘러들어와 수면을 뒤덮는다. 빙하가 녹은 물을 수원으로 하는 루이즈Louise 호는 아름다운 전설과 더불어 멋진 풍경이 보는 것만으로도 감동을 안겨준다. 물속에 떠 있는 암석 가루가 햇빛을 반사해 호수의 수면은 맑은 에메랄드빛으로 반짝인다. 차가운 빙하 녹은 물이 지각의 갈라진 틈새로 스며들었다가 땅 속에서 고온과 고압을 겪고 다시 지표로 흘러나와 광물질이 대량 함유된 온천을 형성한다.

이곳은 또한 지표 형태가 워낙 다양해 각 지대에 독특한 식생이 나타난다. 깊은 골짜기 속에서 옥빛 물결을 출렁이는 호수를 포플러나무와 소나무, 가문비나무가 둘러싸고 있다. 해발 고도가 높아질수록 초원과 고산 산림 지대는 황량한 불모지로 바뀐다. 나무가 무성하게 자라는 산 속에는 푸른 풀밭이 넓게 깔려 있고 백합과의 히아신스와 철쭉과의 관목 히스가 촘촘히 자란다. 여름이면 산딸기와 블루베리가 지천으로 널리고, 녹아내리는 눈 속에서 노란 백합이 살며시 얼굴을 내민다.

야생 동물의 종류도 다양해서 벌새에서 매까지 조류 20여 종과 그리즐리 베어일명 알래스카불곰, 아메리카 흑곰 등 포유동물 53종이 서식한다. 그리즐리 베어는 성격이 괴팍해서 혼자 있기를 좋아하고, 시끌벅적한 것을 좋아하는 아메리카 흑곰은 사람에 대한 두려움이 없어 공원 내의 오솔길과 야영지의 쓰레기더미 속에서 먹이를 찾는다. 흑곰의 습격을 받았을 때는 당황하거나 도망치지 말고 죽은 척을 해야 한다.

유콘 강

북아메리카 ★ Yukon River

사람들이 이곳으로 이주한 가장 중요한 원인은 풍부한 광물 자원이지만, 번잡한 도시를 떠나 순수한 자연의 숨결을 느끼고자 하는 사람들에게도 유콘 강은 더없이 좋은 선택이다.

유콘 강은 북아메리카 대륙의 주요 하천으로 캐나다 유콘 지역의 맥닐McNeil 강에서 발원한다. 서북쪽으로 유콘 지역을 경유하고 남서쪽으로 방향을 바꾸어 미국의 알래스카를 지나 베링Bering 해로 흘러든다. 길이가 3,190킬로미터이며 유역 면적은 83만제곱킬로미터이다. 1896년에 유콘 강의 지류인 클론다이크Klondike 강에서 황금이 발견되면서 널리 알려졌다. 1차 세계대전 이후 금의 산출량이 점차 줄어들면서 유콘 강의 해운업도 쇠퇴의 길을 걸었다. 1990년대에 골드러시를 겪었지만, 유콘 강의 대부분 지역은 아직도 개발되지 않은 원시적인 상태를 유지하고 있다.

유콘 강은 발원지에서 80킬로미터쯤 지난 곳에 이르러 마일스Miles 협곡의 좁고 험한 암벽 사이를 소용돌이치며 통과한다. 그 다음부터는 강줄기가 점차 넓어지고 강 중심에 많은 섬이 있다. 펠리Pelly 강이 합류하면서 수량이 크게 늘어난 유콘 강은 다시 서남쪽 빙하와 산맥의 진흙을 담아온 화이트White 강과 합쳐진다. 캐나다 동부 지역에서 발원한 스튜어트Stuart 강도 곧 합류한다. 수량이 많지 않은 클론다이크 강도 도슨Dawson 시에서 유콘 강으로 흘러든다. 클론다이크 강 계곡은 100년도 채 안 되는 세월 동안 금을 채취하려는 인간들에 의해 모래와 자갈층이 수차례 파헤쳐졌다. 지금도 곳곳에 흉측한 상처들이 남아 있고 산더미처럼 높이 쌓인 자갈무더기들이 있다. 도슨을 지나면서부터는 골짜기가 점점 좁아져 세찬 강물이 1,200미터 높이의 산맥을 헤치고 나아간다. 유콘 강은 알래스카의 경계를 가로지르고 알래스카 주의 포트유콘Fort Yukon에서 포큐파인Porcupine 강과 합류한다. 그리고 계속 남서쪽으로 240킬로미터 정도 흘러가 광활하고 평탄한 계곡을 지난다. 계곡의 서쪽에는 길고 좁은 협곡이 자리한다. 알래스카 남부의 주요 지류 태너나Tanana 강과 합류하는 곳에 이르면 유콘 강의 해발은 이제 90미터 이하로 낮아진다. 태너나 강 상류에는 유콘 강 유역에서 가장 큰 도시인 페어뱅크스Fairbanks가 있다. 태너나 강과 합류하는 곳에서 하류로 약 280킬로미터 가면 마지막 주요 지류인

유콘 강 유역의 캐나다 지역은 대부분 기후가 너무 추워서 사람이 살기에 적합하지 않지만 야생 동식물에게는 지상 낙원이다. 이곳에서 자라는 아름다운 로즈캠피온(Rose Campion)

코유쿡Koyukuk 강이 유콘 강으로 유입된다. 이곳에서 유콘 강은 서쪽으로 방향을 틀어 수백 킬로미터를 더 흐르다가 베링 해로 흘러든다. 유콘 강 어귀의 삼각주 지대는 너비가 약 64킬로미터이며 호수와 늪이 많이 분포한다.

유콘 강 유역은 인구가 매우 적다. 처음 이곳을 찾은 사람은 1825년에 태평양으로 통하는 북서쪽 경로를 탐색하려는 목적으로 온 영국 탐험가 존 프랭클린John Franklin 경이다. 그는 이곳에 거주하는 이뉴잇Innuit, 에스키모 족이 사용하는 끝이 뾰족한 금속 화살이 알래스카로 이주해 온 러시아인들과 무역하여 얻은 것이라는 사실을 발견했다. 그러자 영국 무역 회사 허드슨베이 컴퍼니The Hudson's Bay Company가 그의 정보를 바탕으로 이 지역에 조사 직원을 파견했고, 1840년에 매켄지Mackenzie 강 삼각주에 포트 맥퍼슨Fort Mcpherson이라는 요새가 세워졌다. 1847년에는 유콘 강과 포큐파인 강이 합류하는 곳에 포트 유콘이 세워졌다.

유콘 강 상류는 물이 맑고 투명하며 햇빛을 받으면 신비로운 에메랄드 빛으로 반짝인다.

헤드-스매쉬드 버펄로 지대 캐나다 ★ Head-Smashed-In Buffalo Jump

헤드-스매쉬드 버펄로 지대는 고대에 인디언들이 버펄로 사냥을 하던 장소로, 사냥 절벽 아래에는 버펄로의 뼈들이 산더미처럼 쌓여 있다.

북아메리카에는 인디언들이 버펄로를 사냥하던 절벽이 여러 곳 있지만 그중에서도 캐나다 앨버타 주에 있는 헤드-스매쉬드 버펄로 지대가 가장 규모도 크고 가장 오래된 곳으로 알려져 있다. 소몰이 지역, 도살장, 가공 처리장 세 부분으로 나뉜다.

인디언들은 먼저 버펄로 무리를 목초 지역인 포큐파인힐스Porcupine Hills 평원으로 몰고 갔고, 버펄로들은 사람들에게 3.2킬로미터를 쫓겨 가 사냥 절벽에서 점프해 아래로 떨어졌다. 버펄로들을 죽음의 절벽으로 몰고 갔던 작은 길들은 아직도 그대로 남아 있다.

버펄로 도살은 절벽 아래에서 이루어졌다. 예로부터 인디언 부족은 이곳의 지세를 이용해서 버펄로를 절벽 아래로 몰아붙였고, 18미터 높이의 절벽 아래에서는 창과 돌도끼로 무장한 사람들이 추락한 버펄로의 숨을 끊고 부위별로 해체했다. 절벽 한쪽에 깊숙한 돌 구덩이가 있는데, 그 속에 버펄로의 뼈가 산더미처럼 쌓여 있다. 절벽 일대에는 버펄로의 뼈가 땅 속 10미터 깊이까지 묻혀 있다. 버펄로의 잔해 외에도 다른 동물들의 유골과 또 동물을 해체하는 데 사용된 도구들이 곳곳에 널려 있다.

버펄로는 북아메리카 인디언들의 주요 식량이다. 인디언들은 불을 지르는 등 방법으로 버펄로 무리를 절벽으로 몰아붙였고, 사람들에게 쫓긴 버펄로들은 절벽에서 점프해 아래로 떨어져 죽었다.

스페인 식민자들이 북아메리카를 침략하기 전까지 말을 탈 줄 몰랐던 인디언들은 화살 등 무기를 이용해 가까운 거리에서 사냥감을 사살하는 위험한 방식으로 사냥했다.

가공 처리장은 도살장에서 약 20미터 떨어진 평지에 있으며 동물의 잔해가 지천에 널려 있다. 당시 인디언들은 소금이 귀해 고기를 절여서 보관할 수가 없었기 때문에 버펄로를 도살하고 나서 고기를 잘게 잘라 말리거나 훈제하는 등의 방법으로 가공했다. 가죽으로는 옷이나 텐트를 만들고 쇠뿔로는 바늘, 칼, 컵 같은 것을 만들었다. 1938년부터 고고학자들이 이곳에 대한 발굴 작업을 시작했고 화살촉, 모루, 나무망치, 꼬챙이 등의 사냥 도구가 발견되었다.

수천 년 동안 아메리카들소버펄로는 북아메리카에 살고 있는 인디언들에게 풍족한 생활을 제공했다. 고기는 식량으로 삼고 가죽으로는 옷과 텐트를 만들며 힘줄과 뼈, 쇠뿔로는 공구를 만들고 소똥으로는 불을 피웠다.

케나이 피오르드

미국(알래스카) ★ Kenai Fjords

케나이 피오르드는 세계적인 관광 명소 알래스카 해안에서도 가장 아름다운 풍경으로 손꼽힌다.

알래스카 반도의 서쪽에 자리 잡은 케나이 피오르드빙식곡이었던 강 하류부가 해수로 침수되어 형성하는 좁고 긴 후미는 지형이 복잡하고 물굽이와 작은 섬, 호수들이 곳곳에 분포해 '바다 위의 에스키모', '최고의 등산 명소'로 불린다. 1899년에 이곳을 찾은 미국의 미디어 거물 프랭크 개닛Frank E. Gannett은 케나이 피오르드의 경치를 둘러보고 나서 "알래스카 해안은 세계적인 관광 명소이다."라고 극찬했다.

케나이 피오르드는 가파른 산맥 사이에 자리하며 너비가 수천 미터밖에 안 되지만 길이는 수십 킬로미터에 달한다. 이런 독특한 지형이 형성된 데는 빙하가 결정적인 역할을 했다. 빙하의 흐름으로 거대한 U자형 빙식곡이 생겨났고, 빙하가 녹으면

케나이 피오르드에서 보는 황홀한 일출 모습

서 해수면이 상승해 계곡이 바닷물에 잠겼으며, 과거의 산봉우리는 오늘날 해면에 외로이 떠 있는 작은 섬이 되었다. 케나이 산맥은 바닷속까지 이어지는데, 절벽은 우뚝 솟아 있고 완만한 비탈은 물속에 잠겨 있다.

바다표범이 피오르드의 유빙(流氷) 위에서 장난을 치며 휴식을 취하고 있다.

케나이 산맥의 봉우리들은 지금도 계속 가라앉고 있지만 대부분 해발 높이가 1,500미터 이상이다. 겨울이면 산꼭대기에 10미터가 넘게 눈이 쌓이며 피오르드 내에 777제곱킬로미터의 거대한 빙원이 형성된다. 가장 높은 봉우리를 제외한 모든 지역이 온통 빙설에 뒤덮인다. 빙원에서 30개가 넘는 빙하가 형성되어 각기 다른 방향으로 흘러간다. 그중에 몇 개는 해변으로 흘러가 해면에 얼음 제방을 만들어 낸다. 빙하가 이동할 때 내는 엄청난 굉음은 심장이 떨릴 정도이다.

오늘날 이곳의 빼어난 경관을 보려고 수많은 관광객이 찾아오며, 케나이 피오르드가 알래스카에서 가장 매력적인 곳이라고 입을 모은다. 태고의 아름다움을 간직한 자연 풍광과 다양한 야생 동식물들이 바로 세계인의 사랑을 한 몸에 받는 이유이다.

케나이 피오르드 지역은 빙하의 작용으로 30킬로미터 길이의 큰 계곡을 비롯한 계곡 여섯 개와 작은 해만海彎 여러 개가 형성되었다. 지금의 작은 해만들은 빙식곡에 바닷물이 침입하여 형성된 것으로 양쪽 벽이 날카롭고 가파르며 바닥에는 대량의 빙퇴석氷堆石이 쌓여 있다. 이곳은 해양 어류와 수생 포유동물들의 비교적 안정적인 생존 환경이 되고 있다. 해만 밖에는 태평양에서 거대한 파도가 몰려와 해안을 세차게 두들겨대지만, 피오르드 안에는 풍랑이 없이 잔잔하다.

피오르드에는 식생이 다양하며 야생 동물이 많이 서식한다. 낮은 곳에는 솔송나무와 가문비나무가 숲을 이루고 해변에 있는 암석에는 각종 이끼와 지의류가 자란다. 또한 다양한 동물이 이곳에서 번식하며 살아간다. 특히 개체수가 가장 많은 염소는 벼랑 위에서 활동하기를 좋아한다. 높은 벼랑은 침입하는 사람이나 동물이 없어 바다쇠오리, 바다갈매기, 검은머리물떼새, 세가락갈매기, 제비갈매기 등이 둥지를 틀기에도 매우 안전한 곳이다. 혹등고래, 바다표범, 바다사자, 돌고래, 말코손바닥사슴, 불곰 등도 자주 보인다. 바다 속의 게를 먹이로 살아가는 수달은 원래 겁이 무척 많은 동물이지만 이곳에 사는 수달들은 사람들이 볼 수 있는 곳에서 장난을 치며 논다.

마운트데저트 섬

미국 ★ Mount Desert Island

경치가 워낙 아름다워서 20세기 초에 미국의 록펠러, 모건, 카네기 등 내로라하는 가문들이 일제히 휴양지로 선택했다.

미국 동부의 메인Maine 주 해안 근처에 있는 마운트데저트 섬은 5억 년에 걸쳐 지질 운동이 만들어 낸 웅장하고 아름다운 자연의 걸작이다. 화산 폭발로 분출된 용암이 바닷물에 닿으면서 급속하게 냉각되어 섬의 초기 형태가 만들어졌다. 그 후 빙하기에 이르러 세차게 흐른 빙하에 의해 섬의 형태가 다시 다듬어져 오늘날의 독특한 해만이 형성되었다.

마운트데저트 섬은 1613~1713년까지 프랑스령 아카디아Arcadia의 일부였다. 1604년에 프랑스 탐험가 사무엘 드 샹플랭Samuel de Champlain이 이끄는 함대가 이곳에서 좌초되었는데, 당시 섬 전체가 짙은 안개에 휩싸여 사방이 온통 희미하게 보였다. 그때 산봉우리들이 모두 민둥민둥한 것을 보고 '민둥산'이라고 이름을 붙였다. 그 후 100여 년이 지난 1759년에야 처음으로 유럽인이 이곳에 정착했다. 19세기 초에 창작의 영감을 얻고자 이곳을 찾아온 미국의 화가 토마스 콜Thomas Cole과 프레더릭 에드윈 처치Frederic Edwin Church는 원시의 순박한 숨결이 느껴지는 자연 경관에 크게 감동해 이곳 풍경을 그대로 화폭에 담았다. 그림이 발표됨과 동시에 섬의 이름도 세상에 널리 알려졌고 점차 부유한 가문

마운트데저트 섬의 숲 속 풍광

캐딜락 정상에서 바라보는 프렌치먼 만의 모습

들의 휴양지로 발전했다. 록펠러Rockefeller, 모건Morgan, 카네기Carnegie, 포드Ford 등 미국에서 내로라하는 가문들이 모두 이곳에 호화로운 별장을 지었다.

1913년에 마운트데저트 섬의 땅을 소유한 어떤 인사가 자연 경관을 보호하고 더 많은 사람이 이곳의 아름다운 경치를 즐기도록 2만 4,000제곱킬로미터의 토지를 미국 연방 정부에 기증했다. 그러자 뒤이어 록펠러 가문도 4만 4,500제곱킬로미터의 땅을 기증했다. 1919년에 기증받은 땅에 라파예트 국립공원Lafayette National Park이 세워졌고, 1929년에 어케이디아 국립공원으로 이름이 바뀌었다.

오늘날 어케이디아 국립공원은 면적이 16만제곱킬로미터에 이르며, 많은 섬을 포

함한다. 산맥이 기복을 이루고 섬에는 초목이 무성하며 경사진 산비탈이 바닷속까지 깊숙이 뻗어 있다. 마운트데저트 섬에는 해조류, 소라, 고래, 바다가재 등 다양한 해양 생물이 서식한다. 해양학자들은 일 년 내내 이곳에서 돌고래와 바다표범, 바닷새들의 생활 습관을 관찰한다. 해면에는 늘 짙은 안개가 감돌아 항해하기에 매우 위험하다. 해변에 우뚝 서 있는 등대 다섯 개는 지금까지 계속해서 제 역할을 충실히 해내고 있다.

동쪽 해안에서 가장 독특한 경관은 섬의 최고봉 캐딜락Cadillac 산이다. 캐딜락이라는 이름은 디트로이트Detroit를 발견한 프랑스 탐험가 '카디야크Antoine Laumet de La Mothe Cadillac'의 이름에서 따왔다. 1947년에 발생한 화재로 4제곱킬로미터에 달하는 면적의 다양한 식생이 모조리 타버렸고, 지금은 그 위에 새롭게 자라난 솔송나무와 가문비나무가 왕성한 생명력을 자랑한다. 나뭇가지 사이로 쏟아지는 눈부신 햇살과 싱그러운 녹음이 어우러져 시적인 정취가 짙게 풍겨 난다. 자전거를 타고 록펠러 가문이 건설한 도로를 따라 숲 속 탐험을 즐기는 재미도 쏠쏠하다. 그 도중에 있는 요르단Jordan 호수와 이글Eagle 호수의 아름다운 원시적 풍경은 보너스이다. 고요한 숲속에서는 비버가 작은 강 위에 둑을 만들고 보금자리를 짓느라 분주하다. 정상에 오르면 숨이 막힐 정도로 아름다운 프렌치먼 만Frenchman Bay의 경관을 한눈에 볼 수 있다.

비스케인 만

미국 ★ Biscayne Bay

짙푸른 바닷물과 따스한 바닷바람, 환상의 '워터 월드'. 비스케인 만은 인간에게 지상 낙원이자 희귀 동물들의 안전한 피난처이다.

서서히 저물어 가는 저녁노을에 비스케인 만의 수면이 부드러운 황금빛으로 물든다.

'파랗다', '푸르다' 등의 간단한 형용사로는 미국 플로리다 남동부에 있는 비스케인 만을 표현하기에 턱없이 부족하다. '짙푸른 바다', '쪽빛 바다' 등 무언가 깊이와 풍부한 색감을 더해야만 그 독특한 매력을 조금이라도 전할 수 있다. 사실 그 어떤 형용사도 비스케인 만의 아름다운 경관 속에 묻어나는 순결함을 온전하게 담아낼 수 없다. 이곳은 바닷물과 하늘, 연안의 변화무쌍한 경치 등이 모두 아름다운 풍경으로 꼽힌다. 비스케인 만은 면적이 약 745제곱킬로미터이며 그중 95퍼센트가 바다이다. 아주 오래전에 이미 유럽 탐험가들이 이곳을 발견했고, 이후 수백 년 동안 해적들이 이곳을 거점으로 삼아 지나다니는 무역 선박들을 강탈했다. 19세기 이후에는 해적

들이 점차 사라지고 사람들이 정착하기 시작했다. 어부들은 주로 메기, 붕장어, 자라를 잡아 생활했고, 가끔 청새치와 돛새치도 잡혔다. 농부들은 농사를 지었고 여행자와 밀수업자들도 자주 들렀다. 해안선에는 당시 사고를 당한 선박들의 잔해가 지금도 널려 있어 사고 당시의 처참함을 떠올리게 한다. 20세기 중엽에 들어서서 눈치 빠른 개발업자들이 비스케인 만에 눈독을 들이고 이곳을 해변 휴양지로 건설하고 정유 공장까지 지으려고 했다. 그러자 비스케인 만의 순박하고 청정한 자연을 보호하고자 많은 사람이 발 벗고 나서서 반대 운동을 펼쳤고, 결국 1980년에 비스케인 국립공원으로 지정되었다.

비스케인 만 해저에 자라는 산호초

비스케인 만은 아름다운 자연 경관으로 사람들의 눈과 마음을 즐겁게 해줄 뿐만 아니라 과학적으로도 중요한 연구 가치가 있다. 이곳에는 육지의 각종 동식물과 해양 생물들이 어우러져 희귀한 생태계와 원시적인 아열대 환경을 이룬다. 동물은 눈에 보이지 않을 정도로 작은 해마에서 거대한 체구를 뽐내는 바다소에 이르기까지 종류가 매우 다양하다. 또 산호초들 속에는 수많은 바다 동물이 살고 있다. 이곳은 철새들이 이동 경로 중에 반드시 거치는 곳이기도 하며, 엄청난 수의 펠리컨Pelican들이 이곳에서 쉬어간다. 해안가에는 광활한 맹그로브 숲이 펼쳐진다. 적갈색 나무 껍질과 반들반들한 잎은 맹그로브의 가장 큰 특징이다.

현재 비스케인 만의 각종 생물은 각자의 생존 환경 속에서 세심한 보호를 받고 있다. 맹그로브 늪은 인간에게서 물고기들을 지켜 주는 안전한 보호 구역이다. 또한 맹

해변에서 서식하는 바다
오리

그로브는 대륙과 해만 간의 완충 지대가 되어 줄 뿐만 아니라 침식된 토양과 물에 섞여 있는 오염 물질을 흡수하고 허리케인까지 막아 주며 든든한 보호자 역할을 톡톡히 해내고 있다.

비스케인 만은 바닷물이 얼마나 맑고 깨끗한지 바다에 얼굴을 담그지 않아도 물속에서 헤엄치는 물고기들이 훤히 보일 정도이다. 게다가 풍랑이 없고 고요해서 최고의 스쿠버 다이빙 장소로 꼽힌다. 다이버들은 산호초 바닥까지 파고 들어가서 탐험을 즐긴다. 또는 특수 재질을 이용해 바닥을 투명하게 만든 유람선을 타고 바닷속 풍경을 구경할 수도 있다.

글레이셔 만

미국(알래스카) ★ Glacier Bay

해마다 여름이면 글레이셔 만에는 거대한 얼음 덩어리가 갈라지고 무너져 내리는 소리가 메아리친다. 빙하가 점점 사라지면서 육지가 새롭게 모습을 드러낸다.

1794년에 유럽인으로는 최초로 영국 해군 탐사대가 북아메리카 알래스카 해역을 탐사했다. 당시 글레이셔 만의 빙하는 계속 늘어나고 변화하는 중이었다. 그들이 보고한 바에 따르면, '해면 위에 빽빽하게 수직으로 서 있는 빙하' 들이 함대의 길을 가로막았다고 했다. 다시 말해 불과 200년 전만 해도 글레이셔 만은 사실상 존재하지 않았다. 오늘날 글레이셔 만의 중심부는 당시 두께 1,200미터, 너비 32킬로미터의 두터운 빙하에 뒤덮여 있었다. 빙하 앞의 수역에는 빙하에서 떨어져 나온 얼음 조각들이 둥둥 떠다녔고, 모든 배는 얼음을 피해 돌아가야 했다.

그로부터 75년이 지나고 나서 미국의 자연주의자 존 뮤어John Muir가 이곳을 찾았을 때는 빙하가 북쪽으로 거의 70킬로미터나 후퇴해 있었다. 빙하가 만들어낸 천연의 아름다운 경관을 보고 존 뮤어는 "우리는 세계를 변화시킬 수 있는 힘이 창조한 결과를 보았다. 지금 우리는 빙하가 어제 막 만들어 낸 평원에 올라와 있다."라고 감탄하며 말했다. 비록 그 후로 빙하가 녹아 사라지는 속도가 느려졌지만 벌써 육지 쪽으로 100킬로미터 넘게 후퇴해 세인트엘리어스Saint Elias 산맥에 이르렀다.

글레이셔 만의 형성 메커니즘

글레이셔 만은 알래스카의 톱니 모양 해안선 남동쪽 끝에 자리한다. 쾌청한 날에는 바로 옆에 높이 2,400미터의 산봉우리가 구름을 뚫고 우뚝 솟아 있어 웅장하고 아름답다. 서쪽에는 페어웨더Fairweather 산맥의 최고봉인 높이 4,600미터의 페어웨더 봉이 태평양과 14킬로미터 떨어져 있다. 페어웨더 산맥 때문에 바다의 수증기가 글레이셔 만으로 몰려 들어오고 수증기가 응결되어 눈이 내린다.

빙하가 계속해서 녹아 사라지면서 숲의 면적은 오히려 늘어나 곰, 늑대, 염소, 그리고 그 밖의 육지 야생 동물들에게 훌륭한 서식지와 이동 통로를 제공한다. 글레이셔 만의 남서쪽에는 많은 해만과 숲에 뒤덮인 곳이 분포하고, 북서쪽에는 숲이 무성하게 우거진 좁고 긴 모래사장이 변화한 알래스카 만과 마주하고 있다.

현재 글레이셔 만은 세계에서 빙하의 후퇴와 식물의 천이遷移를 연구하는 최적의 장소이기도 하다. 처음에 이곳을 찾은 영국의 해군 탐사대가 보았던 얼음 천지는 오늘날 울창한 온대 가문비나무숲으로 변했으며, 가장 오래된 나무는 수령이 200년이 넘는다. 이곳의 숲과 늪은 야생 동식물의 차지이다. 여름이면 바다표범이 새끼를 낳아 키우는 가장 이상적인 곳으로 4,000마리가 넘는 바다표범이 몰려든다. 파도가 잔잔할 때는 알래스카와 하와이 제도 사이를 이동하는 흑돌고래들의 천둥소리 같은 숨소리를 들을 수 있다. 거기에 코요테, 늑대, 거위, 매, 해조, 되새가 화음을 넣어 천상의 하모니를 만들어 낸다.

짙푸른 산마루와 하얀 빙설이 완벽한 조화를 이루고 빙하가 페어웨더 산맥에서 글레이셔 만으로 거침없이 흘러내린다.

빅벤드

미국 ★ Big Bend

독특한 지형으로 유명한 미국의 '빅벤드'는 식물 1,200여 종과 조류 450여 종, 곤충 3,600여 종이 살아가는 터전이다.

빅벤드는 리오그란데Lio Grande 강이 크게 휘어지는 굴곡부에 있다. 거의 직각을 이루는 험준한 협곡으로, 1억 년에 이르는 북아메리카의 지질 역사를 그대로 보여준다. 화석목과 고대 인디언들의 동굴 주거 유적 등 색다른 볼거리가 사람들의 시선을 사로잡는다.

빅벤드 지역의 중심은 4천만 년 전의 대규모 화산 폭발로 형성된 치소스Chisos 산맥이다. 치소스 산 정상에서 빅벤드 지역을 내려다보면 황량하고 원시적인 사막의 풍경이 시원하게 펼쳐진다. 끝없이 이어지는 산봉우리마다 햇빛을 받은 암석들이 황금색으로 반짝인다. 끝없이 펼쳐진 사막은 아득한 하늘 끝까지 이어진다. 치소스 산맥에는 기이한 생물이 아주 많이 서식해 세계 각지에서 많은 생물학자들이 연구차 이곳을 찾아온다. 과거 인디언들의 거주지였던 치소스 분지는 이제 관광객들을 위한 휴식 장소로 이용되고 있다. 리오그란데 강은 너비가 50미터이며 강물이 투명한 에메랄드빛을 띤다. 강 맞은편은 멕시코 국경이다. 흙벽돌로 지은 멕시코 마을에서 민족의 정취가 물씬 풍겨난다.

빅벤드 지역의 해발은 최저 540미터에서 최고 2,347미터에 이른다. 해발 높이의 변화로 이곳은 생물 다양성이 매우 풍부하며 경치도 제각기 다른 특색이 있다. 인류는 아주 일찍부터 이곳에 활동 흔적을 남겨 놓았다. 수천 년 전부터 북아메리카 인디언들이 정착해 살았고, 관련 유적과 유물이 지금도 많이 보존되어 있다.

빅벤드의 독특한 지형에 대해 인디언들은 나름의 해석들을 내놓는다. 인디언의 전설에서는 조물주가 세상을 만들 때 먼저 하늘과 땅, 세상만물을 만들고 나서 조금 남은 재료를 한쪽에 던져 놓은 것이 바로 지금의 빅벤드라고 한다.

빅벤드 지역의 중심을 이루는 치소스 산맥은 상대적으로 비교적 젊은 산맥이다. 가파른 봉우리 아래서 거대하고 괴이한 모습의 용설란이 자란다.

그레이트베이슨

미국 ★ Great Basin

미국 서부의 황량한 벌판에 자리한 그레이트베이슨은 세상과 단절된 고독한 모습과 산맥, 고비 사막, 협곡의 절묘한 조합으로 갈수록 많은 사람들의 시선을 모은다.

미국 탐험가 존 찰스 프레몬트John Charles Frémont가 캘리포니아 주의 시에라네바다 산맥Sierra Nevada과 유타 주의 워새치Wasatch 산맥 사이에 있는 넓은 사막 지역을 '그레이트베이슨'이라고 명명했다. 수분이 지하로 스며들거나 증발해 33만 6,000제곱킬로미터에 달하는 광활하고 평탄한 협곡 지역이 바짝 메말라 있기 때문이다. 1989년에 출판된 그레이트베이슨의 자연과 역사를 다룬 책에 이렇게 묘사한 내용이 나온다. "그레이트베이슨은 미국 서부의 빼어난 자연 경관 중 하나이다. 첩첩이 이어진 산봉우리들이 가파른 고산 지대를 형성하며 관목이 무성하게 우거진 사막 분지와 함께 어우러져 경쾌한 리듬을 만들어 낸다."

그레이트베이슨의 지세는 건조한 세이지브러시Sagebrush 사막 지대에서 산등성이

멀리서 바라본 스네이크 산맥의 휠러 피크

를 따라 계속 높아지다가 지역에서 가장 높은 산간 지대인 스네이크Snake 산맥에 이른다. 다른 지역과 마찬가지로 이곳 역시 지각 운동의 결과이다. 7천만 년에서 5천만 년 전에 이곳의 지각이 융기하고 다른 지역은 상대적으로 내려앉으면서 오늘날의 분지가 형성되었다.

스네이크 산맥은 독특한 '산 속의 섬'을 형성한다. 상대적으로 습하고 차가운 기후는 사막 지대에서 생존하기 어려운 식물과 동물들에게 피난처가 되어 주었다. 지금도 해발 높은 곳에는 고령의 식물들이 자라고 있다.

1964년 전까지만 해도 휠러 피크Wheeler Peak는 오래된 나무들의 피난처로 널리 알려졌다. 그러나 그해 천 년 고령의 수많은 소나무가 사람들의 손에 쓰러졌다. 소나무들의 앙상한 기둥은 쉴 새 없이 몰아치는 강풍에 대리석처럼 매끄럽게 마모되고 몇 개 남지 않은 가지들이 나무껍질과 조직에 의지해 간신히 생명을 유지하고 있다.

휠러 피크 아래는 길이 400미터의 리먼 동굴Lehman Caves이 있다. 19세기 후기에 카우보이이자 광부였던 리먼의 이름을 따서 명명되었다. 리먼이 관광객들의 관심을 끌기 위해 이 동굴에 엄청난 보물이 숨겨져 있다고 허풍을 떤 덕분에 휠러 피크는 금세 유명해졌다.

리먼 동굴은 오랜 세월 빗물에 씻기면서 형성되었다. 동굴 안에는 종유석과 석순, 둥근 기둥 모양의 바위, 커튼처럼 위에서부터 내리 드리운 바위 등 다양한 형태의 석회암들을 볼 수 있다. 가장 독특한 것은 아주 작은 균열에 의해 조개껍질처럼 두 쪽으로 갈라진 쟁반 모양의 보기 드문 석회암과 그 위에 고드름처럼 걸려 있는 종유석이다.

그레이트베이슨에서는 희귀한 나무와 빙하, 휠러 피크의 꼭대기 등 다양한 자연 풍광을 음미할 수 있다. 겨울이면 이 모든 풍경이 하얀 눈 속으로 꽁꽁 숨어 버린다.

리먼 동굴 안의 특이한 종유석

그레이트스모키 산맥

미국 ★ Great Smoky Mountains

그레이트스모키 산맥은 빙하기의 많은 희귀 생물이 그대로 보존되어 있고 식생이 유난히 풍부해 '생물 유전자의 보고'라고 불린다.

그레이트스모키 산맥은 미국 동부의 노스캐롤라이나North Carolina 주와 테네시Tennessee 주의 경계를 이루는 애팔래치아Appalachian 산맥의 남부에 자리 잡고 있다. 초목이 울창하게 우거진 이곳 원시림은 다듬어지지 않은 원석처럼 조용히 자신만의 원시적인 아름다움을 뽐내고 있다.

산림이 늘 자욱한 연기에 휩싸여 있다고 해서 '그레이트스모키'라는 이름이 붙여졌다. 이곳의 안개는 시시각각 다른 모습을 보여 준다. 이른 아침에는 짙은 안개가 계곡을 자욱하게 메워 아주 높은 곳의 산봉우리만 흐릿하게 모습이 보일 뿐이다. 정오가 되면 자욱했던 산안개는 어느새 흩어져 옅은 안개가 산중턱을 가볍게 휘어 감는다. 해질 무렵에는 석양 아래 장밋빛 안개가 붉게 물든 산봉우리와 아름다운 조화를 이룬다.

그레이트스모키 산맥에 만 남아 있는 희귀동물인 붉은배영원

그레이트스모키 산맥은 아득히 먼 고생대에 형성되었다. 신생대 제4기에 이르러 이곳에서 많은 식물이 대량으로 번식하면서 점차 오늘날의 모습을 갖추었다. 지금도 이곳에서는 힘겹게 살아남은 제3기의 식물들을 볼 수 있다.

그레이트스모키 산맥은 삼림 면적이 95퍼센트 이상이다. 다양한 지형과 지세는 식생의 성장과 변화에 좋은 환경을 제공했고 해발 높이에 따라 식물군의 변화가 뚜렷하다. 산지의 상부는 캐나다 가문비나무와 솔송나무가 주를 이루는 침엽수림이고, 중부와 하부에는 주로 활엽수림이 분포한다. 산자락에는 참나무, 소나무, 솔송나무 등이 뒤섞여 자란다.

동물의 종류도 매우 다양해 퓨마와 흑곰 등 포유동물이 30여 종 살고 있다. 파충류는 거북이 7종, 도마뱀 8종, 뱀 23종이 서식한다. 산간 개울에는 토종 어류 70여 종이 살고 있다. 양서 동물은 종류가 더욱 많아 영원류만 27종이나 되는 등 세계 최다를 자랑한다. 그중에 붉은배영원은 이곳에만 남아 있는 희귀 동물이다. 토양이 비옥하고 강수량이 풍부해 세상 어디에도 없는 유일한 동식물 종이 많이 서식한다. 이처럼 그레이트스모키 산맥은 독특한 지형적 특징과 생물의 변화, 종의 다양성 등으로 최고의 자연보호구역으로 인정받고 있다.

아름다운 자연 경관을 자랑하는 이곳도 한때는 인류에 의해 심각하게 파괴되었던 적이 있었다. 다행히도 사람들이 자연생태 보호의 중요성을 인식하고 1926년에 이곳을 국립공원으로 지정했다. 현재 그레이트스모키 국립공원은 세계유산 목록에 등록되었을 뿐만 아니라 국제생물권 보호 지역이 되었다. 이 점만 보아도 북아메리카, 나아가 인류의 터전인 지구에 이 공원이 얼마나 소중한지 알 수 있다.

완만한 기복을 이루는 뭇 산봉우리와 풍부한 색깔을 띤 숲은 눈부시게 아름다우면서도 더없이 평화로워 보인다.

그랜드티턴 산맥

미국 ★ Grand Teton Mountains

옐로스톤 국립공원과 이웃한 그랜드티턴 산맥은 높이 3,000미터 이상의 봉우리가 20개가 넘어 산악인들에게 사랑받는 산이다.

미국 와이오밍Wyoming 주 북서부에 있는 그랜드티턴 산맥은 옐로스톤 국립공원과 이웃하고 있다. 높이 3,000미터 이상의 봉우리만 20개가 넘으며, 최고봉인 그랜드티턴 산은 해발 고도가 4,131미터에 달한다. 평소에는 자욱한 구름과 안개 속에 모습을 숨기고 있어서 멀리서 바라보면 뭉게뭉게 떠 있는 구름만 보인다. 가까이 다가가야만 험준한 산봉우리들이 위협적인 기세로 솟아 있는 모습을 볼 수 있다.

그랜드티턴 산맥의 몽환적인 경관은 화산 용암과 빙하가 복합적으로 작용한 결과이다. 암석층의 핵심 부분은 25억 년 전에 형성된 암석으로 이루어졌지만 산맥 자체는 역사가 겨우 500~900만 년에 이르는 매우 젊은 산이다. 5500만 년 전에 형성된 로키 산맥과 비교하면 역사가 훨씬 짧다.

그랜드티턴 산맥은 아직도 원시적인 자연의 형태를 그대로 보존하고 있다. 조그만 빨간색 꽃들이 가득 피어 있는 푸르른 초원에는 숲이 울창하게 우거졌고, 숲 뒤에는 시시각각 색깔을 바꾸는 봉우리들이 장승처럼 우뚝 솟아 있다.

동쪽에는 호수가 여러 개 분포한다. 그중에서도 가장 큰 잭슨Jackson 호는 상고 시대의 빙하 작용으로 형성된 빙하호이다. 이곳에는 남북을 관통하는 도로가 여러 갈래 나 있어서 드라이브를 즐기면서 아름다운 풍경을 감상할 수 있다. 마치 사랑스러운 연인처럼 빙하가 협곡 옆에 꼭 기대어 있고 거울처럼 투명한 호수 속에 파란 하늘이 그대로 담겨 있다. 저 높은 곳에서 하얀 폭포가 세차게 떨어지고, 계곡 사이로 맑고 깨끗한 시내가 유유히 흐른다. 이곳의 나무는 상록 교목이 주를 이룬다. 또한 그랜드티턴 산맥은 야생 동물의 낙원으로 거대한 덩치의 들소와 키가 3미터나 되는

그랜드티턴 산맥은 인류 활동의 파괴를 겪지 않은 자연의 상태 그대로를 유지하고 있다. 수초가 무성한 초원에 시시각각 색깔을 바꾸는 산봉우리들이 우뚝 솟아 있다.

지난 백만 년 동안 십여 갈래의 빙하가 현재 그랜드티턴 산맥의 독특한 모습을 만들어 냈으며, 대량의 빙퇴석이 쌓여 강물의 방향을 바꾸어 놓았다.

말코손바닥사슴에서 손가락 마디만한 벌새와 풍뎅이에 이르기까지 다양한 동물이 서식한다. 동물의 종류가 아주 다양해서 거의 세계 최초의 국립공원인 옐로스톤 국립공원과 비슷한 수준이다.

오랫동안 등산 가이드로 활동한 잭 터너Jack Turner는 자신의 저서 《추상적인 황야Abstract wilderness》에서 흰색 사다새들이 그랜드티턴 산 정상의 1,000미터 상공에서 무리를 지어 빙빙 돌며 나는 모습을 보았다고 말했다.

"저 새들이 무슨 이유로 익숙한 경로를 벗어나서 저렇게 높이 나는 걸까?" 터너는 이렇게 결론을 내렸다. "그건 아마도 등산객들이 산 정상에서 목 놓아 야호를 외치는 것과 같은 즐거움에서 비롯된 것이다." 웅장하고 아름다운 그랜드티턴 산맥이 인간에게만 매력적인 것은 아닌 모양이다.

그랜드캐니언

미국 ★ Grand Canyon

거대한 대협곡은 수억 년 세월을 담은 지질학 교과서처럼 북아메리카 대륙의 모든 풍파와 변화, 생물의 진화 과정이 세세히 기록되어 있다.

그랜드캐니언은 미국 애리조나Arizona 주의 콜로라도 강이 콜로라도 고원을 가로질러 흐르는 곳에 형성된 대협곡이다. 협곡 양측은 온통 깎아지른 듯한 절벽이며 길이가 350킬로미터에 달한다. 대체로 동서 방향으로 뻗어 있으며 평균 깊이가 1,600미터이다. 가장 넓은 곳은 29킬로미터, 가장 좁은 곳은 겨우 100미터가 조금 넘는다. 대협곡의 북쪽 벽에서 남쪽 벽까지 가려면 육로로 322킬로미터를 돌아가야 하지만, 정작 두 지점의 직선거리는 20킬로미터밖에 되지 않는다.

대협곡은 엄청난 규모와 다채로운 색상의 단층으로 유명하다. 완벽하게 보존된 암석층이 그대로 노출되어 있으며 북아메리카 대륙의 원생대에서 신생대에 이르기

까지의 암석들이 협곡 밑바닥에서부터 위로 차곡차곡 겹쳐져 있다. 게다가 대표적인 생물 화석을 대량 간직하고 있어 가히 '지질학 교과서'라 할 만하다. 북아메리카 대륙의 모든 풍파와 변화, 생물의 진화 과정이 세세히 기록되어 있다.

그랜드캐니언의 암석에는 사암, 세일Shale, 석회암, 점판암, 화산암 등이 있다. 이런 암석들은 재질과 성질이 제각기 달라서 계절마다 식생과 기후의 변화에 따라 색깔이 조금씩 다르게 변한다. 그래서 그랜드캐니언의 경치는 심지어 하루에도 여러 번 바뀐다. 동틀 무렵이면 떠오르는 태양의 화사한 빛을 받아 암벽이 금빛, 은빛으로 반짝반짝 빛난다. 그런가 하면 또 저녁노을이 서서히 내려앉기 시작하면 벌거벗은 암벽이 활활 타오르는 불길처럼 붉게 물든다. 휘영청 밝은 달 아래에서는 하얀색 암벽 위에 차가운 파란색 그림자가 드리운 모습이 두드러진다.

협곡 변두리에 서서 보면 콜로라도 강은 거의 흐르고 있다는 것을 느끼지 못할 만큼 평온하다. 이렇게 고요해 보이는 강이 지구의 거대한 상처 같은 그랜드캐니언을

불타는 노을 아래 그랜드캐니언이 화려한 오렌지색으로 물든다.

평온하게 흐르는 콜로라도 강은 그랜드캐니언을 만들어낸 일등 공신이다.

만들어 낸 '일등 공신' 이라는 것이 믿기지 않을 정도이다. 수백만 년 동안 콜로라도 강은 마치 쉴 새 없이 움직이는 거대한 톱처럼 매일 협곡 바닥 부분의 암석층을 잘라 내어 갈수록 협곡이 깊어지고 또 넓어지고 있다. 현지 원주민의 말을 빌리면 콜로라도 강의 진흙과 모래 함유량은 '농도가 조금만 더 높으면 경작도 가능할 정도' 로 매우 높다.

오래된 암석층과 비교해 한참이나 젊은 콜로라도 강은 고원 지대를 가로 지르며 지나는 곳마다 암석 표면을 침식하고 깎아 낸다. 아울러 지각 활동으로 암석이 융기하면서 콜로라도 고원은 지세가 점점 높아져 500만 년 사이에 1,000여 미터나 상승했다. 그리고 강물과 함께 돌멩이와 자갈들이 협곡을 마모하여 협곡의 깊이는 더욱 깊어졌다. 암석층이 지속적으로 융기되면서 강줄기 양쪽의 절벽도 갈수록 높아졌다.

강 하나를 사이에 둔 양쪽 벽은 한눈에 알아볼 정도로 자연 환경이 판이하다. 남쪽 벽은 높이가 1,800~2,100미터이고 기후가 건조해 식물이 매우 드물다. 반면에 북쪽 벽은 높이 400~600미터로 낮은 편이다. 기후가 춥고 습하며, 나무가 울창하게 우거졌고, 겨울에는 빙설에 뒤덮인다. 협곡 바닥은 덥고 건조하며 점차 반半사막화되고 있다.

이곳에는 포유동물 70여 종과 양서류와 파충류 40여 종, 조류 230여 종이 서식한다. 희귀종인 흰머리수리, 아메리카황조롱이, 뿔도마뱀 등과 다른 어느 곳에서도 볼 수 없는 카이밥Kaibab 다람쥐와 장밋빛 방울뱀이 살고 있다. 또한 식물 수천 종이 자라며 식생의 수직적 분포가 뚜렷하다. 바닥에는 아열대 선인장과 반사막 관목이 자라고 위로 갈수록 차례대로 온대와 아한대의 향나무, 참나무, 소나무, 가문비나무, 전나무가 숲을 이룬다.

협곡 밑바닥에 활짝 핀 들꽃

그랜드캐니언 지역에서의 인류 역사는 4000년 전까지 거슬러 올라간다. 몇몇 동굴에서 초기 인류의 활동 흔적이 발견되었다. 서기 1150년 전에 고대 인디언 푸에블로Pueblo 족이 이 협곡 주위에서 살았으며, 현재 그들이 사용했던 도기와 돌로 지은 건축 등 많은 유물과 유적이 보존되고 있다. 그들이 왜 하룻밤 사이에 갑자기 삶의 터전을 떠났는지는 아직도 정확한 이유가 밝혀지지 않았다. 확실한 것은 그들이 1150년까지 이곳에서 살았다는 것이다. 푸에블로 족이 이곳을 떠난 후에 하바수파이Havasupai 족이 이곳으로 이주해 지금까지 수백 년을 살았다.

1540년에 스페인 탐험대가 유럽인으로서는 처음으로 당시 스페인령에 포함되었던 이곳을 찾았다. 19세기 중엽, 그랜드캐니언이 미국의 영토로 귀속된 후 미국 육군 장교였던 존 웨슬리 파월John Wesley Powell이 원정대를 이끌고 콜로라도 강을 따라 협곡 탐사를 벌였다. 그 후 탐험 과정을 책으로 출간해 미국 전역에서 큰 관심을 불러일으켰다. 그 영향으로 많은 사람이 이곳을 찾기 시작했고, 20세기 초에 이르자 미국의 유명 관광 명소로 널리 알려졌다. 1903년에 그랜드캐니언을 유람한 미국의 시어도어 루스벨트Theodore Roosevelt 대통령이 매우 감격해서 "그야말로 경외하지 않을 수가 없다. 이 넓은 세상에서도 유일무이하며 형용할 수 없을 만큼 경이롭다. 세월의 걸작이다."라고 극찬했다.

1919년에 미국 국회는 법안을 통과시켜 그랜드캐니언의 가장 웅장하고 아름다운 구간을 국립공원으로 정식 지정했다. 현재 매년 250만 명이 넘는 관광객이 이곳의 멋진 경관을 보고자 찾아온다.

하바수파이 족

그랜드캐니언의 토착 원주민인 하바수파이 족은 황량한 캐터랙트(Cataract) 협곡에서 살고 있다. 이곳은 미국 정부가 지정한 하바수파이 인디언 보호지구로, 현재 거주 인구는 매우 적다. 1863년에 미국 정부가 군대를 동원하여 하바수파이 족 7,000여 명을 320킬로미터 떨어진 뉴멕시코(New Mexico) 주로 쫓아냈다가 4년 후에야 다시 고향으로 돌아오는 것을 허가했다. 하바수파이 족은 고유의 언어가 있다. 2차 세계 대전 때 미군은 하바수파이 족의 언어가 오직 그들만이 알아들을 수 있다는 점을 이용해서 하바수파이 족을 징집해 정보 시스템을 구축했다. 이로써 미국 군사 정보 시스템의 안전을 확보할 수 있어서 전쟁에서 승리하는 데 크게 기여했다.

에버글레이즈 습지

미국 ★ The Everglades

에버글레이즈 습지는 지구상 매우 독특하고 외진 곳으로, 현지의 생태 균형을 유지하는 데 핵심 역할을 한다.

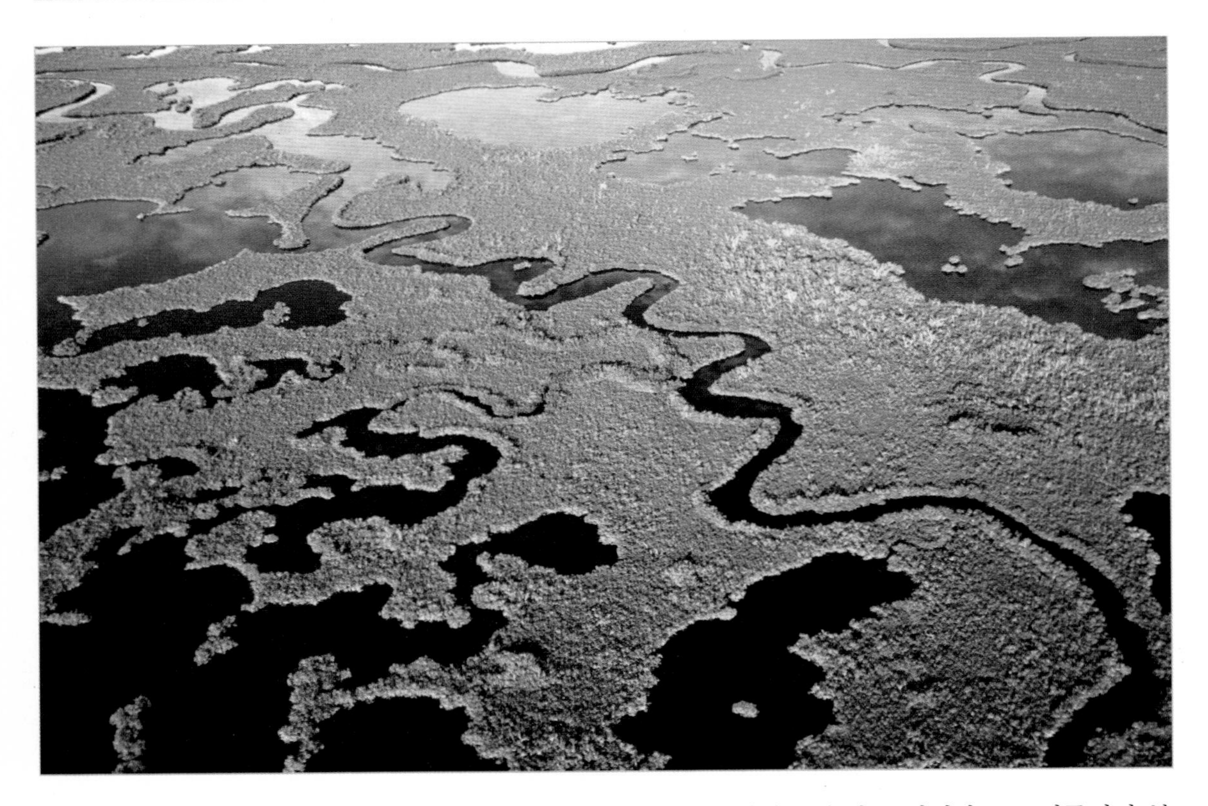

공중에서 내려다보면 에버글레이즈 습지는 온통 초록의 향연이다. 늪과 늪 사이의 물거품이 햇빛을 받아 눈부시게 빛난다.

미국 플로리다Florida 반도에 있는 에버글레이즈 습지는 석회암으로 이루어진 분지로 북동 방향에서 남서 방향으로 기울어져 있다. 인디언들은 무성하게 자란 물풀로 뒤덮인 이곳을 '풀의 강'이라고 부른다. 작은 언덕이 많이 분포하고, 언덕에는 종려나무와 그 밖의 다양한 수목이 자란다. 북아메리카에서 5대호 외에 가장 큰 호수인 오키초비Okeechobee 호가 이곳 습지에 수원을 보급한다.

에버글레이즈 습지의 해안 지대에는 맹그로브 숲이 울창하게 우거져 수생 · 육지 생물에 중요한 서식지를 제공한다. 맹그로브는 뿌리를 통해 직접 산소를 흡수할 수 있어서 염도가 높은 물에서도 무성하게 자란다. 맹그로브의 뿌리가 얽히고설켜 필터 역할을 하면서 강물과 함께 떠내려 온 진흙, 모래, 부유 물질을 걸러 낸다. 그래서 해안 근처에는 계속해서 새로운 작은 섬이 형성된다. 맹그로브는 플로리다 반도 연안

끝에 산호초로 구성된 플로리다 산호초군까지 수백 킬로미터 쭉 뻗어 있다.

에버글레이즈 습지는 새들의 천국이다. 붉은부리저어새, 해오라기, 두루미 등 희귀종을 비롯한 400여 종에 이르는 조류가 서식한다. 물고기를 잡아먹으며 살아가는 새들도 담수 늪에 자주 출몰한다. 맹그로브 가장자리 지대를 따라 사다새, 왜가리, 백로 등이 산다. 에버글레이즈 습지의 화이트워터베이Whitewater Bay에서는 플라밍고 무리를 볼 수 있다. 건조한 겨울이면 동물들은 모두 수원 근처로 모여든다. 바닷가 수역에는 어류 150여 종과 바다거북 12종이 서식한다. 앨리게이터미국 악어는 에버글레이즈 습지에서 가장 유명한 희귀 동물이다.

바람의 동굴

미국 ★ Wind Cave

바람의 동굴은 일반 석회암 동굴과 달리 석순과 종유석이 거의 없고 내벽이 보기 드문 사각형과 서리꽃 모양의 무늬로 뒤덮여 있다. 강한 기류가 기이한 바람 소리를 내며 동굴 속으로 빨려 들어갔다 나오기를 반복한다.

미국 콜로라도Colorado 주 파이크스피크Pikes Peak 지역에 있는 바람의 동굴은 약 2억 년 전에 생성된 천연 석회암 동굴로, 콜로라도스프링스Colorado Springs에서 북서쪽으로 약 10킬로미터 떨어진 곳에 있다. 강한 기류가 끊임없이 동굴 속으로 빨려 들어갔다 나오기를 반복하지만, 동굴 안은 바람 한 점 없이 고요하며 시원하고 쾌적하다. 온도는 거의 섭씨 8도 정도를 유지한다.

바람의 동굴은 일반 석회암 동굴과 많이 다르다. 석순과 종유석이 거의 없고 동굴 내벽이 보기 드문 사각형, 서리꽃 모양의 무늬로 뒤덮여 있다. 사각형 무늬는 방해석 결정체로 이루어졌으며 밝은 노란색에서 연한 붉은색, 연한 갈색, 짙은 남색 등 색깔이 다양하다. 서리꽃 무늬는 천정과 벽을 따라 형성된 아주 미세하고 투명한 결정 입자로 이루어졌다. 동굴 안에 조명을 비추면 사각형의 무늬가 강렬한 붉은빛을 뿜어내고, 서리꽃 무늬는 고운 빛깔의 구슬을 수천만 개 박아 놓은 듯 여기저기서 눈부시게 반짝이다.

바람의 동굴은 1881년에 근처에서 사슴 사냥을 하던 형제가 처음 발견했다. 이상한 바람 소리를 듣고 소리가 나는 쪽으로 가보았더니 지름 약 25밀리미터의 작은 바위틈에서 강한 기류가 빨려 들어갔다 나오기를 반복하며 바람 소리를 내고 있었다.

바람의 동굴이 있는 초원에 피어오르는 무지개

소문을 듣고 몰려든 사람들이 바위를 깨고 입구를 만들어 동굴 안으로 들어가 보니 입구 역할을 할 만한 천연의 바위틈이 바로 몇 발자국 떨어진 곳에 이미 나 있었다. 1903년에 바람의 동굴과 그 부근의 약 10제곱킬로미터 면적의 지역이 국립공원으로 개발되었다.

배들랜즈

미국 ★ Badlands

날카로운 산등성이와 깊은 골짜기, 좁고 평평한 산꼭대기, 그리고 끝이 보이지 않는 사막의 완벽한 조합은 흡사 훌륭한 부조 작품 같다.

미국 사우스다코타 주에 펼쳐진 건조한 지역 배들랜즈는 영어로 '열악한 땅'이라는 뜻이다. 배들랜즈를 알려면 먼저 그곳의 역사를 알아야 한다. 신대륙을 발견하고 나서 유럽 탐험가들은 열악하면서도 특별하고 기이한 느낌을 주는 배들랜즈의 묘한 매력에 매료되어 자주 이곳을 찾았다. 제일 먼저 이곳에 도착해서 사냥을 생업으로 삼고 생활한 프랑스 식민자들은 이곳을 '황무지'라고 불렀다.

배들랜즈 지역의 역사를 알면, 왜 이곳이 사람들의 용기를 꺾어 버리는지 이해하게 될 것이다. 약 7500만 년 전에 이 지역은 대부분 해저의 바닥을 이루었다. 그러다 1000만 년 전에 대륙판이 내리 눌려 이 지역이 융기하면서 바다가 사라졌다. 그 후 수백만 년 동안 기후가 점차 습하고 따뜻해지면서 아열대숲이 무성해졌다. 빙하기를 지나면서 기후가 갈수록 건조하고 추워져 숲이 열대 초원으로, 그리고 다시 초지로 변해 버렸다. 기나긴 세월 동안 빗물이 지속적으로 침식 작용을 일으켜 암석층은 들쭉날쭉 겹겹이 층을 이루게 되었다. 절벽과 첨봉, 기복이 심한 지표면으로 이루어진 척박하고 황량한 이곳은 계곡과 골짜기에 의해 여러 갈래로 찢겨졌다. 해가 뜨고 질 때마다 수많은 바위 언덕이 연한 붉은색에서 눈부신 황금색으로 변하는 광경은 모든 사람의 탄성을 자아낸다.

배들랜즈의 블랙힐스Black Hills 산지는 높이가 2,207미터에 달하며 온 산 가득 소나무가 무성하다. 1000만 년 전에 해저에서 융기한 후 시간이 흐르면서 산 위의 암석들이 점차 빗물에 깎여 동쪽에 큰 늪을 형성했다. 기후가 점점 춥고 건조해지면서 강우량이 줄고 늪은 초원으로 변했다. 이곳 암석은 상대적으로 무르고 부드러워서 산의 형체를 보면 빗물의 침식 작용으로 고랑처럼 깊게 파인 곳이 많다.

배들랜즈 지역의 지표 아래에는 대량의 생물 화석이 매장되어 있다. 원래 해저에 있던 회색 퇴적물을 포함한 암석층에서 오징어처럼 생기고 머리에 타원형 껍질이 있는 이미 멸종된 동물의 화석이 발견되었다. 또한 근래에는 아주 오래된 고대의 토끼와 엄청난 크기와 무게의 코뿔소, 스밀로돈Smilodon 화석이 발견되었다.

환경이 열악한 배들랜즈는 지난 수백 년 동안 인디언 수Sioux 족의 생활 구역이었다. 그들은 길이 160킬로미터, 너비 80킬로미터에 이르는 면적의 지역에서 버펄로 사냥으로 생계를 유지했다. 주로 버펄로 무리를 절벽으로 몰아 그 아래로 떨어져 죽게 하는 방법을 사용했는데, 배들랜즈의 지형은 이런 대규모 사냥을 하기에 안성맞춤이었다. 지금도 일부 절벽 아래에서 버펄로의 해골이 종종 발견된다. 수 족 인디언은 버펄로의 모든 부위를 충분히 활용했다. 고기와 지방은 음식으로 사용하고 가죽으로는 텐트, 담요, 옷, 말안장, 허리띠 등을 만들었다. 쇠뿔로는 주걱을 만들고 뼈는 방망이로 사용했다. 일상생활의 대부분 집기를 버펄로로 해결했다. 1870년대에 유럽 식민자들이 이 땅에 들어오면서 야생 동물들의 수난 시대가 시작되었다. 무분별한 사냥으로 초원에 버펄로들이 남아나지 않았고, 그 결과 버펄로 사냥을 생업으로 살아가던 수 족도 대부분 이곳을 떠났다.

오늘날 배들랜즈는 북아메리카에서 가장 넓은 황야이다. 버펄로 등 동물들의 개체수도 장기간의 보호를 통해 점차 회복되었다. 버펄로 외에도 가지뿔영양 등 각종 야생 동물이 이곳에서 서식하며, 개체수도 점점 늘고 있다.

황량하고 척박한 배들랜즈이지만, 구릉 바닥에 식생이 존재한다. 프레리 다람쥐가 살아가는 삶의 터전이기도 하다.

아치스

미국 ★ Arches

수많은 모래 아치와 수천 개에 이르는 돌기둥이 미국 유타 주의 황야에 찬란한 색채를 더한다. 작가 에드워드 애비는 일기장에 "이곳은 지구상에서 가장 아름다운 곳이다."라고 적었다.

미국의 유명 작가 애드워드 애비Edward Abbey는 아치스 지역을 찾았다가 눈앞에 펼쳐진 장관에 깊이 매료되었다. 드넓게 펼쳐진 황야에는 녹슨 쇠와 같은 색깔을 띤 붉은 아치형 사암과 지느러미 모양의 산언덕이 빽빽하게 늘어서 있었다. 그는 일기장에 "이곳은 지구상에서 가장 아름다운 곳이다."라고 적었고, 그 일기는 《태양이 머무는 곳, 아치스Desert solitaire : a season in the wilderness》라는 이름으로 출판되었다.

아치스 지역에는 아주 오래 전부터 인류가 생활했다. 위 그림은 인디언들이 이 지역의 암석에 그린 벽화 작품이다.

이곳은 하루면 모든 경관을 자세히 구경할 수 있을 만큼 작은가 하면, 허허벌판의 황량함을 충분히 느낄 수 있을 만큼 넓다. 수백 제곱킬로미터에 달하는 아치스의 이름은 바로 유일무이한 대규모 천연 암석 동굴에서 유래했다. 이곳의 암석 동굴은 세상 어느 곳보다도 많다. 지름이 약 1미터 정도밖에 안 되는 작은 동굴에서 자연과 혼연일체가 된 지름 91.8미터의 세계 최대 아치 등 자연적으로 형성된 다양한 둥근 아치형 천장이 2,000여 개나 분포한다.

이렇게 많은 아치가 형성된 것은 염분 때문이다. 콜로라도 고원의 암석층은 상고시대 해저의 퇴적물로 이루어졌기에 염분 함량이 매우 높다. 퇴적물이 끊임없이 쌓여 암석층이 짓눌리면서 차츰 암석층의 형태가 변화했다. 미세한 모래알 형태의 암석이 기름으로 갠 퍼티Putty처럼 변하기 시작해 두꺼운 암층이 점점 얇아지고, 얇은 암층은 지표면에서 융기했다. 비록 아치스 지역은 강우량이 극히 적지만, 바로 그 빗물이 이곳의 지형을 만들어 냈다. 빗물과 빙설이 녹은 물에 의해 사암을 응결시킨 접착물이 분해되었다. 겨울철이면 암석층의 물이 결빙되어 팽창했고 그 때문에 암석 입자와 얇은 조각이 떨어져 나가 구멍이 생겼다. 시간이 흐르면서 물과 녹은 눈, 서리, 얼음이 스며들고 침식 작용이 일어나 구멍이 점점 커졌다. 이렇게 해서 끝내 구멍 속의 큰 돌멩이가 빠지면서 아치가 형성되었다.

민둥민둥하고 번들번들한 사암 위에 아치들이 우뚝 솟아 있고 사암들은 햇빛을 받아 담황색이나 붉게 녹슨 쇠와 같은 색깔을 띤다. 사암들은 수백만 년 전에 형성되었으며, 암석이 부서져 형성된 토양 위에는 드문드문 버지니아소나무 혹은 잣나무가

'노스윈도우' 라는 이름이 붙은 이 아치는 '글라스' 라는 큰 아치의 일부분이다.

뿌리를 내리고 씩씩하게 자란다.

4~10월 사이에 아치가 있는 황야 곳곳에는 오색찬란한 야생화가 만발한다. 눈 녹은 물이나 여름에 내린 빗물을 마시며 자란 꽃들은 따사로운 햇빛을 만끽하며 흐드러지게 피어난다. 척박한 불모지는 사막 동물의 '집' 이다. 코브라에서 퓨마, 짱구개미에 이르기까지 별의별 동물이 다 있다.

콜로라도 고원의 대부분 지역과 마찬가지로 아치스 지역도 여름에는 낮 기온이 평균 38도 이상으로 몹시 무덥고, 겨울에는 또 뼈를 에는 듯한 추위가 기승을 부린다. 봄과 가을에는 기온이 적당하지만 봄바람에 황사가 발생하고 가을에 폭설이 내리기도 한다. 황량하고 건조하지만, 그 자연 경관은 사람들을 매혹시키기에 충분하다. 애드워드 애비는 《태양이 머무는 곳, 아치스》에 이렇게 썼다. "눈부신 황야에서, 건조한 무더위 속에서 … 모든 것이 후퇴하고 있다. … 이 금빛 사막에서 모든 생각을 던져 버리고 복잡하고 소란스러운 속세를 벗어난다."

캐피틀리프

미국 ★ Capitol Reef

캐피틀리프가 높은 벽처럼 유타 주 중부를 갈라놓으며 뛰어넘기 어려운 장벽을 형성한다. 습곡 지대에는 협곡이 몇 개 형성되었고 세차게 흐르는 강물로 푸른 풀이 빽빽하게 자랐다.

캐피틀리프는 미국 서부 유타 주의 황야에 자리한다. 19세기 중기에 이곳을 지나던 모르몬교Mormonism 신도들은 먼 곳의 산맥에 거대한 원뿔 모양의 산꼭대기가 우뚝 솟은 모습을 보고 미국 국회의사당이 있는 '캐피틀 힐Capitol Hill'을 떠올렸다. 또 산꼭대기의 붉은 암석이 암초와 매우 흡사해 '캐피틀리프'라고 이름 지었다고 한다.

이곳 지형은 약 6500만 년 전에 형성되었다. 그때 콜로라도 고원이 점차 상승하면서 이곳의 지세도 따라서 높아졌고, 연결된 다른 부분들은 상대적으로 내려앉아 암석층이 크게 비틀렸다. 오늘날 암석층의 습곡은 마치 대형 돌계단과 같은 형태를 띤다. 거대한 암석층은 습곡된 부분에서 갈라지지 않고 오히려 자연스럽게 습곡 위에 드리워 있다. 여기에 오랜 세월 동안 황야에 거칠게 몰아치는 광풍이 풍화 작용을 하여 점차 지금의 모습이 만들어졌다.

캐피틀리프의 일부 습곡은 평평하고 매끄러운 암석 표면의 구멍에 빗물이 고인다고 해서 '주전자'라고 불린다. 물이 괴어 침식 현상이 일어나면서 주전자는 점점 커지고 마침내는 생물들의 훌륭한 서식지가 되었다. 구덩이에 물이 가득 차는 몇 주 동

해가 서서히 질 때의 캐피틀리프 풍경

안에는 생물들의 번식이 왕성하게 이루어진다. 고인 물이 모두 증발되거나 사용되고 나면 두꺼비가 그 구덩이를 차지하고 번식한다. 그리고 구덩이 밑바닥의 흙속에 파묻혀 잠을 자면서 다음 우기를 기다린다. 어떤 곤충들의 유충은 체내의 수분이 90퍼센트 이상 빠져나간 상태가 되어도 구멍에 다시 빗물이 고이면 다시 무리를 지어 날아온다. 구덩이가 건조해지면 그 밑바닥에 있는 새우알은 다음에 비가 내릴 때까지 수십 년을 기다렸다가 부화하기도 한다.

이곳에 인류가 정착한 역사는 '프리몬트Fremont'라고 불리는 인디언 부족을 포함해 적어도 만 년이 넘는다. 프리몬트라는 이름은 프리몬트 강에서 유래했으며, 콜로라도 고원 곳곳에 그들의 발자취가 남아 있다. 13세기경에 이르러 유목 생활을 하는 인디언 부족이 이곳으로 이주해 왔고, 계절에 따라 끊임없이 옮겨 다니기를 반복했다. 그러다 19세기 말에 모르몬교도들이 프리몬트 강변을 따라 정착해 과일과 견과, 농작물을 심으며 살아가기 시작했다.

프리몬트 협곡에는 일 년 사철 야생화가 활짝 핀다. 협곡 속의 작은 길을 따라 동쪽으로 나아가 습곡 지대를 통과하면 유명한 헨리Henry 봉에 오를 수 있다. 헨리 봉 정상에서 아래로 멀리 내다보면 주위의 경치가 마치 미국 작가 애드워드 애비가 묘사한 것처럼 '사암과 매끄러운 암석의 거대한 풍화물' 같다.

레드우드 국립공원

미국 ★ Redwood National Park

레드우드는 세계에서 가장 키가 큰 수종으로 '나무의 왕'이라는 아름다운 별칭이 있다. 그중에서도 가장 오래된 나무는 수령이 5000년에 이른다.

레드우드 국립공원은 미국 서부 캘리포니아 북서쪽의 태평양 연안에 자리한다. 바다와 가깝고 기후가 온난다습하여 레드우드가 자라기에 가장 적합한 조건을 갖추었다.

레드나무, 일명 미국삼나무는 키가 엄청나게 크고 나무줄기가 짙붉은 장밋빛을 띠며 성숙한 나무의 키는 60~100미터에 달한다. 수명도 유난히 길어서 2000~3000년이 넘은 나무가 많으며, 가장 오래된 레드우드는 수령이 5000년에 이른다. 생존율이 높고 나무 재질이 좋으며 병충해와 불에 강한 편이어서 경제적 가치가 높은 나무로 인정받는다. 목재로 사용할 만큼 다 자란 레드우드는 상단의 30미터는 마치 완전히 펼쳐진 거대한 우산처럼 나무와 잎이 무성하고, 30미터 이하는 곁가지 하나 없이 줄기가 미끈하다.

화석 기록을 보면 레드우드는 2억 800년에서 1억 4400년 전 쥐라기의 대표적인 식물이며, 당시 지구 북반구의 광대한 지역에 널리 번성했다. 오늘날에는 미국 캘리포니아 시에라네바다Sierra Nevada 산맥 남단에서 오리건 주 남부의 클래매스Klamath 산맥에 이르는 약 450제곱킬로미터 지역에서만 자란다. 나무줄기는 두툼하고 단단하며 불에 강한 껍질에 쌓여 있다. 어린 나무는 나무줄기 전체에 곁가지를 치지만, 나이를 먹으면서 밑단에 있는 나뭇가지들이 점차 떨어져 나가고 윗부분에만 가지와 잎이 빽빽하게 자라 수관樹冠을 형성한다. 수관이 지면으로 쏟아지는 광선을 거의 다 흡수하여 숲 아래의 바닥에는 양치식물과 음지식물만이 매우 보기 드문 어린 레드우드와 함께 자란다. 레드우드는 씨앗 생산량이 매우 높은 식물이지만, 발아 성공률이 낮고 발아에 성공해서 싹이 자라난다

레드우드는 키가 크고 수관이 햇볕을 흡수해 자연 경쟁에서 우위를 점하기 때문에 비교적 단일한 식물 군락을 형성한다. 다른 식물들은 거의 없고 밑바닥에 양치식물 정도만 자란다.

고 해도 낮은 조명도와 싸워야 한다. 자연적 상태에서 레드우드의 느린 성장 속도는 수종의 생존을 유지할 수 있으나 점차 인류의 벌목이 증가하면서 레드우드 숲의 면적도 끊임없이 감소하고 있다.

이곳 레드우드 숲에는 세계 최고를 자랑하는 레드우드가 세 그루 있다. 하나는 1963년에 미국 국립지리학회National Geographic Society가 발견한 것으로 당시 측정한 높이가 112미터를 넘어 세계에서 키가 가장 큰 나무로 기록되었다.

레드우드의 줄기와 가지에는 반원 모양의 혹이 자란다. 이 혹들의 진정한 가치는 공예품이나 목제그릇 등을 만드는 데 있는 것이 아니라 레드우드의 생명을 연장한다는 데 있다. 레드우드가 강한 바람에 부러지거나 불에 타 죽거나 또는 벌목되어 죽어버리면, 이 나무의 혹에서 바로 어린 묘목 수백 그루가 발육되어 나무뿌리를 통해 영양을 섭취하며 자란다. 얼마 후면 미끈한 작은 레드우드들이 '부모나무' 주위를 둥그렇게 에워싸고 우뚝 솟아난다.

19세기 중엽부터 인간들은 줄곧 레드우드 벌목을 멈추지 않고 있다. 특히 20세기에 들어서서는 대형 트랙터와 전기톱이 벌목 작업에 엄청난 위력을 발휘하면서 레드우드 숲이 대규모로 파괴되었다. 1960년대에 미국 국립지리학회가 탐사를 진행한 결과 8,000제곱킬로미터에 달하는 레드우드 숲에서 벌목되지 않은 레드우드는 겨우 15퍼센트에 불과하다는 보고가 나왔다. 이에 1968년에 존슨Lyndon Baines Johnson 대통령이 직접 법령에 서명하여 레드우드 숲의 230여제곱킬로미터 면적을 레드우드 국립공원으로 공식 지정했다. 그리고 1978년에는 카터Jimmy Carter 대통령이 개인 소유의 200제곱킬로미터 레드우드 숲을 국립공원에 귀속하도록 하는 법령에 서명하여 국립공원을 확장했다. 이와 동시에 일부 목장과 참나무 숲, 그 밖의 원시림들도 레드우드 국립공원에 포함시켰다.

하늘을 찌를 듯이 높이 솟은 레드우드 앞에 서면 사람들이 개미처럼 작아 보인다.

화석림

미국 ★ Petrified Forest, 化石林

이곳은 세계에서 가장 크고 가장 아름다운 화석림 밀집 지역이다. 눈길이 닿는 곳곳에 수목 화석들이 지천에 깔려 있는 모습은 대자연의 신비로운 힘에 다시 한 번 감탄하게 한다.

미국의 와이오밍Wyoming 주 북부에 있는 화석림은 세계에서 가장 크고 가장 아름다운 화석림 밀집 지역이다. 수천 개에 이르는 나무줄기들이 지면에 드러누워 있다. 지름은 평균 1미터이고, 길이는 대개 15~25미터이며 가장 긴 것은 40미터에 달한다. 온전한 나무줄기 주위에는 잘게 부서진 나무 화석 조각이 널려 있다. 나이테와 결이 선명하게 드러나는 수목 화석들은 마치 큰 덩어리의 옥 옆에 산산이 부서진 옥 조각들이 흩어져 있는 것처럼 햇빛 아래서 눈이 어지러울 정도로 번쩍번쩍 빛난다. 화석림 지역에 이렇게 밀집된 '숲'은 가장 아름다운 '레인보우' 숲을 비롯해서 '벽옥', '수정', '마노', '블랙', '블루' 등 여섯 개이다. 이곳에서 발견되는 수목 화석들은 선사 시대의 나무로, 약 1억 5천만 년 전의 트라이아스기Triassic Period에 홍수가 났을 때 땅에 뿌리를 박은 채로 진흙과 모래, 자갈, 화산재 등 퇴적물에 묻혀 버렸다. 수차례 지질 변천 과정을 겪고 육지가 융기하면서 땅속에 매몰되었던 나무줄기들이 다시 세상 위로 나오게 되었다. 그러나 이미 나무 세포에 광화 작용鑛化 作用이 일어났고 다시 물속에 녹아 있는 철과 망간 산화물에 의해 노란색, 붉은색, 자주색, 검정색, 회색 등 여러 가지 색깔로 물들었다. 이렇게 오랜 세월이 지속되면서 오늘날의 오색찬란한 수목 화석이 형성되었다.

화려한 색깔의 수목 화석

화석림 지역에서는 도자기 조각도 발견되었다. 분석 결과, 일찍이 서기 6~15세기에 이곳에서 농업 생산에 종사하며 거주했던 인디언들이 남긴 것이었다. 현재 인디언 폐허와 재건된 인디언 마을 몇 곳이 관광객에게 개방되고 있다. '신문지 바위Newspaper Rock'에서는 고대 인디언들이 새겨놓은 상형 문자와 각종 무늬, 사자 및 사람의 형상과 종교의 상징적 의미가 담긴 도안을 볼 수 있다. 과거에 이곳 주민들은 수목 화석을 이용해 집을 짓고 다리를 만들었다고 한다.

산골짜기에는 수목 화석이 대량 쌓여 있다. 2억 년 전의 이들 고대 수종은 현재는 이미 멸종되었다.

옐로스톤 국립공원

미국 ★ Yellowstone National Park

이곳은 세계 최초의 국립공원이 탄생한 곳이다. 자연환경 그대로의 모습을 보존한 것으로 유명하며, 공원의 관리와 운영 방식은 세계의 다른 국립공원들에 모범이 되고 있다.

옐로스톤 국립공원은 미국 서부의 와이오밍, 몬태나Montana, 아이다호Idaho 주에 걸쳐 있다. 1872년에 설립된 이 공원은 면적이 8,992제곱킬로미터이며, 미국 최초이자 최대 국립공원이고 세계 초대형 자연 보호 구역 중의 하나이다.

옐로스톤 국립공원은 세계 최초로 자연 생태 환경과 자연 경관의 보호를 취지로 설립된 국립공원이다. 오늘날 널리 알려진 '국립공원'이라는 개념도 바로 그때 제기되었다. 옐로스톤 국립공원에는 각종 산림과 초원, 호수, 협곡, 폭포 등 저마다의 특색을 자랑하는 자연 경관뿐만 아니라 대규모의 온천, 간헐천間歇泉, 지열 자원 등으로 구성된 독특한 지열 경관으로 세상에 명성을 떨치고 있다.

이곳은 또한 미국 최대의 야생 동물 보호 구역으로, 야생 동물의 천국이다. 도로

미네르바(Minerva) 온천은 뜨거운 물속에 탄산칼슘이 퇴적되어 계단 모양의 독특한 지형을 형성했다. 지금도 형태가 계속 변해 '옐로스톤 공원의 살아 있는 조각'으로 불린다.

길이가 200킬로미터에 달하므로 공원을 제대로 구경하려면 반드시 차를 타고 움직여야 한다. 옐로스톤 공원은 원래 인적이 드문 황량한 벌판이었다. 19세기 초에 탐험가들이 이곳의 기이하고 독특한 경관을 발견하면서 점차 세상에 알려졌다. 1872년에 그랜트Ulysses S. Grant 대통령의 비준으로 이곳의 자연 경관을 보호하기 위한 국립공원이라는 기구가 최초로 탄생했다.

옐로스톤 공원의 상징이자 대표적인 지열 온천인 올드페이스풀

옐로스톤 국립공원은 자연 경관과 지질 현상의 차이에 따라 매머드Mammoth 지구, 루스벨트Roosevelt 지구, 협곡 지구, 간헐천 지구, 호수 지구 등 5개 지구로 나뉜다. 각 지역에 제각기 특색이 있지만, 가장 두드러지는 공통적인 특징은 바로 지열 경관이다.

옐로스톤 공원의 지열 경관에는 간헐천, 끓는 열천, 진흙도가니Mud Pots 등이 있으며 주로 간헐천 지구와 매머드 지구에 집중 분포한다. 이곳 지열 활동의 종류와 특징은 지상 최고를 자부한다.

이곳에는 간헐천이 총 3,000여 개에 이르는데, 그중에서도 올드페이스풀Old Faithful은 숨이 막힐 정도로 감격스러운 장관을 연출한다. 100여 년 동안 정확하게 33~93분 간격으로 뜨거운 물을 쏘아 올리며, 매번 분출 시간은 1분 30초에서 5분 정도 지속된다. 한 번도 관광객들의 기대를 저버린 적이 없어서 '가장 충실하다' 는 뜻의 '올드페이스풀' 이라는 이름이 붙여졌다. 하얀 물기둥이 세상을 집어삼킬 듯 폭발

금속 이온을 함유한 지열 온천. 눈부신 햇빛 아래 맑고 투명한 물이 파랗게 반짝인다.

적인 기세로 치솟아 오르고 산산이 부서지는 물방울이 햇빛을 받아 찬란하게 빛나는 모습은 장관이라는 말조차 무색할 정도이다.

옐로스톤 공원에서 발원한 옐로스톤 강은 공원의 아름다운 풍경을 만들어 내는 또 다른 '공신'이다. 미주리Missouri 강의 중요한 지류인 옐로스톤 강은 총 길이가 1,080킬로미터로, 옐로스톤 협곡에서 세찬 기세로 흘러나와 공원을 관통하며 북부의 몬태나 주에 이른다. 산맥을 자르고 관통하면서 웅장한 '옐로스톤의 그랜드캐니언'을 만들었다.

햇빛 아래 황금색으로 번쩍이는 협곡 양쪽의 절벽은 마치 구불구불한 비단 띠를 늘어놓은 듯하다. 지세가 높고 수원이 풍족한 옐로스톤 강과 그 지류들이 협곡 깊숙이 파고 들어가 수많은 급류와 폭포를 형성했다. 협곡이 시작되는 곳에 있는 높이 40미터의 타워 폭포는 산간에서 세찬 물길이 기세등등하게 쏟아져 내리며 천지를 진동하는 굉음이 협곡 전체를 울린다.

호수 지구에는 북아메리카 최대의 고원 호수인 옐로스톤 호가 있다. 옐로스톤 강에서 수원이 충족하게 보급되어 수면 면적이 353제곱킬로미터로 매우 광활하며 특유의 기후 경관을 형성했다. 버펄로, 사불상, 그리즐리 베어, 퓨마 등 2,000여 종에 이르는 동물이 이곳에서 서식한다.

옐로스톤 국립공원은 경관이 웅장하고 아름다울 뿐만 아니라 생태 환경의 보호 면에서도 세계에서 선두를 달린다. 다른 많은 나라에서도 옐로스톤 국립공원의 설립 취지를 본받아 잇달아 국립공원을 설립했다. 옐로스톤 국립공원이 설립된 후 지금까지 100여 년 동안 수많은 시도와 시행착오를 겪으면서 점차 지금의 국립공원의 의미가 정립되었고 생태계 보호에 대한 인식도 여러 차례 바뀌었다.

설립 초기에 옐로스톤 공원은 산림 화재의 위협에서 최대한 산림 자원을 보호하고자 적극적으로 불을 끄는 전략을 실시했다. 1960년대에 이르러 생물학자들이 자연적으로 발생한 화재는 그대로 타게 내버려 두어야 자연 환경이 더욱 건강해진다며 주장했고, 이에 따라 국립공원의 화재 정책도 바뀌었다. 그러나 1988년에 발생한 대산불로 산림 면적의 45퍼센트가 모조리 타 버리면서 수십 년 동안 고수했던 방치 정책은 끝이 났다. 공원 관리 당국은 이 일에서 교훈

옐로스톤 탐험

1871년 미 연방정부는 페르디난드 헤이든(Ferdinand V. Hayden) 박사를 단장으로 한 공식적인 학술조사단을 옐로스톤 지역에 파견해 대대적인 탐사를 진행했다. 조사단이 찍어온 사진 속의 옐로스톤은 숨이 막힐 정도로 아름다웠고 즉시 국립공원 구상이 제기되었다. 1872년 3월 1일 국회에서 옐로스톤 지역을 국립공원으로 지정하는 법안을 통과시킴으로써 미국, 나아가 세계 최초의 국립공원이 탄생했다.

을 찾고 우선 화재가 있어나면 재빨리 양성과 악성으로 구분하여 진화할지 그냥 타도록 내버려 둘지 결정하는 방식을 채택했다.

이 밖에도 옐로스톤 공원은 또 하나의 도전에 부닥쳤다. 바로 생태계 균형을 유지하는 문제이다. 대량 번식한 버펄로와 사불상 때문에 공원의 생태 환경이 파괴되었고 버펄로들의 정기적인 이동으로 우역牛疫 등 전염병의 확산 우려가 심각하게 대두되었다. 이런 문제들을 해결하고자 공원 관리 당국이 한때 버펄로 사냥을 허가해 하마터면 옐로스톤 공원의 버펄로가 멸종될 뻔했다. 이에 다시 사냥 허가를 취소하고, 어느 정도 버펄로의 개체수가 늘어나자 이번에는 과거에 이곳에 출몰했던 회색늑대를 캐나다에서 들여왔다. 버펄로에게 천적을 만들어 줌으로써 자연스럽게 버펄로 수량을 통제한 것이다.

옐로스톤 국립공원의 관리와 운영은 다른 많은 국립공원과 자연 보호 구역이 공통적으로 직면하게 되는 문제와 모순을 그대로 보여 준다. 그것은 바로 인위적인 방식으로 자연의 생태계를 만들고 유지하고자 하는 인간들의 모순적인 생각이다. 인간과 자연이 서로 조화를 이루고 유지하는 것은 결코 국립공원을 몇 군데 설립한다고 해서 해결되는 간단한 문제가 아님은 분명하다.

칼즈배드 동굴

미국 ★ Carlsbad Caverns

길이가 100킬로미터에 달하는 칼즈배드 동굴은 세계에서 길이가 길기로 유명한 동굴군 중의 하나이다. 동굴 안에는 현란하고 다채로운 종유석들이 제각기 자태를 뽐낸다.

미국 서부 뉴멕시코 주에 있는 칼즈배드 동굴은 신비로운 동굴의 세계이다. 현재 확인된 가장 깊은 동굴은 지표 아래 350미터에 있으며, 총 길이가 거의 100킬로미터에 달한다. 세계에서 길이가 길기로 유명한 동굴군群 중의 하나로 크기와 모양이 각기 다른 동굴 81개로 구성되었다. 게다가 동굴 안 공간이 놀라울 정도로 방대하고 암석 속에 진귀한 광물질이 포함되어 있는 등 그 자체가 거대한 천연 지하 실험실과도 같아 지질학자들이 지질 구조의 변천 과정을 연구하는 데 훌륭한 자료가 되고 있다.

제각각 특색 있는 동굴들이 다채롭고 현란한 지하 세계를 이룬다.

선사 시대 인류가 그린 암벽화

지질학적 분석에 따르면, 칼즈배드 동굴은 지금으로부터 약 2억 8천만 년에서 2억 5천만 년 전에 형성되었다. 당시 과들루프Guadalupe 산의 석회암 틈새로 스며든 빗물에 암석이 용해되면서 통로와 동굴이 생겨났고 물이 동굴 속을 흐를 때 물속의 광물질이 침전되어 온갖 퇴적물이 형성되었다.

세계 각지의 다른 석회암 동굴과 마찬가지로 칼즈배드 동굴 안에도 각양각색의 종유석이 아름답게 펼쳐져 있다. 현란하고 다채로운 종유석들이 제각기 자태를 뽐내는 경관이 환상적이다. 동굴들은 신기하고 독특한 모습에 따라 '악마의 샘', '태양 신전', '왕의 궁전' 등 딱 어울리는 이름이 붙여졌다. 그중에서도 가장 유명한 빅룸Big Room은 길이 1,200여 미터, 너비 180여 미터로 마치 웅장한 지하 궁전과도 같다.

동굴 안의 기이하고 아름다운 경관을 이야기할 때 석회암 커튼과 동굴 진주를 빼놓을 수 없다. 석회암 커튼은 더없이 정교하고 치밀하며 살짝 두드리기만 해도 듣기 좋은 소리가 울린다. 동굴 진주는 모래알 표면에 물에서 용해되어 나온 탄산칼슘이 달라붙어 모래알이 점점 커져서 형성된 작은 돌멩이다. 반질반질 광택이 나는 것이 마치 빛깔 고운 진주 같아 감탄이 절로 나온다.

황혼 무렵이면 차갑고 깜깜한 동굴 속에서 박쥐 수백만 마리가 무서운 기세로 몰려나와 사막의 저녁 하늘을 시커멓게 뒤덮어버린다. 그 엄청난 장관에 탄성이 절로 나온다.

카트마이 산

미국(알래스카) ★ Mount Katmai

20세기에 발생한 최고 규모의 화산 폭발이 알래스카 황야에 있는 카트마이 산의 꼭대기를 날려버렸다. 세월이 흘러 오늘날에는 '연기 계곡'의 연기도 몽땅 사라졌지만, 여전히 해마다 5만 명이 넘는 관광객이 명성을 듣고 찾아온다.

회귀성 어류인 연어는 해마다 산란기가 다가오면 바다에서 자신이 태어난 강으로 물길을 거슬러 올라간다. 길고도 험난한 여정에서 살아남는 연어는 아주 소수에 불과하다.

미국 알래스카 반도에 있는 카트마이 산은 1912년 노바럽타Novarupta 화산의 대폭발로 세상에 널리 알려졌다. 측정 기록에 따르면 노바럽타 화산의 폭발 강도는 1980년에 있었던 세인트 헬렌스St. Helens 화산 폭발보다 10배나 큰 것으로, 역사적으로도 매우 보기 드문 강한 폭발이었다.

화산 주위 수십 제곱킬로미터 지역에 쌓인 화산재의 두께가 200미터나 되었고, 분출된 먼지와 연기가 북반구 대부분 지역까지 날아갔다. 화산 폭발이 가장 맹렬했던 며칠 동안은 노바럽타 화산과 수백 킬로미터 떨어진 코디액Kodiak 시마저도 짙은 연기로 약 60시간 동안 어둠에 휩싸였다. 다행히도 주변에 인적이 드물어 인명 피해는 발생하지 않았다.

그 뒤로 1916년에 이르러서야 미국 국립지리학회가 탐험대를 파견하여 화산 폭발의 피해에 대한 조사를 진행했다. 당시 화산재가 흩날리는 광경을 직접 목격한 탐험대원의 말에 따르면 "계곡 전체에 연기가 자욱해서 가시거리가 수백 미터밖에 되지 않았다. 화산재로 산불과 연기, 먼지가 계곡 상공에 흩날렸고 연기가 코를 찔러서 숨이 막혀 죽을 지경이었다." 그때는 이미 화산 폭발이 일어난 지 4년이 지났을 무렵이었다. 화산 분화구에서는 여전히 곳곳에 연기 기둥이 수천 개나 피어오르고 있었는데 대부분이 수십 미터, 일부는 수백 미터가 넘게 높이 치솟아 올랐다.

대원들은 그때의 상황을 이렇게 떠올렸다. "눈앞에 펼쳐진 광경에 우리는 눈이 휘둥그레졌다. 두려움에 사로잡혀 정상적인 사고나 행동을 할 수 없었다. 정말 온몸에 소름이 돋을 지경으로 끔찍했다."

그들은 이 지역을 '연기 계곡'이라고 이름 짓고 이곳을 보호하기 위한 운동을 펼쳤다. 그리고 1918년에 카트마이 국립공원이 설립되었다. 60여 년이 지난 1980년에는 이 지역 특유의 희귀 어종인 홍연어를 보호하기 위해 국립공원의 면적이 1만제곱킬로미터 이상으로 대폭 확장되었다. 세월이 흘러 오늘날에는 '연기 계곡'의 연기도 몽땅 사라졌지만, 여전히 해마다 5만 명이 넘는 관광객이 이곳을 찾는다. 국립공원 안의 언제 폭발할지 모르는 15개의 활화산이 관광객들에게는 거부할 수 없는 유혹으로 다가온다.

카트마이 국립공원의 또 다른 매력은 바로 큰곰이다. 육지에서 몸무게가 가장 많이 나가는 육식 동물 큰곰은 몸무게가 최대 1톤을 넘기기도 한다. 매년 7~8월이면 게걸스러운 큰곰들은 대부분 시간을 물가에서 보내며 맛있는 연어를 잡아먹느라 여념이 없다. 관광객들은 강가에 마련된 전망대에서 큰곰들의 분주한 몸짓을 구경할 수 있다.

큰곰 외에도 이곳에는 엘크Elk, Moose, 북아메리카순록, 야생늑대 등 다양한 동물이 서식한다. 곳곳에 펼쳐진 호수에는 백조와 들오리, 그리고 각종 바닷새들이 생활한다. 이 밖에도 수많은 북극제비갈매기가 알래스카와 남극 사이를 분주히 오가며 이곳에서 서식한다.

공중에서 내려다본 카트마이 산의 모습

매머드 동굴

미국 ★ Mammoth Cave

이곳의 방대한 석회암 미궁은 세계에서 가장 긴 석굴이다. '매머드'는 1만 년 전에 이미 절멸한 거대한 털북숭이 코끼리로, 이 동굴의 거대함을 표현하기 위해 붙여진 이름이다.

매머드 동굴은 미국 켄터키Kentucky 주 중부에 있으며, 켄터키 주의 최대 도시인 루이빌Louisville에서 100킬로미터 떨어져 있다. 동굴이 자리한 지역은 숲이 우거진 산간 지대이며 그린Green 강과 놀린Nolin 강이 구불구불 흐른다.

동굴은 각기 다른 높이의 지층 5개에 분포하며, 가장 아래층에 있는 것은 지표보다 거의 300미터나 낮다. 지금까지 확인된 총 길이는 530킬로미터 이상이다. 동굴 내부에는 곳곳에 아름다운 형태의 종유석과 석순이 발달해 있다. 화려한 꽃송이처럼, 크고 둥글둥글한 과일처럼, 하늘 높이 치솟은 나무처럼, 넘치는 샘물처럼, 쏟아지는 폭포처럼 기기묘묘한 형상들이 신비스러운 분위기를 자아낸다. 동굴 안에는 또한 호수 두 곳, 강 세 줄기, 폭포 여덟 개가 있다. 가장 큰 '에코Echo 강'은 지표면보다 110미터 낮으며 너비가 6~36미터, 깊이가 1.5~6미터이다. 관광객들은 바닥이 평평한 배를 타고 강을 따라 상류로 거슬러 올라가면서 동굴 안의 풍광을 감상할 수 있다. 강에는 눈이 아예 퇴화된 장님물고기를 비롯해 딱정벌레, 땅강아지, 귀뚜라미 등 어두운 동굴 생활에 적응한 동굴 동물들이 살고 있다. 인적이 드문 곳에는 작은 갈색 박쥐들이 숨어 있다.

전해지는 이야기에 따르면, 1799년에 한 사냥꾼이 곰을 쫓다가 우연히 매머드 동굴을 발견했다고 한다. 그 후 동굴 속에서 노루가죽 신발과 간단한 공구, 횃불, 그리고 미라가 발견된 것으로 미루어 이 동굴에서 아주 오래전부터 원주민들이 생활했다는 것을 알 수 있었다. 1812년 제2차 독립 전쟁 시기에 이곳은 화약 제조에 사용되는 초석을 채굴하는 광산이었다. 전쟁이 끝나고 나서 광부들은 채굴 작업을 중단했고 이곳은 관광지가 되었다. 동굴 안에는 또 플로이드 콜린스Floyd Collins 크리스털 동굴이 있다. 동굴 탐험가인 콜린스가 1917년에 발견한 이 동굴은 적어도 유사한 동굴 15개가 연결되어 있는 거대한 동굴계의 중심부이다.

매머드 동굴에서 서식하는 생물들은 오랜 진화 과정에서 어두운 환경에 적응하여 온몸이 투명하고 시력이 퇴화되었거나 아예 눈이 없다.

매머드 동굴 내부의
기상천외한 종유석 형상

브라이스 캐니언

미국 ★ Bryce's Canyon

미국 유타 주의 황량한 산골짜기에는 어슴푸레한 골짜기 밑바닥에서 수많은 사암과 석회암 기둥들이 우뚝 솟아 있다. 그 신비로운 모습은 폐허가 되어 버린 고대 도시를 연상케 한다.

미국 유타 주 남부에 있는 브라이스 캐니언은 콜로라도 강 북쪽 기슭의 고원 협곡 지대에 자리하며 기이한 형태와 화려한 색깔의 암석 협곡으로 유명하다. 지명은 1875년에 최초로 이곳에 정착한 에비니저 브라이스Ebenezer Bryce의 이름에서 유래했다. 1928년에 국립공원으로 지정되었다. 브라이스 캐니언의 암석들은 바람과 빗물의 침식 작용으로 적색, 담홍색, 황색, 담황색 등 60여 가지 색깔을 띤다. 햇빛이 비치면 찬란한 색의 향연이 화려하게 펼쳐진다.

아침 햇살 속의 브레이스 캐니언은 더없이 평온하고 고요하다. 뾰족한 봉우리에 하얀 눈이 소복하게 쌓여 자태가 더욱 두드러진다.

브라이스 캐니언은 사실 진짜 협곡이 아니라 일련의 거대한 계단식 원형 분지로, 일부는 깊이가 150미터에 달한다. 여기에 있는 암석들의 형태를 보면 성당의 뾰족한 탑 모양, 성 위에 낮게 쌓은 성가퀴 모양 등 매우 다양하다. 그런가 하면 또 영국 빅토리아 여왕이 어전 회의를 여는 상황을 재현한 듯한 기묘한 바위들도 있다. 활 모양으로 배열된 바위들이 마치 왕공 대신과 귀부인처럼 여왕의 좌우에 빙 둘러 있다. 그중에서도 붉은색 석탑은 유타 주에 있는 모든 암석 경관을 통틀어 최고라는 찬사를 받는다.

석탑에 올라 멀리 사방을 둘러보면, 빼곡하게 들어선 돌기둥들이 천연의 장막을 이룬다. 뾰족하

선셋 포인트(Sunset Point)는 브라이스 캐니언의 진가를 감상할 수 있는 가장 좋은 장소이다. 뾰족한 돌기둥들이 줄지어 늘어선 모습이 기괴하고 비현실적인 분위기를 자아낸다.

고 날카로운 돌기둥이 마치 서슬 퍼런 창칼처럼 줄줄이 꽂혀 있고, 난공불락難攻不落의 성채가 주위를 겹겹이 둘러싼 듯하다. 그 광활하고 호방한 모습에서 대자연의 거친 숨결이 그대로 느껴진다.

공원 곳곳에는 또 크고 작은 망치 모양의 바위들이 서 있다. 머리는 무겁고 다리는 가벼워 매우 위험천만해 보이는데도 한 치의 흔들림 없이 꿋꿋하게 서 있는 걸 보면 정말 기가 막힌다. 핏빛으로 번쩍이는 절벽 사이에는 종종 공룡이 살았던 중생대의 화석이 발견되기도 한다. 그리고 드문드문 펼쳐진 포플러나무, 단풍나무, 자작나무 등이 거칠기만 한 이곳에 생기와 부드러움을 더해 준다. 음산한 협곡 속에서는 간혹 더글러스전나무Douglas Spruce가 따사로운 햇빛을 흠뻑 받으며 고고한 자태를 뽐내고 있는 모습을 볼 수 있다. 이곳은 인공적인 조각과 장식보다는 대자연의 위대한 힘과 신비로움을 느낄 수 있는 천혜의 비경으로 승부한다. 북아메리카 대륙이 형성되던 시기의 지각 변동으로 생겨난 지형적 특징이 그대로 보존되어 변천 과정을 생생하게 볼 수 있다.

데빌스 타워

미국 ★ *Devil's Tower*

아득한 창공 아래 거대한 원주형 암석 기둥이 고독한 영웅처럼 하늘 높이 솟아 있다. 하늘이 조각한 옥기둥 같은 기이한 모습 때문에 인디언들은 이를 '악마의 탑'이라고 불렀다.

미국 와이오밍 주 북서부의 광활한 평원에는 나무 그루터기 모양의 거대한 암석 기둥이 홀로 외롭게 서 있다. 현지 인디언들은 이를 '악마의 탑 데빌스 타워'이라고 부른다. 거대한 다각형 돌기둥인 데빌스 타워는 바닥 부분의 흙더미 위에 우뚝 서 있다. 높이가 무려 265미터이고 아래 부분의 지름이 300미터에 달한다. 꼭대기 부분에 이르면 지름이 85미터로 줄어들어서 멀리서 보면 마치 황량한 평원에 거대한 석탑이 우뚝 솟아 있는 듯하다.

1875년에 미국 지리탐험대를 호위한 리처드 I. 더지 Richard I. Dodge 육군 대령이 이곳 현지 인디언들 사이에 '악마의 탑'이라고 불리는 기이한 모습의 암석 기둥을 발견했다. 당시 인디언들은 돌기둥 꼭대기에 악마가 살고 있다고 믿어 그렇게 신비스럽고 한편으로 무시무시한 이름을 붙여 주었다.

1893년에 현지의 한 목장 인부가 최초로 데빌스 타워에 올랐다. 방법은 아주 간단했다. 돌 틈새에 나무못을 하나하나 박아 넣고 모든 못을 연결해 간이식 '사다리'를

미국 유타 주와 애리조나 주의 경계에 있는 모뉴멘트 밸리는 황량한 골짜기에 석탑 수십 개가 병정처럼 줄지어 서 있는 풍경이 데빌스 타워와 비슷하다.

만들었다. 이로써 사람들이 사다리를 이용해 데빌스 타워의 높은 꼭대기에 쉽게 오를 수 있게 되었다.

현지 탐사를 통해 지질학자들은 데빌스 타워가 약 5000만 년 전에 형성되었다고 추측했다. 당시 지구 깊은 곳에서 뜨거운 용암이 솟구쳐 상층 암석의 틈새를 통해 지표면으로 분출되었고 점차 냉각되어 주위의 암석과 하나로 굳어졌다. 냉각될 때 암석 덩어리가 수축하면서 균열이 생겨 다각형 돌기둥이 형성되었다. 그로부터 수백만 년이 지나는 동안 암석 주위에 응결된 물질들이 침식 작용으로 떨어져 나가고 차츰 다각형 돌기둥의 모습을 갖추게 되었다. 수백만 년에 걸쳐 비바람의 침식을 받은 데빌스 타워는 마치 예술가의 섬세한 손길로 조각해 낸 최고의 작품처럼 수많은 특이한 형태의 홈과 줄무늬가 끊어진 듯 연결된 듯 조화를 이룬다.

하늘과 땅 사이에 우뚝 솟아 있는 독특한 모습은 100킬로미터 밖에서도 한 눈에 딱 들어올 정도로 강한 존재감을 과시한다. 데빌스 타워의 색깔은 세월이 흐름에 따라, 또 햇빛의 강도 변화에 따라 다양하게 변화한다. 서부 개척 시대 초기에 사람들은 데빌스 타워를 이정표로 삼았다. 1977년에 전 세계적으로 엄청난 센세이션을 일으킨 스티븐 스필버그Steven Spielberg 감독의 영화 〈미지와의 조우Close Encounters of the Third Kind〉에서 외계인의 우주선이 착륙한 지점도 바로 데빌스 타워이다.

데빌스 타워 주위에는 쥐목 다람쥐과의 프레리도그Prairie Dog들이 땅속에 굴을 파서 생활한다. 몸집은 산토끼만 하고 울음소리가 개와 비슷한 귀여운 프레리도그는 황량하고 적막한 이 땅에 발랄한 생기를 더해 준다.

데빌스 타워는 와이오밍, 몬태나, 노스다코타, 사우스다코타, 네브래스카 다섯 주가 만나는 지점에 있어서 꼭대기에 오르면 다섯 주의 풍경을 한번에 감상할 수 있다.

나이아가라 폭포

미국/캐나다 ★ Niagara Waterfalls

55미터 높이에서 하얀 물기둥이 폭발적인 기세로 아래로 쏟아진다. 물방울이 비 오듯 튀어 오르고 천둥 같은 굉음에 가슴까지 쿵쿵거린다. 대자연의 위대한 힘이 절로 느껴진다.

나이아가라 폭포는 캐나다와 미국 국경에 있는 이리Erie 호와 온타리오Ontario 호로 통하는 나이아가라 강에 있으며, 북아메리카 대륙 최고의 경관으로 손꼽힌다. 이리 호의 수면이 온타리오 호보다 99미터 높아서 두 호수 사이에는 가파른 낭떠러지가 가로놓여 있다. 수량이 풍족한 나이아가라 강이 맹렬한 기세로 그 낭떠러지 아래로 쏟아지면서 웅장하고 장엄한 대폭포가 형성되었다. 나이아가라 폭포는 인디언 말로 '천둥소리를 내는 물' 이다. 인디언들은 우렁찬 폭포 소리를 천둥신神이 말하는 소리라고 믿었다.

나이아가라 폭포는 너비가 1,240미터, 평균 낙차가 55미터이며 최대 유량이 1초에 6,700세제곱미터이다. 폭포는 중간에 있는 너비 350미터의 루나Luna 섬과 고트Goat 섬에 의해 세 줄기로 갈린다. 먼저 고트 섬에 의해 두 줄기로 갈리고 그중 한 줄기가 다시 루나 섬에 의해 두 줄기로 갈린다. 가장 동쪽의 미국 폭포는 수면이 비교적 넓고 고트 섬 가까이에 있는 '신부의 베일' 이라는 폭포는 수면이 겨우 미국 폭포

나이아가라 폭포는 북아메리카 최고의 관광 명소로, 해마다 수많은 관광객이 폭포를 보려고 이곳을 찾는다. 밤이면 눈부신 조명이 켜져 폭포의 경관이 더욱 아름답고 황홀하다.

의 10분 1밖에 안 된다. 그리고 고트 섬과 캐나다 국경 사이에 있는 폭포는 수면이 마치 말발굽처럼 생겼다 하여 말발굽 폭포 또는 캐나다 폭포라고 하기도 한다. 세 폭포가 함께 나이아가라 폭포를 이루며, 그중에서도 말발굽 폭포가 높이 56미터, 길이 670미터로 가장 크고 전체 수량의 90퍼센트를 차지한다.

폭포의 전경을 감상하는 데는 역시 폭포 하류의 나이아가라 강 위에 걸쳐진 레인보우 다리가 제격이다. 다리 위를 5분만 걸으면 미국에서 캐나다까지 갈 수 있다. 과거에 나폴레옹의 동생이 이곳에서 신부와 함께 허니문을 즐겼다고 한다. 그러자 사람들이 너도나도 따라 해서 이곳을 찾는 관광객 중에는 신혼부부가 매우 많다고 한다. 그래서 레인보우 다리도 '허니문 오솔길' 이라는 사랑스러운 이름을 얻었다.

만약 폭포가 쏟아지는 모습을 밑에서 올려다보고 싶다면 미국 측의 전망대에서 승강기를 타고 계곡으로 내려가 '소녀의 안개' 라는 이름의 유람선을 타면 된다. '소녀의 안개' 라는 이름은 300년 전에 이곳 인디언들의 의식에서 유래했다. 당시에는 해마다 수확하는 계절에 하루를 잡아서 온 마을의 소녀들을 모아 놓고 추장이 하늘을 향해 활을 쏴서 그 떨어진 화살 가까이에 있는 소녀를 폭포에 제물로 바쳤다. 상류에서 소녀를 배에 태우고 곡물, 과일 등을 함께 실은 다음 급류를 타고 폭포 아래로 떨어지게 했다고 한다.

나이아가라 강물 대부분은 말발굽 폭포로 흘러내린다. 폭포 아래에 있는 암석들이 물의 침식 작용을 받아 벼랑이 계속해서 후퇴하고 있다.

데스밸리

미국 ★ Death Valley

뜨겁게 달궈진 프라이팬을 연상케 하는 이곳 사막은 세 가지 기록이 있다. 북아메리카에서 가장 뜨겁고, 가장 메마르고, 가장 낮은 지대로, 심지어 6주 연속으로 기온이 섭씨 57도를 넘은 기록이 있다.

데스밸리는 북아메리카에서 가장 건조하고 가장 덥고 가장 지대가 낮은 곳이다.

미국 캘리포니아 주 남동부에 있는 데스밸리는 '죽은 자의 골짜기', '장례산' 등 불길한 별칭이 있다. 여름에는 뜨거운 난로처럼 타는 듯이 뜨겁고 일 년 내내 비가 거의 내리지 않으며 기온은 보통 섭씨 50도를 웃돈다. 심지어 연속 6주 동안 57도 이상의 고온이 지속되었다는 기록도 있다. 어쩌다 장대 같은 비가 쏟아지면 뜨겁게 달궈진 땅에서 진흙물이 줄줄 넘쳐흐른다.

데스밸리에서 가장 낮은 곳은 평균 해수면보다도 85미터나 낮아 지구 서반구의 육지에서 가장 낮은 곳으로 꼽힌다. 거대한 암석이 단층을 따라 함몰되고 반대로 주위 암석들은 오히려 상승하여 산맥이 되면서 이런 지형이 만들어졌다. 데스밸리는 시에라네바다 산맥의 비그늘Rain-shadow 지역에 있다. 지세가 낮게 가라앉은 데다 산들이 주위를 병풍처럼 둘러싸고 있는 탓에 온난다습한 기류가 들어오지를 못해 원래 건조하고 무더운 지역이 더욱 불모지가 되어 버렸다.

예전에는 기후가 지금보다 훨씬 습윤했다. 그 증거는 곳곳에서 찾아볼 수 있다. 데스밸리 양측에 있는 골짜기는 모두 거센 물줄기에 의해 생겨난 것이며, 계곡 입구의 부채꼴 모양 퇴적 지형은 주위의 봉우리에서 빗물에 씻겨 내려온 침전물이 쌓여 형성된 것이다. 또한 계곡 밑바닥에 침전된 염분은 원래의 호수가 모두 증발하고 남겨진 것이다.

이런 증거들로 보아 아주 오래전에는 데스밸리에 거대한 호수가 있었는데 완전히 메말라서 사막이 되었다는 것을 알 수 있다.

비록 환경이 열악하지만 그렇다고 이곳에 생기가 전혀 없는 것은 절대 아니다. 이곳의 대표적인 동물인 사막큰뿔양과 뿔도마뱀이 막강한 생명력을 자랑하며 살아가고 있다. 또 바위틈에서 하얀 꽃을 피우는 희귀식물이 자란다. 이 식물은 줄기와 잎에 솜털이 보송보송하게 나 있어서 건조한 바람을 막아 준다. 그뿐만 아니라 물구덩이마다 염분 농도가 매우 높은데도 이미 그런 환경에 적응한 어류가 살고 있다.

1849년에 캘리포니아로 금을 채굴하러 갔다가 길을 잃은 사람들이 우연히 데스

데스밸리 양측에는 산봉우리들이 기복을 이루며 줄지어 서 있고 깊숙한 골짜기들이 곳곳에 자리 잡고 있다. 골짜기 밑바닥은 대부분 풀 한 포기 자라지 않는 불모지이다.

밸리에 들어오면서 세상에 데스밸리의 명성이 널리 알려졌다. 그들은 원래 지름길을 찾던 중이었는데 운 나쁘게도 물도 없고 출구도 거의 없으며 황량하기 그지없는 산골짜기로 들어선 것이었다. 그러다 두 사람이 천신만고 끝에 출구를 찾아내어 먼저 탈출했고, 다시 돌아와서 동료들을 무사히 구출했다.

데스밸리에 관한 수많은 이야기 가운데 대부분은 사람과 동물이 심한 갈증을 이기지 못하고 목숨을 잃었다는 내용이다. 그럼에도 금광, 은광이 있다는 소문에 사람들이 떼지어 몰려들었다. 그 뒤로 정말로 황금을 찾아내어 부자가 되었다는 사람도 나왔지만, 대다수는 금을 캐내기는커녕 아까운 목숨만 잃었다. 게다가 금광은 몇 년 지나지 않아 고갈되었고, 우후죽순처럼 나타났던 민가들은 모두 폐가가 되었다.

스키두Skidoo는 데스밸리의 금광이 있었던 곳이다. 20세기 초에 이곳에 주민 500여 명이 거주했고 데스밸리 밖의 리오라이트Rhyolite까지 전화선이 연결되었다. 1906년에 리오라이트에는 금을 캐러 온 사람들을 겨냥한 수영장과 극장, 술집까지 있었다. 그러나 1911년에 금광이 폐광되고 사람들이 모두 떠나자 점차 몰락하여 이제는 으스스한 폐허로 변해 버렸다.

랭겔-세인트엘리어스 빙산 미국 ★ Wrangell-St Elias Glaciers

살을 에는 듯한 매서운 바람이 몰아치고 천지가 온통 하얀 눈과 망망한 운무에 뒤덮여 쥐 죽은 듯 고요하다. 인간의 흔적이 드문 이곳은 미국 최대의 국립공원으로, 면적이 옐로스톤 공원의 6배에 달한다.

1741년 7월, 러시아 탐험가 베링Vitus Jonassen Bering이 시베리아에서 출발하여 동쪽으로 태평양을 가로질러 6주를 항행하고 나서 북쪽 지평선 위에 구름처럼 빛나는 것이 사실은 산이었다고 밝혔다. 러시아인이 주력으로 조직된 탐험대가 높이 5,402미터의 세인트엘리어스 빙산을 발견했던 것이다. 탐험대가 이곳에 도착한 날이 러시아의 '세인트엘리어스의 날' 이었기에 그 이름을 따서 명명했다.

랭겔-세인트엘리어스 빙산은 1979년에 세계자연유산으로 등재되었고 1980년에 국립공원으로 지정되었다. 공원 이름은 가장 높은 두 산맥의 이름을 땄다. 둘 중에서 더 높은 세인트엘리어스 빙산은 공원의 남동쪽에 있다. 움푹 들어간 곳에 야쿠타트Yakutat 만과 아이시Icy 만 두 개의 해만이 있다. 그 사이에는 북아메리카 최대의 산록 빙하인 맬러스피나Malaspina 빙하가 있으며 1791년에 최초로 이곳을 발견한 이탈리아 탐험가를 기념하여 명명되었다. 맬러스피나는 유럽인으로서는 처음으로 야쿠타

인적이 드문 이곳은 미국 최대의 국립공원이다.

랭겔-세인트엘리어스 빙산의
아름다운 여름 풍경

북아메리카 늑대는 한때 북아메리카 대륙에 널리 분포했지만 오늘날에는 랭겔-세인트엘리어스 빙산 등 외진 곳에서만 살고 있다.

트 만을 발견한 사람이다. 세인트엘리어스 빙산의 북서 방향에 있는 랭겔 빙산은 상대적으로 높이가 낮다. 랭겔 빙산은 휴지기에 도달한 활화산으로 1900년 전에 마지막으로 폭발했다. 랭겔 빙산은 공원 북서쪽을 흐르는 코퍼Copper 강을 따라 뻗어나가다가 갑자기 끊어진다. 세 번째 산맥인 추가치Chugach 빙산은 랭겔 빙산과 거의 평행을 이루며, 공원으로 진입하는 주요 육지 통로인 계곡 서쪽에 자리한다.

공원 안에는 등반 전문가가 아니면 볼 수 없는 경관이 많다. 세인트엘리어스 빙산 정상에서 내려다보면 아득하게 사방으로 끝없이 펼쳐진 순백의 세상에 벌거벗은 산봉우리 수천 개가 들쭉날쭉 우뚝 솟아 있다. 눈이 닿는 곳까지 호수도, 개울도 없고 식생의 흔적도 찾아볼 수 없다. 이보다 더 황량하고 척박하고 생명이 없는 땅이 또 있으랴. 이곳처럼 온통 빙설에 뒤덮인 곳은 극지와 그린란드 외에는 지구 어디에도 없을 것이다.

이 지역은 온통 눈과 얼음으로 뒤덮여 있어서 인류가 살기에 적합하지 않고 개발도 할 수 없다. 1908년 랭겔 빙산에서 구리 광산이 발견된 것은 예외적이다. 당시 사람들은 구리 광석을 채굴하려고 공원 안에 240킬로미터 길이의 철로를 건설했다. 그러나 1938년에 채광 작업을 갑자기 중단하고 더는 작업을 재개하지 않았다.

복잡한 환경 조건 덕분에 이곳에는 놀라울 정도로 다양한 종류의 야생 동식물이 서식한다. 남쪽 해안 부근에서는 돌고래와 그 밖의 바다 포유동물들이 '순찰'을 돌고 산에는 아주 예민한 들염소, 흰머리수리, 매 등이 살고 있다. 내륙에서는 연어가 힘차게 강물을 거슬러 오르고 돌산양이 육식 맹수를 피해 무려 높이 2,000미터가 넘는 가파른 절벽을 아무렇지도 않게 넘나들며 먹이를 찾는다. 엘크, 불곰, 흑곰, 늑대, 그리고 가끔 출몰하는 북아메리카순록과 버펄로들이 숲이 우거진 계곡이나 산비탈에서 어슬렁거린다. 또한 이곳은 북극권과 알래스카 내륙에서 날아온 새들의 최남단 서식지 중 하나이다.

자이언 국립공원

미국 ★ Zion National Park

예루살렘 성지의 언덕 '시온(Zion, 자이언)'은 성경에도 여러 번 나오는 이름이다. 자이언 캐니언을 처음 방문한 모르몬교도는 이곳을 성지로 여겨 '하나님의 성'이라고 불렀다.

미국의 유타 주 남서부에 있는 자이언 국립공원은 화려한 색깔의 협곡으로 유명하다. 그중에서도 명성이 자자한 자이언 캐니언은 길이가 25킬로미터에 달하며 폭이 매우 좁고 절벽이 거의 수직으로 높이 솟아 있다. 대부분 구간의 너비가 겨우 수백 미터에 불과하고 가장 좁은 곳은 채 2미터도 되지 않는다. 그곳에 서서 팔을 벌리면 양측 절벽이 손에 닿을 정도이다.

자이언 캐니언의 암석들은 색깔이 선명하고 화려하다. 빛의 강약에 따라 검붉은색, 오렌지색, 보라색, 연분홍색 등 시시각각 다양한 색깔로 변화한다. 맑게 갠 날에는 강가의 포플러나무와 단풍나무, 암벽에 붙은 지의류가 따사로운 햇빛을 받아 생기가 넘쳐흐른다. 그러면 덩달아 협곡 전체가 더욱 사랑스럽고 매력적으로 느껴진다. 평탄한 협곡 바닥에는 높이 700미터가 넘는 봉우리 하나가 장엄한 기세로 당당

자이언 캐니언의 여름 풍경

자이언 캐니언은 900여 종에 이르는 식물이 자라는 식물 자원의 보고이다.

하게 서 있다. 아래 부분은 붉은색을 띠고 위로 갈수록 점점 흰색으로 변하며, 꼭대기에는 나무가 울창하다. 마치 미끈하게 아름다운 옥기둥처럼 협곡 속에 우뚝 솟아 있다. 자이언 캐니언은 오랜 세월 동안 버진Virgin 강물의 침식 작용을 받아 형성된 깊은 협곡이다. 버진 강은 바닥이 훤히 보일 정도로 강물이 맑고 투명하며 잔잔하다. 비가 많이 내리는 여름과 가을에는 강물이 크게 불어나 홍수와 산사태가 종종 발생한다. 산더미 같은 물살이 큰 바위를 휩쓸고 나무를 뿌리째 뽑아 버린다. 비가 그치고 나면 깎아지른 듯 높이 솟은 벼랑에서 수백 개의 폭포가 쏟아져 내리며, 천지를 진동하는 우렁찬 폭포 소리가 계곡에 울려 퍼진다.

북아메리카 노새사슴은 협곡 안에서 무리 지어 생활한다. 그러나 새끼 사슴이 태어나면 어미 사슴은 한동안 무리를 떠나서 혼자 새끼를 키운다. 그리고 혹시나 육식동물들이 새끼 사슴의 몸에서 나는 특유의 냄새를 맡고 쫓아올까 봐 그 냄새를 지우기 위해 틈만 나면 열심히 새끼의 몸을 핥아 준다. 홀로 있는 새끼 사슴을 발견했을 때는 어미 사슴이 곧 돌아올 것이므로 먹이를 주거나 만지는 행동은 삼가야 한다.

요세미티 밸리

미국 ★ Yosemite Valley

미국 서부 캘리포니아 주에 있는 요세미티 밸리는 미국에서 경치가 가장 아름다운 곳이자 현대 자연 보호 운동의 발상지로 불린다.

요세미티 밸리는 미국 서부 시에라네바다 산맥 서쪽 사면에 자리한 요세미티 국립공원 안에 있다. 이곳에는 북미에서 가장 높은 폭포, 깊은 협곡, 수정처럼 맑고 투명한 호수, 그리고 숲속에서 출몰하는 새와 짐승들, 수많은 아름다운 자연 경관이 모두 모여 있다. 세상을 다 둘러봐도 요세미티 밸리처럼 12킬로미터의 협곡 안에 이렇게 많은 절경이 숨어 있는 곳은 흔치 않다.

'요세미티'는 인디언 말로 '회색곰'이라는 뜻이다. 회색곰은 현지 인디언 원주민의 토템Totem이다. 19세기 중기에 유럽 이민자들이 풍경이 빼어난 이곳을 발견하기

훨씬 전부터 인디언 원주민들이 이곳을 터전으로 삼아 살아가고 있었다. 1851년에 미국 군대의 기마병들이 인디언 전사들을 추격하던 중에 우연히 이곳을 발견했다.

요세미티 밸리는 요세미티 국립공원 안에 깊숙이 자리 잡고 있다. 길이는 11킬로미터가 조금 넘고 너비는 800~1,800미터, 깊이는 300~1,500미터에 이른다. 빙하의 침식 작용으로 형성된 전형적인 U자형 계곡으로, 바닥은 평탄하고 양쪽 절벽은 매우 가파르다. 협곡 양측에 높이 솟은 화강암 언덕과 거대한 바위, 가파른 암벽들이 가장 눈길을 끄는데, 그중에서도 협곡의 남쪽 입구에 있는 지상 최대의 단일 화강암 엘카피탄El Capitan이 단연 제일이다. 칼로 깎은 듯이 날카로운 높이 1,099미터의 거대한 화강암이 수직으로 솟아 있는 모습을 보면 이것을 만들어 낸 빙하의 신비하고 위대한 힘이 새삼 경이롭게 느껴진다.

다른 쪽에 있는 또 하나의 거대한 화강암 하프돔Half Dome 역시 요세미티의 명물이

원래 이곳에 살던 인디언 원주민들은 신부의 베일(Bridal veil) 폭포를 '바람의 정신'이라고 불렀다. 바람이 불 때마다 물보라가 흩날리면서 신부의 면사포와도 같은 얇은 물 커튼이 형성되기 때문에 이런 아름다운 이름이 붙여졌다.

요세미티 밸리의 전경. 멀리 보이는 반원 모양의 화강암과 요세미티 폭포는 이곳에서 가장 유명한 볼거리이다.

다. 마치 날카로운 도끼에 절반이 툭 잘려 버린 둥그런 바위 같다고 하여 붙여진 이름이다. 요세미티 밸리에 빽빽하게 우거진 숲은 그 안에 풍부한 수원을 품고 있다. 골짜기 높은 곳에서 발원한 머세드Merced 강이 계곡을 흐르면서 곳곳에 시원한 물살을 쏟아 내는 폭포를 형성했다. 그중에서 높이가 739미터이고 3단으로 구성된 요세미티 폭포는 미국에서 낙차가 가장 큰 폭포이다.

약 1000만 년 전만 해도 이곳은 비교적 낮은 구릉지였다. 그러나 지각 운동으로 구릉이 융기하고 강물의 침식 작용을 받아 하곡이 더욱 깊게 파였다. 암석 표면이 침식되자 상층 암석의 압력이 줄어들면서 암석이 점차 팽창하고 갈라져 결국 흰색과 남회색의 화강암만 남았다.

요세미티 공원은 자이언트 세쿼이아Giant Sequoia에서 고산 목초지에 이르기까지 식물 종류가 1,500여 종에 이르는 등 풍부한 생물 다양성을 보유하고 있다. 이곳에는 참나무와 개잎갈나무, 그리고 나무의 왕이라고 불리는 자이언트 세쿼이아 등이 자란다. '그리즐리 자이언트Grizzly Giant' 라는 이름의 자이언트 세쿼이아는 세계에서 현존하는 가장 큰 나무로 수령이 2,700년으로 추측된다. 공원 남쪽에 있는 마리포사Mariposa 숲은 공원 내 세 군데 있는 자이언트 세쿼이아 숲 중에서 면적이 가장 크다. 이곳의 나무들은 캘리포니아 연안의 레드우드만큼 키가 크지는 않지만 더 굵고 튼튼

푸른 초목이 울창하게 자라는 계절과 비교하면 겨울의 요세미티는 색다른 운치가 있다. 특히 눈이 내리는 날이면 은백색으로 뒤덮인 산과 호수는 한결 아름답고 그윽한 분위기를 풍긴다.

하다. 밑동지름이 10미터가 넘는 나무도 많은 편이다.

이곳에는 또 포유류 80여 종, 조류 220여 종, 어류 11종이 등 다양한 동물이 서식한다. 아메리카흑곰은 요세미티 공원에서 가장 큰 포유동물이다. 주로 물고기와 꿀, 육즙이 많은 열매를 먹고 살며 겨울이 오기 전에 최대한 많이 먹어서 긴긴 겨울을 무사히 나도록 지방을 축적한다.

크레터레이크

미국 ★ Crater Lake

크레터레이크의 물은 물감을 풀어놓은 것처럼 짙푸르며 출렁이는 물결은 깊이에 따라 다른 색을 띤다. 이토록 온화하고 아름다운 호수가 사실은 강렬한 화산 폭발로 형성되었다고 한다.

크레터레이크는 세계적으로도 유명한 자연 절경이다. 미국 오리건Oregon 주 남서부에 있는 높이 1,950미터의 캐스케이드Cascade 산맥에 자리한다. 둥그런 원형이며 면적이 52제곱킬로미터, 양쪽 최대 너비가 10킬로미터, 수심이 약 600미터로 미국 전역에서 가장 깊은 호수이다.

크레터레이크는 원래 화산 폭발로 생긴 분화구이다. 그 후 세월이 흐르면서 거대한 분화구에 점차 빗물이 고여 마침내 오늘날의 크레터레이크가 형성되었다.

호숫가에는 각종 온대, 아한대 식물들이 자란다. 호숫가의 바위 틈새에 레드우드와 솔송나무가 뿌리를 내리고 자라며, 흑갈색 암석과 짙푸른 나무가 서로 어우러져 짙푸른 수면 위에 한 폭의 산수화를 펼쳐놓아 보는 이의 정신을 쏙 빼놓는다. 겨울에 하얀 눈이 소담스레 쌓인 푸른 산과 숲이 눈이 시리도록 파란 호수를 에워싼 풍경은 더없이 청아하고 수려하다.

크레터레이크의 또 다른 매력은 바로 호수 한가운데에 있는 작은 섬이다. 원뿔 모양의 화산추가 침몰되어 형성된 이 섬은 이름이 특이하게도 '주술사'이다. 짙푸른 수면에 아담한 섬이 오뚝 솟아 있는 모습이 마치 검은 보석을 박아 놓은 파란색 쟁반 예술품처럼 고상하고 은은한 정취를 자아낸다.

호수 중앙의 작은 섬 '주술사'는 용암과 화산재로 형성된 원뿔형 화산추이다.

하와이 화산

미국(하와이) ★ Hawaii Volcanoes

하와이에는 아름다운 열대 풍광만 있는 것이 아니다. 마우나로아 화산은 '위대한 건축사'라는 아름다운 별명이 있고, 킬라우에아는 불의 여신 펠레의 궁전이라고 한다.

하와이 군도는 수많은 섬으로 이루어졌다. 비교적 큰 섬 8개와 작은 섬 124개가 초승달 모양으로 북서에서 북동 방향으로 줄지어 있다. 지질 구조로 보면 하와이 군도는 사실 태평양판의 중부에 자리해 가장자리의 지열 활동 지대와는 멀리 떨어져 있다. 그러나 열점Hot Spot 위에 있어서 용해된 맨틀 물질이 기둥 모양으로 솟아 올라와 지각을 뚫고 분출해 화산 폭발이 발생했고, 그때 분출된 현무암이 굳어 섬이 되었다.

하와이 군도의 하와이 섬은 현재 열점의 바로 위에 있어서 하와이 군도에서 화산 활동이 가장 활발한 곳이다. 하와이 섬에는 마우나로아Mauna Loa와 킬라우에아Kilauea 두 개의 활화산이 있다. 하와이에 있는 화산은 강렬하게 분출하는 식의 폭발이 아니라 빠르게 유동하는 현무 용암이 가장 큰 특징이다. 200년이 넘는 긴긴 세월 동안 이곳에서 화산 폭발로 목숨을 잃은 사람은 단 한 명이다. 따라서 하와이 화산은 죽음의 무덤이 아니며, 오히려 국립공원으로 지정해 관광 명소로 개발했다.

분화하는 킬라우에아 화산

마우나로아 화산은 해발이 4,169미터이지만 해저에서 산꼭대기까지의 높이는 1만미터가 넘어 세계 최고봉인 에베레스트보다도 1,000여 미터가 높다. 마우나로아는 현무암질의 전형적인 순상 화산으로 1832년 이래 평균 3년에 한 번꼴로 분화하고 있다. 마우나로아 화산은 지난 200년 동안 총 35차례 분화를 기록했다. 지금도 산 정상에는 냄비 모양의 분화구 몇 개와 너비 2,700미터의 커다란 칼데라가 남아 있다. 1984년 3월에 마우나로아 화산은 다시 분화했다. 용암은 북동 방향으로 흘러 한때 하와이의 주도 호놀룰루Honolulu와 불과 6,500미터 떨어진 곳까지 접근했다. 대분화가 발생하기 전에 지상으로 밀려올라온 엄청난 열기로 시커먼 먹구름이 화산 상공을 뒤덮었고, 천둥번개가 몰아치더니 놀랍게도 눈까지 내렸다. 용암의 방향을 바꾸고자 미국

킬라우에아 화산에서 분출된 뜨거운 용암이 바다로 흘러 들어가고 있다.

정부는 군용기를 동원해서 폭탄을 투하하기까지 했다. 희대의 장관을 구경하기 위해 세계 각지에서 수많은 관광객이 몰려왔고 연구를 위해 이곳을 찾는 과학자들의 발길도 끊이지 않았다.

킬라우에아 화산은 마우나로아 화산의 동남쪽에 있다. 높이가 1,247미터이며 마우나로아 화산과 32킬로미터 떨어져 있다. 하와이 섬에서 두 번째로 큰 화산으로 마우나로아 화산보다 작지만 교통이 편리하고 덜 위험해서 관광객이 더 많이 몰려든다. 산 정상에는 접시 모양의 거대한 분화구 분지가 있고 그 안에 또 작은 분화구가 몇 개 있다. 그중에 가장 크고 유명한 것이 '영원한 불의 궁전' 이라는 뜻의 '할레마우마우Halemaumau' 분화구이다. 과거에 이곳의 용암은 마치 호수 물처럼 조석에 따라 높아졌다 낮아졌다 했다. 최근 분화가 더욱 활발해져서 1983년 초부터 1984년 4월까지 17차례나 분화했다. 불꽃이 사방으로 튀어 오르고 용암이 분수처럼 솟구쳐 올랐다. 분화구에서 분출된 용암은 온도가 1,100~1,200도에 이르며, 시뻘겋게 달아오른 현무암질 용암류가 마치 강물처럼 산을 타고 빠르게 흘러내린다. 전설에 따르면 킬라우에아 화산은 불의 여신 펠레의 집이며 할레마우마우 분화구가 활동하기 시작하는 것은 바로 태평양의 여러 섬으로 원유를 떠났던 여신을 맞이하는 것이라고 한다.

벨리즈 산호초

벨리즈 ★ Belize Barrier Reef

투명한 물결과 기이한 파란색 동굴이 서로 어우러지고 맑고 깨끗한 바다 속에 산호초가 300킬로미터 넘게 길게 이어지는 이곳은 스쿠버다이빙 마니아들의 낙원이다.

총명하고 친절한 병코돌고래가 벨리즈 산호초 지대에서 자유롭게 노닌다.

벨리즈 산호초 보호 지역은 중앙아메리카에 자리한 작은 나라 벨리즈의 동부 해안선에서 약 20킬로미터 떨어진 카리브 해에 길게 뻗어 있다. 이곳은 북반구에서 최대, 세계에서 두 번째로 큰 산호초 보호 지역이다. 타네프Turneffe 제도, 글로버Glover's 환초, 라이트하우스Light house 환초고리 모양을 이룬 산호초 등 세 개의 커다란 환초로 구성되며, 육지와 산호초 지대 사이에 거대한 환초호環礁湖가 있다.

벨리즈 산호초 보호 지역은 열대 해역에 형성되며, 파란 바닷물이 수정처럼 맑고 투명해 스쿠버다이빙 마니아들의 낙원이다. 라이트하우스 환초에는 세계적으로도 명성이 높은 원형 산호초 '블루홀'이 있다. 너비가 300미터, 깊이가 100미터이다. 해수면에서는 산호충들이 쉬지 않고 블루홀의 바깥 테두리 '공사'를 하고, 해면 아래 50미터에서는 오히려 산호충과 어류의 종적을 찾아볼 수 없다.

라이트하우스 환초 남쪽에는 글로버 환초가 있다. 이곳은 바닷물이 유난히 깨끗하고 투명해서 야간에도 휴대 전등을 들고 들어가면 물속에서 5미터 앞까지 선명하게 볼 수 있다. 글로버 환초는 라이트하우스 환초보다 육지에서 더 멀리 떨어져 있어서 침전물 탈락이나 공동空洞 현상이 일어나지 않는다. 글로버 환초에 서식하는 빨간색 열대어는 아주 민감해서 작은 움직임도 바로 알아차리고 재빨리 숨어 버린다. 이 세 군데의 환초 주위에는 약 500개에 이르는 산호초가 밤하늘의 뭇별처럼 촘촘하게 박혀 있다. 그중 일부는 섬이라기보다는 출렁이는 파도 사이에 가끔 얼굴을 드러내는 암초이다.

산호초 연안에 넓게 펼쳐진 맹그로브 숲은 바람막이가 되어 해안을 보호함으로써 산호초에서 생활하는 각종 어류에 훌륭한 생존 환경을 제공한다. 각종 어류 중에서도 최고의 아름다움을 자랑하는 물고기는 단연 '천사 물고기'이다. 수많은 바닷새들이 풍부한 먹잇감에 유혹되어 이곳에 정착했고, 새들의 배설물은 맹그로브 숲의 비료가 되었다. 이렇게 맹그로브 숲은 완벽한 생태계를 이루고 있다.

빙하기에 벨리즈 해저에는 거대한 공동이 수없이 생겨났다. 세월이 흐르면서 깊이 100미터가 넘는 '블루홀'이 형성되었다.

SOUTH AMERICA

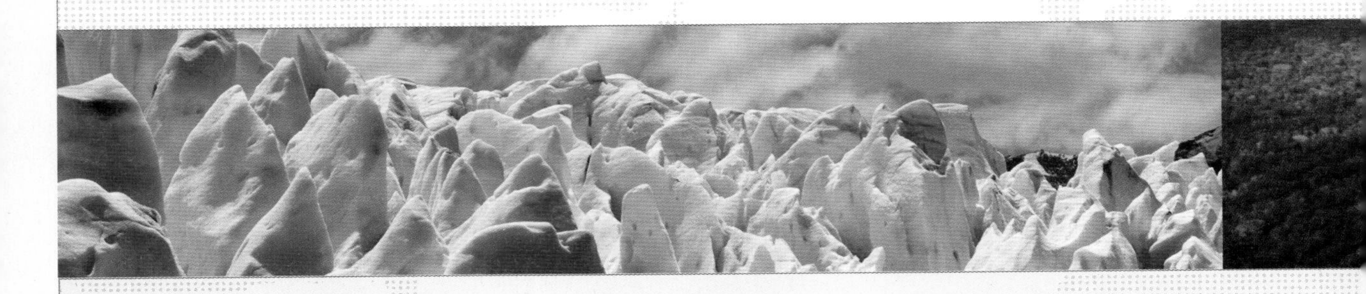

광활한 사바나 초원이 뿜어내는 아름답고 몽환적인 비경
남아메리카

교과 관련 단원

중1 〈사회〉
Ⅲ. 다양한 지형과 주민 생활

고등학교 〈세계 지리〉
Ⅲ. 다양한 자연환경

SOUTH AMERICA

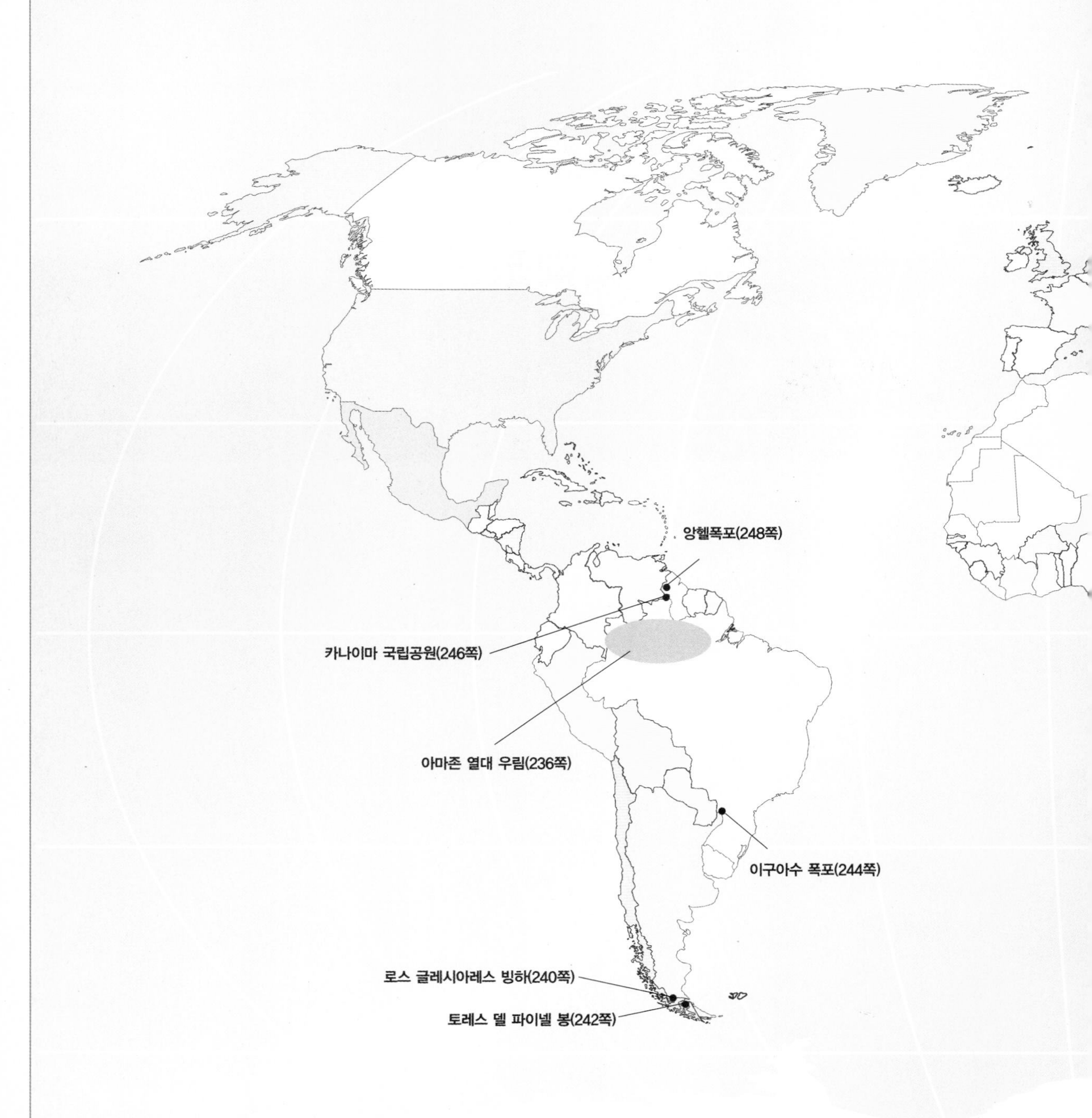

아마존 열대 우림

아르헨티나 ★ Amazon Rainforest

아마존 강은 세계에서 유량이 가장 많고 유역 면적이 가장 광활한 강이다. 아마존 유역의 열대 우림은 '지구의 허파'라는 별칭을 갖고 있다.

아마존 강은 지구상에서 유량이 가장 많으며 유역 면적이 남아메리카 대륙의 1/3에 해당한다. 그 광활하고 장대한 모습을 상상하는 것은 '무한'이라는 단어의 뜻을 이해하는 것과 마찬가지로 어려운 일이다. 아마존 강은 총 1만 5천 개에 달하는 지류가 남아메리카 대륙에 분포하며 유역 면적이 호주와 맞먹는다. 수심이 무척 깊어서 커다란 원양 선박이 대서양에서 강어귀로 거슬러 올라 페루의 이키토스Iquitos까지 항행할 수 있다. 일부 구간은 수면이 너무 넓어서 한눈에 양쪽 기슭이 보이지 않을

정도이다.

아마존 강은 페루 국경의 안데스Andes 산맥에서 발원하여 남아메리카 대륙의 동서 양단을 관통한다. 산에서 빙하 녹은 물이 흘러내려 유량이 계속 증가하며 시원한 물줄기를 이룬다. 게다가 유속도 점점 빨라져 안데스 산맥의 동쪽 비탈에는 거센 물살의 침식 작용으로 웅장한 계곡이 형성되었다. 동쪽으로 줄기차게 흐르다 보면 경유 지역의 지세가 갈수록 완만해지고 물의 흐름도 점점 느려진다. 그리고 광활한 아마존 분지에 이르면 아마존 강의 수면은 매우 고요하고 잔잔하다. 강물은 계속해서 브라질 중부 고원의 밀림을 굽이굽이 흘러 마침내 아마존 하구에서 대서양으로 흘러 들어간다.

아마존 유역의 열대 우림은 대부분 브라질 영내에 있으며 해발이 거의 200미터

아마존 강 유역은 세계에서 가장 큰 하천 유역이다. 동쪽의 대서양 연안에서 안데스 산맥까지 넓게 펼쳐진 아마존 우림은 세계 최대의 열대 우림이다. 아마존 강은 그 열대 우림 속을 굽이굽이 흐른다.

이하로 낮은 편이다. 원래 이 지역의 강우량이 풍부한 데다 안데스 산맥의 빙설이 녹아 흘러내린 물까지 유입되어 일 년의 대부분 기간에 범람한다. 일 년 내내 후덥지근하고 눅눅하며 낮 평균 기온이 약 33도, 밤 평균 기온도 23도에 달한다.

아마존 강은 하류에 이르면 지세가 평탄한 데다 대서양의 조석에 영향을 받아 바다에 유입되기 전에 크고 긴 삼각주를 형성한다. 너비가 320킬로미터에 달하는 하구에는 아마존 강물이 부유 물질을 충적시켜 형성된 마라조Marajó 섬이 있다. 아마존 강은 면적이 스위스와 맞먹는 마라조 섬에 이르러 두 갈래로 나뉜 채 기세등등하게 대서양으로 나아간다.

아마존 열대 우림은 '지구의 허파' 라는 별칭이 있다. 그만큼 지구의 기후와 인류의 생존에 중요한 역할을 한다. 아마존 유역에 분포하는 식물 종류는 세계에서 가장 다양하다. 키가 60미터를 넘는 나무들이 무성하게 숲을 이루면서 하늘을 완전히 가려버려 지면에는 식생이 생존할 수 없고 썩은 나뭇가지와 낙엽만 두텁게 쌓여 있다. 또 일부 저지대의 상황은 이와 판다르다. 나뭇가지와 잎이 무성하게 자라 갓 모양의 수관을 이루는데, 높이가 서로 달라서 몇 층으로 나뉘며 온통 생기가 넘쳐흐른다. 칡, 난초, 파인애플과 식물들이 경쟁하듯 높은 가지에 붙어서 자라며, 그 사이에 고함원숭이, 나무늘보, 벌새, 앵무새, 남아메리카 나비, 박쥐 등 다양한 동물이 서식한다. 크기가 야생고양이만 한 킨카주너구리는 야행성 동물로 밤에만 활동한다. 긴 꼬리로 나뭇가지를 휘어 감아서 몸을 지탱하고 과일 열매를 따 먹는다. 긴 혀는 꽃의 꿀을 핥아 먹기 좋게 발달했다.

구아라나 베리 Guarana Berry

아마존 강이 흘러 지나가는 아마존 열대 우림은 세계에서 가장 풍부한 생물 자원을 보유하고 있다. 곤충, 식물, 조류 및 그 밖의 생물 종류가 수백만 종에 달한다. 그중에는 개발 가치가 매우 높은 식물 종류도 포함되어 있다. 아래 그림은 아마존 유역에서만 자라는 구아라나 베리. 아마존 강 연안의 천연 우림에서 자라는 구아라나 베리는 맛이 독특하고 영양이 풍부하다. 현재 브라질 국내에서는 구아라나 베리를 넣어 만든 음료수의 판매량이 전통 음료인 커피의 세 배를 기록하고 있다고 한다.

아마존 강의 물속에는 악어, 거북, 그리고 듀공Dugong이라고 불리는 바다소, 강돌고래 등 수서 포유동물들이, 육지에는 재규어Jaguar, 자가론디들고양이, 맥, 카피바라Capybara, 아르마딜로Armadillo 등이 살고 있다. 이 밖에도 어류 2,500여 종과 조류 1,600여 종이 서식한다.

아마존 유역의 일부 우림은 이미 보호 구역으로 지정되었다. 브라질의 타파조스Tapajos 강기슭의 아마존 국립공원은 면적이 1만제곱킬로미터에 달한다. 그러나 현재의 무차별한 벌목을 줄이지 않는다면, 지구 산림 면적의 2/3를 차지하는 아마존의 광활한 산림도 얼마 지나지 않아 사라지게 될 것이다.

최초로 아마존 강어귀에 도착한 유럽인은 이탈리아 탐험가 콜럼버스Christopher Columbus를 따라서 원양 항해를 떠났던 에스파냐의 핀존Pinzon이다. 그는 서기 1500년에 아마존 강어귀에 도착했을 당시 이곳이 큰 담수호인 줄로 알았다. 그 다음으로 1541년에 에스파냐의 모험가 피사로Francisco Pizarro가 황금과 향료, 그리고 전설 속의 황금 나라를 찾고자 탐험 대원들을 이끌고 에콰도르를 출발했다. 하지만 뜻밖의 사고가 발생해 피사로와 일부 대원들은 오던 길을 되돌아왔고, 대원 가운데 에스파냐 출신의 오렐리아나Franciso de Orellana가 함대를 이끌고 페루의 나포Napo 강을 따라 내려가면서 아마존 강의 대부분 강줄기를 모두 탐사했다. 함대는 여러 곳을 전전하다가 마침내 카리브 해에 이르렀다.

오렐리아나 일행은 가는 길에 수많은 위험에 부딪쳤으며 종종 인디언 원주민의 습격을 받았다. 한 번은 전사들이 모두 여성인 부족을 만났는데, 훗날 그 사실이 세상에 알려지면서 엄청난 관심을 끌었다. 사람들은 이 부족을 아마존 족그리스 신화에 나오는 여(女)무사 족이라고 불렀고, 아마존 강의 이름도 여기에서 유래했다.

로스 글래시아레스 빙하

칠레 ★ Los Glaciares

로스 글래시아레스 빙하는 기이하고 환상적인 풍경으로 '천국의 빙하'라고 불린다. 햇빛을 받아 눈부시게 빛나는 만년 빙설은 현실인지 꿈인지 구분할 수 없을 정도로 아름답고 몽환적이다.

로스 글래시아레스 빙하는 남아메리카 대륙 안데스 산맥의 남쪽 구간에 있으며, 이곳에는 남극 대륙과 그린란드 외에 세계 최대 면적의 빙원이 있다. 한랭한 기후로 쌓인 눈이 일 년 내내 녹지 않아 빙원이 형성되는 데 유리한 기후 조건을 갖추었다.

빙하군은 면적이 4,457제곱킬로미터에 달하며 서쪽은 칠레 국경과 맞닿아 있다. 북쪽에서 남쪽으로 줄지어 서 있는 여러 산봉우리는 빙하의 발원지이다. 빙하군의 동부는 아르헨티나 호를 시작으로 수많은 호수가 바둑알처럼 널려 있으며 여러 갈래 빙하가 이곳에서 모인다. 모두 제4기 빙하기에 형성된 빙하호로, 모든 빙하의 귀착점이다. 아르헨티나 호는 해발이 215미터, 수심은 187미터이고 가장 깊은 곳은 324미터에 달하며, 호수물이 맑고 깨끗하다. 페리토 모레노Perito Moreno 빙하는 빙하군 중에서 유일하게 아직도 계속해서 발전하고 있는 빙하이다. 길이가 35킬로미터이며 앞부분 가장자리가 너비 4킬로미터, 높이 60여 미터의 얼음 제방이다. 짙푸른 아르헨티나 호의 수면 위에 압도적인 기세로 우뚝 서 있는 모습은 보는 순간 숨이 멎는 듯할 정도로 장관이다. 모레노 빙하는 2,3년에 한 번꼴로 아르헨티나 호를 중간에서 가로막아 호수의 수위를 높인다. 얼음 제방의 바닥 부분이 흐르는 물에 녹아서 제방이 무너지면 호면과 수위도 평소 상태로 돌아온다. 얼음 제방이 무너지고 나서도 빙하는 계속해서 앞으로 나아가 몇 년이 지나면 다시 수면을 가로막고 주변의 골짜기와 숲을 물에 잠기게 한다. 이런 상황은 이미 수십 년 동안 반복되었다. 거대한 얼음 제방이 무너질 때면 천둥 같은 엄청난 굉음과 함께 산더

얼음 제방이 아르헨티나 호 수면 위에 떠 있는 모습은 숨이 멎는 듯할 정도로 장관이다.

미만한 파도가 강하게 몰아친다. 이토록 심금을 울리는 웅장한 광경은 매번 하루 이틀씩 이어진다.

빙하군 가운데 가장 큰 웁살라Upsala 빙하는 앞부분이 아르헨티나 호의 북쪽까지 뻗어 있다. 코발트블루 빛깔의 거대한 빙산이 호수에 흘러들어 수면에 빙산이 갈라져서 생긴 다양한 크기와 형태의 투명한 얼음 조각들이 여기저기 떠다닌다. 어떤 얼음 조각들은 높이 80여 미터의 얼음 담장을 형성해 매일 평균 2~3미터씩 서서히 앞으로 이동한다. 투명한 햇살 아래 빙하가 눈부신 광채를 뿜어내며 현실인지 꿈인지 구분할 수 없을 정도로 환상적인 풍경을 연출한다.

아르헨티나 호의 남쪽 기슭에 있는 작은 도시 엘 칼라파테(El Calafate)에서 호수를 따라 서쪽으로 40여 킬로미터만 더 가면 모레노 빙하에 이른다. 수직으로 높이 솟은 위협적인 얼음 제방이 바로 눈앞에 버티고 있어 마치 얼음 궁전에 와 있는 듯한 느낌이 든다.

토레스 델 파이네 봉

칠레 ★ Torres del Paine

안데스 산맥 남단의 토레스 델 파이네 봉은 독특한 형태의 봉우리 두 개가 늠름한 모습으로 광활한 하늘을 이고 치솟아 있다. 주변에는 맑고 투명한 호수가 하늘과 혼연일체를 이룬다.

안데스 산맥 남단에는 꼭대기가 시커먼 점판암으로 덮인 적회색의 화강암 봉우리 두 개가 꿋꿋하게 솟아 있다. 높이가 약 2,500미터로 거의 비슷한 특이한 모습의 두 봉우리는 위풍당당한 기세로 파타고니아Patagonia 고원을 굽어본다. 주변 지세가 평탄하여 독보적인 높이를 자랑하며, 마천루처럼 초원 위에 우뚝 솟아 있다.

토레스 델 파이네 봉의 화강암은 화산 운동의 산물이다. 지표 아래에서 화산 용암이 응고된 후 지각 변동으로 지하의 화강암이 융기하면서 돌기둥 모양의 산봉우리가 형성되었다. 그리고 원래 지표면을 이루었던 점판암은 봉우리의 꼭대기가 되었다. 그리고 빙하의 침식 작용으로 봉우리의 한 측면이 활 모양으로 깎여 지금의 모양이 만들어졌다.

'토레스 델 파이네' 라는 이름은 그 유래를 찾아볼 수가 없다. 산봉우리들은 오랜 세월 동안 태평양에서 몰아치는 강한 서풍과 폭풍우를 견뎌냈다. 1950년대 이전까지 이곳에는 인간의 흔적을 거의 찾아볼 수 없었다. 1945년에 이곳 근처를 지나가다가 토레스 델 파이네 봉을 발견한 로마 가톨릭 교회의 신부는 이렇게 묘사했다. "석탑과 첨봉, 그리고 하늘을 찌를 듯이 솟아오른 거대한 피라미드 모양의 봉우리가 난공불락의 철옹성鐵瓮城, 무쇠로 만든 독처럼 튼튼히 쌓은 산성을 이룬다."

이곳은 기후 조건이 몹시 열악해 일 년에 등산할 수 있는 날이 단 며칠밖에 안 된다. 1974년에 남아공의 한 등반대가 최초로 토레스 델 파이네의 험준한 중앙 봉우리를 정복했다.

이구아수 폭포

브라질/아르헨티나 ★ Iguazu Falls

이구아수 강물이 절벽에서 맹렬한 기세로 떨어지면서 웅장한 물 커튼을 형성한다. 이것이 바로 지상 최고의 폭포로 꼽히는 '큰 강' 이구아수 폭포이다.

아르헨티나 북동부와 브라질 남부 국경, 이구아수 강의 하류에 있는 이구아수 폭포는 지상 최고의 폭포로 손꼽힌다.

이구아수는 원주민인 과라니Guarani 족의 말로 엄청나게 '큰물'이라는 뜻이다. 이구아수 강은 브라질 남동부 해안에서 발원하여 서쪽으로 흘러 내륙으로 유입된다. 이구아수 강의 대부분 강줄기는 너비가 450~900미터 사이지만, 브라질과 아르헨티나의 접경지대를 지날 때는 갑자기 3,000미터로 넓어져서 수심 1미터가 조금 넘는 호수를 이룬다. 그러다 절벽에서 강물이 떨어지며 웅장한 폭포를 이룬다. 거센 물줄기가 80미터 아래에 있는 '악마의 숨통'이라는 협곡으로 끝없이 빨려 들어간다. 협곡 밑바닥의 암석에서 하얀 물보라가 튀어 올라 무지개가 피어나고 20킬로미터 밖까지 요란한 굉음이 쩌렁쩌렁 울린다.

폭포 사이에는 나무가 한가득 우거진 화산암 섬이 여기저기 흩어져 있어 강물이 단단한 화산암 사이를 지나며 여러 갈래로 나뉘어 절벽 아래로 떨어진다. 어떤 폭포들은 협곡 가장자리에서 밑바닥까지 수직으로 떨어지고 어떤 폭포들은 계단처럼 단층을 따라 쏟아져 내려 물방울이 높이 튀어 오른다. 그리고 협곡 바닥으로 떨어진 모든 폭포수는 다시 세차게 출렁이는 급류로 합쳐져 남쪽으로 거침없이 흘러간다. 온몸에 전율을 느끼게 하는 웅장하고 장대한 폭포의 장관을 보고 미국 루스벨트 대통령 영부인이 "우리나라의 나이아가라 폭포는 이곳과 비교하면 주방의 수도꼭지에 불과하다."라고 말할 정도였다.

협곡 입구의 암석에서 뽀얀 물안개가 피어오르고 오색찬란한 무지개가 드높이 떠 있다. 요란한 굉음이 20킬로미터 밖까지 쩌렁쩌렁 울린다.

카나이마 국립공원

베네수엘라 ★ Canaima National Park

주위의 평야와 단절된 테이블 마운틴에는 특이한 생물이 많이 산다. 그중에 매우 원시적인 두꺼비가 있는데, 몸길이가 겨우 2센티미터이고 새까만 피부에 천천히 기어 다닌다.

베네수엘라 남동부의 볼리바르Bolivar 주 동부 고원에 있는 카나이마 국립공원은 면적이 3만제곱킬로미터이며 해발이 450~2,810미터로 기복이 매우 심하다. 전체 면적의 약 65퍼센트가 지질학적 연구 가치가 매우 높은 테이블 마운틴이다. 꼭대기가 책상처럼 평평한 테이블 마운틴과 가파른 절벽, 높이 1,000미터의 폭포가 함께 어우러져 카나이마의 독특한 경관을 형성한다.

카나이마 국립공원은 1962년 설립되던 초기에 면적이 1만제곱킬로미터였으나 공원 안의 하천과 분지의 여러 분수령을 보호하기 위해 1975년에 3만제곱킬로미터로 확장되었다.

이곳에는 주요한 지질암석층이 세 개 있다. 가장 오래된 암석층은 36억~12억 년 전에 형성된 것으로 지하의 화성암과 변질암의 기반암이다. 16억~10억 년 전에 그 상부에 퇴적암이 쌓이면서 최초로 형성된 암석층은 지표 아래 깊게 묻혀버렸다. 두 번째는 카나이마 국립공원 안의 기이한 지형적 특징을 이루는 토대로, 석영암과 사

카나이마 국립공원의 열대 우림에는 테이블 마운틴이 수백 개나 솟아 있다.

암층으로 구성되었다. 이런 암석층은 수백만 년 동안 주위 육지의 침식 과정으로 형성된 사암 언덕으로 이루어졌다.

테이블 마운틴은 암석층이 오랜 세월 햇빛과 빗물의 침식을 받아 형성된다. 멀리서 바라보면, 빽빽하게 우거진 광대한 열대 우림 속에 꼭대기가 평평한 거대한 사암이 견고한 요새처럼 우뚝 솟아 있는 모습이 더없이 장엄하고 위풍당당하다. 그 사이의 넓고 평탄한 골짜기에는 열대 우림이 울창하게 우거졌다. 테이블 마운틴에서부터 강물이 흘러내려 수많은 폭포를 이룬다. '청개구리 폭포'와 '와이드 폭포' 등은 이곳의 빼놓을 수 없는 볼거리이다.

카나이마 국립공원의 산림에는 여러 특이한 생물이 살고 있다. 위 그림은 피부에 맹독이 있는 독개구리이다. 인디언들은 이 개구리의 독액을 화살에 발라 사냥에 사용한다.

카나이마 국립공원 안에는 광활한 사바나 초원이 펼쳐진다. 일부 소택지는 토양이 상대적으로 비옥하고 드문드문 나무가 자란다. 숲은 움푹하게 파인 저지대와 테이블 마운틴 아래의 협곡에만 분포한다.

테이블 마운틴에는 꽃이 피는 현화顯花 식물과 양치류 식물이 총 3,000~5,000종에 달한다. 이 밖에도 900여 종에 이르는 기타 식물들이 발견되었는데, 그중에 10퍼센트는 카나이마 국립공원에만 있는 고유한 식물종이다. 카나이마 국립공원에는 난초의 종류도 매우 풍부하다.

앙헬 폭포

베네수엘라 ★ Angel Falls

남아메리카의 열대 우림에는 지상 최대 높이, 최대 낙차의 폭포가 숨어 있다. 미국 탐험가 에인절이 비행기를 몰고 현지 조사를 하다가 처음으로 발견했다.

세계에서 가장 높고 낙차가 가장 큰 앙헬 폭포는 베네수엘라 남동부 카라오Carrao 강의 지류인 츄룬Churun 강에서 인적이 드문 곳에 자리한다. 1937년에 미국 탐험가 제임스 에인절James Angel이 발견해 'Angel Falls' 라고 이름 붙여졌는데, 스페인어권인 베네수엘라에서는 '앙헬' 로 발음해 앙헬 폭포로 알려졌다.

앙헬 폭포는 다단형 폭포이다. 기아나Guiana 고지 아우얀 테푸이Auyan Tepui 산의 가파른 절벽에서 막힘없이 낙하하는 높이가 807미터이고, 총 낙차가 979미터에 이르며 너비는 약 150미터이다. 고산 밀림 속에 자리하고 있고 병풍을 두른 듯 주변의 높은 산들에 둘러싸였으며 사방에 통로가 없어서 그 위용을 보려면 비행기를 타고 공중에서 보는 방법밖에 없다.

1930년대 초에 미국 탐험가 에인절이 현지 광부에게서 베네수엘라 남동부의 밀림 속에 금 함유량이 높은 강이 있다는 말을 듣고 1935년에 아우얀 테푸이 지역으로 금광을 찾으러 갔다. 거대한 암벽을 넘어서자 놀라운 광경이 눈앞에 펼쳐졌다. 높이 치솟은 천 길 낭떠러지에서 하얀 물줄기가 수직으로 떨어지는 모습은 마치 눈부시도록 하얀 비단이 공중에서 휘날리는 것 같았다. 귀가 먹먹할 정도로 엄청난 굉음이 비행기의 엔진소리를 삼켜버렸다. 비행을 마친 에인절은 세상에서 가장 높은 폭포를 발견했다고 선언했지만 사람들은 믿지 않았다.

정면에서 본 앙헬 폭포의 모습

1949년에 이르러 미국의 탐험대가 모터보트를 타고 앙헬 폭포에 대한 전면적인 탐사를 진행했다. 측량기기를 동원해 측정한 결과, 앙헬 폭포의 높이는 979미터로 나이아가라 폭포보다 거의 18배나 높았다. 곧이어 측량 결과가 발표되자 사람들은 그제야 에인절이 세계에서 가장 높은 폭포를 발견한 사실을 인정했다. 1956년에 에인절은 비행기 사고로 목숨을 잃었고 그의 유골은 앙헬 폭포 상공에 뿌려졌다.

멀리서 올려다보면 사암 고원 곳곳에 깊숙한 협곡이 분포하고, 물줄기가 하나로 합쳐져 성난 기세로 쏟아져 내린다.

OCEANIA

산호초로 둘러싸인 모래섬, 진기한 화산섬의 비경
오세아니아

NATIONAL
GEOGRAPHY
COLLECTION

교과 관련 단원

중1 〈사회〉

Ⅲ. 다양한 지형과 주민 생활

고등학교 〈세계 지리〉

Ⅲ. 다양한 자연환경

OCEANIA

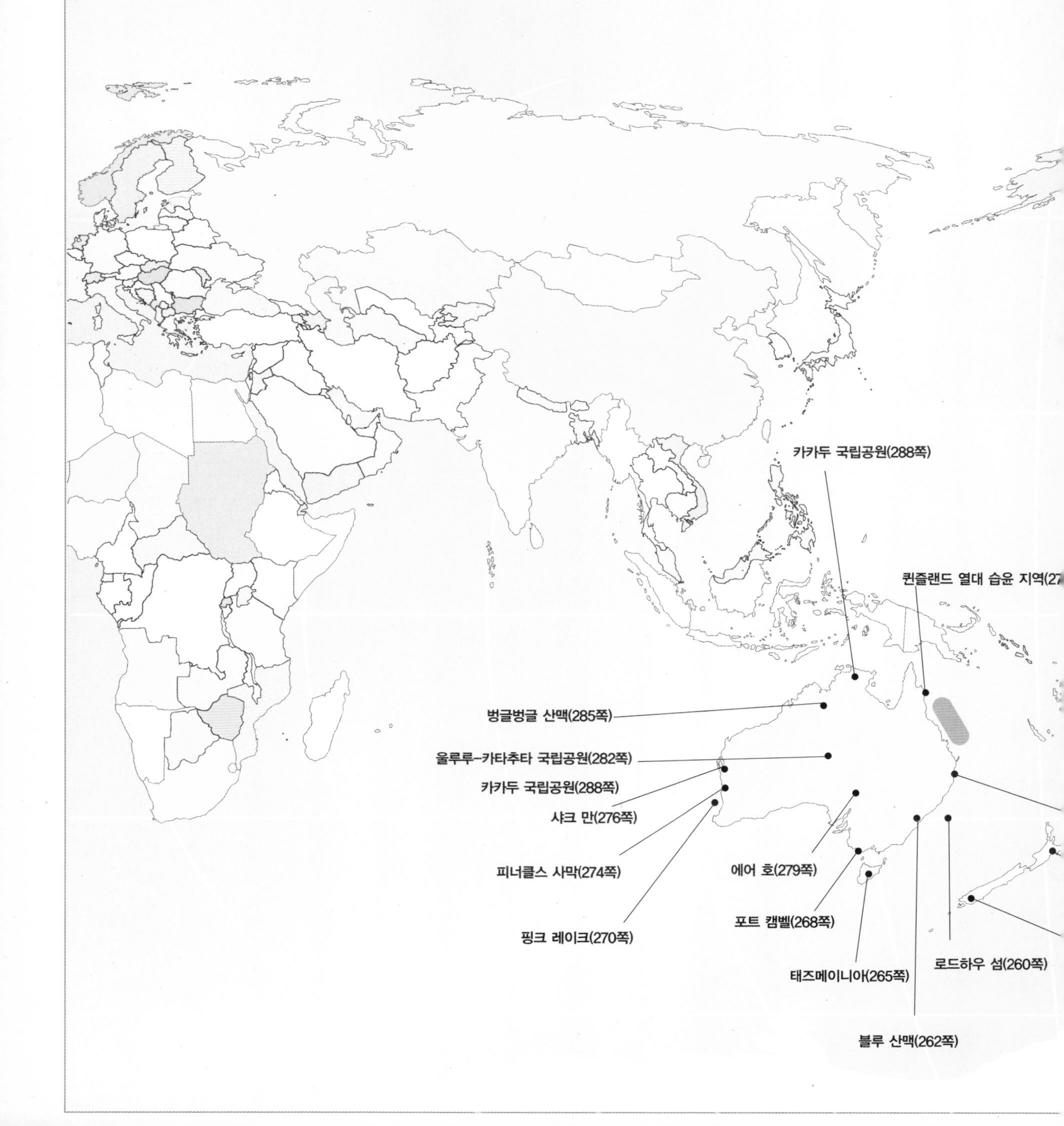

카카두 국립공원(288쪽)
퀸즐랜드 열대 습윤 지역(27
벙글벙글 산맥(285쪽)
울루루-카타추타 국립공원(282쪽)
카카두 국립공원(288쪽)
샤크 만(276쪽)
피너클스 사막(274쪽)
에어 호(279쪽)
핑크 레이크(270쪽)
포트 캠벨(268쪽)
태즈메이니아(265쪽)
로드하우 섬(260쪽)
블루 산맥(262쪽)

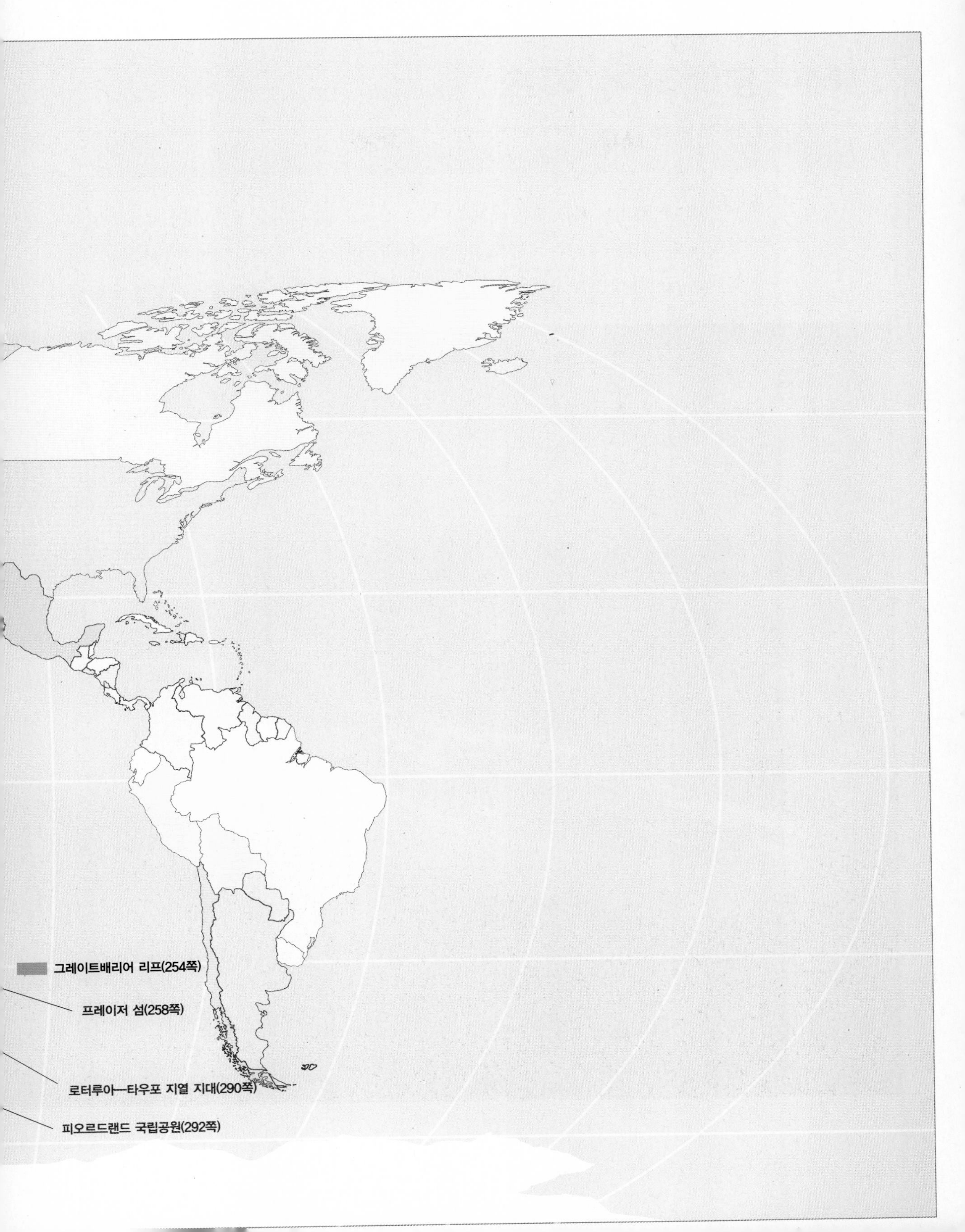
그레이트배리어 리프(254쪽)
프레이저 섬(258쪽)
로터루아—타우포 지열 지대(290쪽)
피오르드랜드 국립공원(292쪽)

그레이트배리어 리프 오스트레일리아 ★ Great Barrier Reef

산호충이 분비한 석회질 골격과 해조류, 조가비 등 해양 생물들의 잔해가 한데 붙고 퇴적되어 산호초가 만들어졌다.

그레이트배리어 리프 또는 대보초大堡礁는 오스트레일리아 북동부 해안 약 322킬로미터 밖 대륙붕에 자리한 세계 최대의 산호초 지대이다. 해안과 너비가 13~240킬로미터 사이인 물길을 사이에 두고 있다. 북쪽의 토러스Torres 해협에서 시작해 남쪽

으로 프레이저Fraser 섬 부근까지 길이가 2,000여 킬로미터에 달한다. 너비는 북부의 2킬로미터 미만에서 남쪽으로 갈수록 점점 넓어져 150킬로미터 이상에 달한다. 약 2,900개에 이르는 크고 작은 산호초와 섬으로 이루어졌으며 면적이 20만 7,000제곱킬로미터이다. 썰물 때는 약 8만제곱킬로미터의 산호초가 수면에 드러나 있고, 밀물 때는 대부분 바닷물에 잠기며 600여 개의 산호초만이 나타났다 없어졌다 한다.

'그레이트배리어 리프' 라는 이름의 유래는 영국의 탐험가 캡틴 쿡James Cook과 관련 있다. 1770년 6월에 캡틴 쿡이 '엔데버Endeavour 호' 를 인솔하고 지구 탐험을 하던 중에 오스트레일리아 동해안과 보초 사이에서 암초에 부딪쳐 파손되었다. 선원들과 함께 배를 해안으로 끌고 가서 수리하는 동안 그는 산호초 지역을 샅샅이 둘러보고 '그레이트배리어 리프' 라고 이름도 붙였다.

가장 놀라운 것은 이토록 방대한 '공사' 를 만들어낸 '건축사' 가 지름 몇 밀리미터의 장강동물인 산호충이라는 사실이다. 산호충은 몸체가 영롱하고 색깔이 아름다우며, 일 년 내내 수온이 22~28도 사이로 유지되는 청정한 수역에서만 살 수 있다. 오스트레일리아 북동부 해안 200해리 밖 대륙붕 해역은 바로 산호충이 번식하고 서식하기에 이상적인 조건을 갖추었다. 산호충은 부유 생물을 먹이로 하고 단체 생활을 하며 석회질의 골격을 분비한다. 출아법세포의 일부분이 떨어져 나가 하나의 세포가 번식되는 방법으로 증식하는데, 늙은 산호충과 새로 자라난 산호충이 함께 붙어서 나뭇가지와 같은 군체群體를 형성한다. 늙은 산호충이 죽으면 그 골격이 군체에 그대

○ 대부분 산호초 섬은 바다에 잠겨 꼭대기만 살짝 드러내고 있으므로 진정한 의미의 섬과는 거리가 멀다.

로 남고, 새로 자라난 산호충은 계속해서 발육하고 번식한다. 이것이 끊임없이 반복되면서 세월의 흐름에 따라 산호충이 만들어 낸 석회질 골격과 해조류, 조가비 등 해양 생물의 유해가 한데 붙어 산호초를 형성한다. 산호초의 형성 과정은 매우 느려서 최상의 조건에서도 일 년에 겨우 3~4센티미터 정도 두꺼워질 뿐이다. 그런데 이곳의 일부 암초는 두께가 수백 미터에 달하니 '건축사' 들이 얼마나 기나긴 세월 동안 열심히 노력해 왔는지 알 수 있다. 또한 오스트레일리아 북동 해안 지역에서 함몰 현상이 나타난 적이 있었고, 이 때문에 햇빛과 먹이를 쫓아 산호들이 끊임없이 자라왔다는 것을 말해 준다.

이곳에 있는 산호는 350여 종이다. 크기나 형태, 색깔 모두 천차만별이며 어떤 것은 아주 작고 어떤 것은 너비가 무려 2미터에 달한다. 모양은 부채꼴, 반원형, 회초리 모양, 사슴뿔 모양, 나무와 꽃 모양 등 천태만상이고 색깔도 연분홍, 짙은 장밋빛, 진한 노란색, 파란색, 초록색 등 유난히 선명하고 화려하다.

산호초 지역 내의 환경도 제각기 달라 다양한 생물이 서식한다. 1,400여 종에 이르는 어류와 갑각류, 패류가 여기에 자리를 잡고 살며, 말미잘, 연충, 해면, 그리고 새들이 이곳과 주변에서 서식한다. 그중에서 산호는 겨우 10퍼센트를 차지한다. 해삼이 뱉어내는 미세한 조가비와 모래알이 바다 밑으로 가라앉아 산호 밑바닥의 균열을 메워줌으로써 산호초를 보호하는 데 중요한 역할을 한다.

산호초의 생태 균형은 특히 미묘하여 조금만 변화가 생겨도 그 균형이 깨질 수 있다. 1960,70년대에 이곳에 가시불가사리 개체수가 급격히 증가했고, 가시불가사리가 산호에 소화액을 뱉어내 산호가 죽어버리면서 이곳의 생태 환경이 크게 위협을 받았다. 불가사리 수가 급증한 이유는 관광객들이 불가사리를 잡아먹는 육식성 연체동물인 소라를 모조리 주워 갔기 때문이었다. 이를 깨닫고 소라를 보호하면 곧 가시불가사리 수를 줄일 수 있지만 일부 산호초의 생태 환경은 회복되려면 수십 년이 걸린다.

그레이트배리어 리프는 또한 거대한 천연의 해양 생물 박물관이기도 하다. 알록달록한 산호초 섬들이 광활하게 펼쳐진 바다에 반짝이는 보석처럼 해수면을 아름답게 수놓는다. 크고 작은 산호초가 줄지어 늘어서고, 환초가 호수를 둘러싸고 있다. 환초 밖은 세찬 파도가 출렁이지만 환초 안의 호수면은 거울처럼 잔잔하다. 바닷물에 잠기지 않은 산호초에는 꽤 두터운 토양층이 생겨나 야자나무와 종려나무가 높이

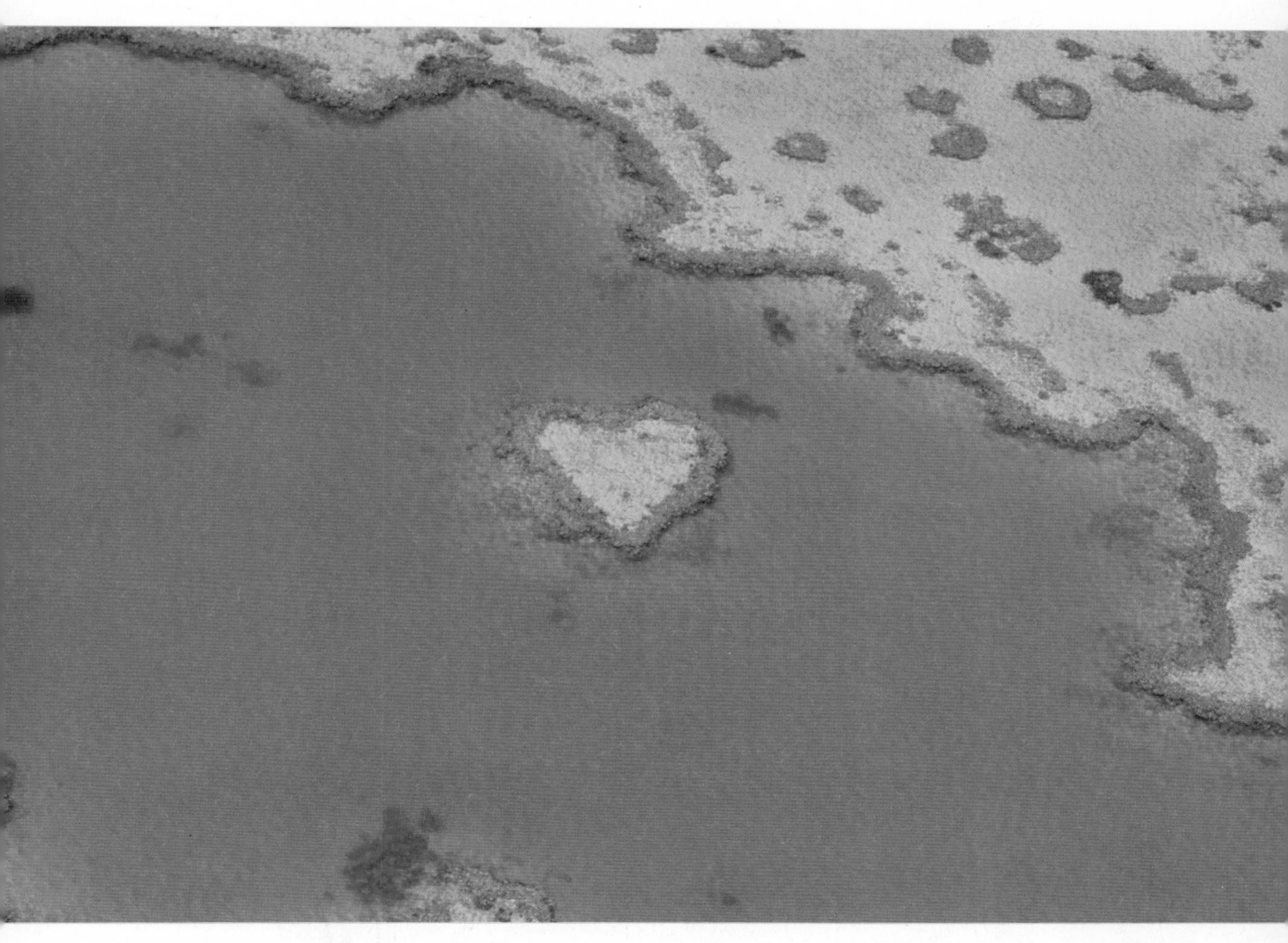

치솟고 덩굴이 빽빽하게 뒤얽혀 있다. 푸른 초목이 울창하게 우거진 열대의 아름다운 풍광이 시원하게 펼쳐진다. 따뜻하고 맑은 바닷물 속으로 400여 종에 이르는 산호로 만들어진 무성한 해저 '산림' 이 훤하게 들여다보인다. 각양각색의 산호들이 오색찬란한 빛깔을 뽐내는 가운데 어류 1,500종과 연체동물 4,000종이 산호 숲속을 자유롭게 헤엄쳐 다닌다. 이곳은 또 초록거북과 듀공 등 멸종 위기에 놓인 동물들의 서식지이기도 하다.

하트 모양으로 생겨 유명해진 그레이트배리어리프의 하트 섬

프레이저 섬

오스트레일리아 ★ Fraser Island

프레이저 섬은 세계에서 가장 큰 모래섬으로, 호수와 숲, 모래 지대가 각기 특색을 자랑하면서도 완벽한 조화를 이룬다. '프레이저' 라는 여성의 특이한 경력으로 유명해졌다.

오스트레일리아 퀸즐랜드Queensland 주 남동부의 뜨겁고 투명한 바다에 둘러싸인 프레이저 섬은 허비Hervey 만과 그레이트샌디Great Sandy 해협을 사이에 두고 메리버러Maryborough 항구와 마주하고 있다. 섬의 모양은 마치 너덜너덜한 부츠 같다. 길이 124킬로미터, 면적 1,620제곱킬로미터로 세계 최대의 모래섬이다.

프레이저 섬 주위는 온통 황금빛 모래사장과 모래언덕이며, 모래언덕의 높이가 무려 240미터에 달한다. 어떤 곳에는 붉은색과 노란색, 갈색이 번갈아 섞여 있는 사암 절벽과 풍랑의 침식으로 형성된 탑 모양의 원추형 돌기둥이 우뚝 솟아 있다. 모래톱과 절벽 뒤에는 다양한 식물이 빽빽하게 자라 무성한 숲을 이룬다. 물이 고인 곳에서는 습한 환경을 선호하는 종려나무와 니아울리Niaouli나무가 자란다. 이 밖의 다른 곳에는 측백나무와 키 큰 유칼리나무, 줄지어 가지런히 늘어선 퀸즐랜드산 남양삼나무, 그리고 19세기의 진귀한 수종인 카우리소나무가 자란다. 이곳은 세계에서 유일

프레이저 섬에는 이런 열은 담수호가 수십 개나 있다. 물이 맑고 투명하지만 생기가 없다.

하게 해발 200미터 이상의 모래언덕에서 키 큰 나무가 우거진 우림이 발견되는 곳이다.

섬의 연간 강우량은 1,500밀리미터에 달해 식물들이 잘 자란다. 이곳은 세계에서 몇 안 되는 오스트레일리아 피나무 산지 중의 하나로, 그 나무줄기는 1920년대에 수에즈Suez 운하의 강변을 깔고 정비하는 데 많이 이용되었다.

오스트레일리아의 퀸즐랜드 지역은 육지와 섬 모두 식생이 매우 풍부하다. 위의 그림은 이 지역의 기생성 열대 우림 덩굴식물이다.

프레이저 섬의 숲과 관목림 속에는 호수가 수십 개 있다. 비록 모래로 이루어진 섬이지만 물이 쉽게 지하로 스며들지 않는다. 낮은 지대에서는 모래와 부식질 및 광물질이 서로 붙어서 물이 새지 않는 큰 웅덩이를 형성해 빗물이 모아진다. 그래서 곳곳에서 빗물이 모여 형성된 수정처럼 맑은 담수호를 발견할 수 있다. 전 세계에서 고지대에 있는 모래언덕 80여 개 중 절반 이상이 프레이저 섬에 있다. 가지런히 줄지어 늘어선 호수들은 수량은 물론 형성 과정도 세계에서 보기 드문 경우이다. 프레이저 섬의 호수들은 물의 투명도가 높고 산성이 강하며 영양 성분 함량이 낮아 어류와 기타 수생 생물이 거의 살지 못한다. 그러나 이곳 환경에 유난히 잘 적응한 개구리들이 있다. 특히 '산성 개구리' 라고 불리는 희귀종은 산성이 강한 호수와 늪의 환경을 잘 견디며 여유롭게 살아간다.

프레이저 섬의 이름은 이 섬에 난파되었던 제임스 프레이저James Fraser 선장 부부의 이름을 따서 붙여졌다. 1836년에 유럽인들이 이곳을 지나가다가 배가 파손되어 잠시 섬에 머물렀는데, 그중에 프레이저 선장 부부가 있었다. 두 달 후에 구조대가 도착했을 때 제임스 선장을 포함한 몇 명은 이미 목숨을 잃었다. 프레이저 부인은 남편이 원주민들에게 살해되었다고 주장했으며, 귀국하고 나서는 런던의 하이드Hyde 공원에 천막을 치고 자신이 섬에서 겪은 끔찍한 일들을 크게 떠들었다. 심지어 이야기를 한 번 들려주는 데 6펜스를 받았다. 자신이 어떻게 원주민의 긴 창에 찔리고 끔찍한 고문을 당했는지, 또 선원들이 산 채로 화형을 당한 상황을 생동감 넘치게 이야기했다. 이후 프레이저 부인의 경력은 영화와 소설의 주제가 되었다.

1971년에 오스트레일리아 정부는 이곳의 생태 환경을 보호하기 위해 섬 전체의 1/4을 국립공원으로 지정했다. 그리고 1976년에 다시 국립공원의 면적을 섬 전체의 1/3로 확대하고 섬의 이름을 '그레이트샌디Great Sandy 섬' 으로 확정했다.

로드하우 섬

오스트레일리아 ★ Lordhowe Island

로드하우 섬은 기후가 온난하고 빗물이 풍족하며 사계절 강우량이 균일해서 식생이 매우 다양하고 풍부하다. 제도의 대부분 지역이 모두 바닷새의 서식지이다.

오스트레일리아 로드하우 제도의 한 부분인 로드하우 섬은 시드니에서 북동쪽으로 702킬로미터 떨어진 남태평양에 있다. 로드하우 제도에는 로드하우 섬 외에도 볼스 피라미드Ball's Pyramid 섬 등이 있으며 총 면적이 약 15.4제곱킬로미터이다. 행정상 뉴사우스웨일스New South Wales 주에서 관할한다. 로드하우 섬은 제도에서 가장 중요한 섬으로 6500만 년 전부터 200만 년 전까지의 제3기 화산암으로 이루어졌다. 길이 11킬로미터, 너비 1.5킬로미터, 면적 14.4제곱킬로미터로 좁고 긴 초승달 모양이다. 섬 서부에는 세계 최남단의 산호초가 펼쳐져 있는데, 100만 년 전의 홍적세 때부터 형성되기 시작해 지금까지 계속되고 있다. 수온이 비교적 높은 북부와 온도가 달라 산호초를 형성하는 생물 유해의 내용물도 서로 다르다. 더욱 독특한 것은 이곳 산호초는 완전한 산호초라기보다는 산호초와 해조류 초석 중간에 해당한다. 산호초에 둘러싸여 형성된 초호礁湖는 길이가 6,500미터이며 좁은 출구가 여러 개 있다. 섬의 동해안은 가파른 절벽이다. 남동부에는 두 개의 화산 리지버드Lidgbird 산과 가우어Gower 산이 있으며 해발이 각각 777미터와 875미터로 무척 험준하다. 곳곳에 석회암 동굴이 분포하며, 중부는 지세가 비교적 낮다. 로드하우 섬은 1788년에 헨리 리지버드 볼Henry Lidgbird Ball 상위가 발견했고, 영국의 유명한 해군 장교인 리처드 하우Richard Howe의 이름을 따서 명명했다.

로드하우 섬은 기후가 온난하고 빗물이 풍족하며 사계절 강우량이 균일해서 식생이 매우 다양하고 풍부하며 대부분이 우림과 야자나무숲이다. 섬에 자라는 야자나무는 두 종류인데 통틀어서 켄티아야자Howeia belmoreana, 호웨아벨모아라고 한다. 한 종류는 최고 높이가 20미터에 달하며 저지대의 모래땅에서부터 해발 120미터 지역까지 골고루 분포한다. 알 모양의 빨간색 열매는 다 익었을 때 길이가 2~5센티미터 정도이다. 또 다른 종류는 키가 작고 열매가 황록색이며 크기가 작다. 이 종류는 더 널리 분포해 섬 곳곳에서 쉽게 볼 수 있다. 과거에는 야자열매 수출이 이곳의 주요 수입원이었다.

이곳은 섬 전체의 대부분 지역이 바닷새의 서식지이다. 기록된 조류의 종류만 해도 약 100종이 되는데, 그중에 30종만 이곳에서 부화되어 태어난 새들이다. 나머지는 모두 규칙적으로 이곳에 이사를 오거나 지나가는 '손님' 들이다. 1788년에 하우 경이 이곳을 발견하고 나서 섬에 서식하던 조류 15종이 정상적으로 번식하는 데 심각한 영향을 받았고 그중에 8종이 멸종되었다. 이곳의 긴부리흰눈썹뜸부기는 세계 희귀 조류 중의 하나로 현재 전 세계에 겨우 30여 마리가 생존하고 있다. 고양이, 개, 쥐, 돼지, 사람 모두 이 섬에서 살아가는 새들의 생존 환경을 위협한다. 또한 야자열매 과다 채집으로 새들의 먹이가 부족하고, 새알과 새끼 새를 먹이로 하는 동물이 많은 것도 조류의 개체수가 급감하는 데 원인이 되고 있다. 현재 오스트레일리아 정부는 멸종 위기의 조류를 구하고자 적극적인 조치를 취하고 있다.

이 섬에 상주하는 인구는 약 220명이다. 현재 주요 산업은 어업과 야자열매 수출에서 관광업으로 바뀌었다. 그런 한편, 현지에서는 환경을 보호하고자 참관 인원과 차량을 제한하는 정책을 실시한다. 섬 주민들에게 생활용품을 제공하는 선박이 매달 정기적으로 운행된다. 그러나 항구가 없어서 기상 상황이 좋지 않을 때는 배가 정박하여 물건을 내릴 수가 없기 때문에 주민들의 생활에 불편을 주는 일도 종종 있다. 가벼운 화물이나 관광객은 비행기를 이용해서 섬을 출입한다.

로드하우 섬은 화산섬으로, 비록 숲이 무성하게 우거지고 식생이 풍부하지만 경작할 수 있는 땅은 극히 적다.

블루 산맥

오스트레일리아 ★ Blue Mountains

블루 산맥은 오스트레일리아 동부에서 가장 높은 산맥이다. 햇빛이 비치면 유칼립투스가 공기 속으로 흩뜨리는 기름방울이 파란빛을 띠어 블루 산맥이라는 아름다운 이름이 붙여졌다.

시드니 서쪽 약 65킬로미터 지점에 있는 블루 산맥은 오스트레일리아 남동부 뉴사우스웨일스New South Wales 주에 있는 유명한 관광지이다. 동쪽에서 서쪽으로 갈수록 낮아지는 지형으로 동부의 최고 지점은 해발 1,070미터, 서부의 산봉우리들은 높이가 360~540미터이다. 험준한 산봉우리와 깊은 계곡이 어우러지고 산에는 유칼립투스가 드넓게 분포한다.

블루 산맥은 오스트레일리아 동부에서 가장 높은 산맥이며 4,000여 킬로미터에 걸쳐 길게 뻗어 있다. 산지 대부분이 중생대의 수평 사암층으로 구성되고 기암괴석奇巖怪石이 울퉁불퉁 솟아 있다. 험준한 산세 때문에 식민 초기에는 유럽 이민자들이 내륙으로 진입하지 못했다. 1813년에야 비로소 로우슨Lawson이라는 유럽인이 온갖 위험과 곤란을 무릅쓰고 카툼바Katoomba 부근에서 산지를 넘어 내륙에 이르렀다. 당시 기념으로 산 입구에 나무를 심었는데, 그 나무줄기가 지금도 남아 있어 개척자의 유적 중 하나로 보존되고 있다.

블루 산맥은 기후가 매우 온난하고 쾌적하며 꼬불꼬불한 오솔길이 연이어 있다. 산간 도시 카툼바 근처의 제미슨 밸리Jamison Valley에는 블루 산맥의 상징이기도 한 유명한 '세 자매 봉' 이라는 기암이 우뚝 솟아 있다.

'세 자매 봉' 은 높이가 약 450미터이며 거대한 바위 세 개가 우뚝 솟아 있는 모습이 마치 소녀 세 명이 어깨를 나란히 하고 사이좋게 서 있는 듯 기이하면서도 수려하다. 세 자매 봉우리는 마법사의 세 딸이 변한 것이라는 전설이 있다. 마법사가 아리따운 세 딸을 마왕으로부터 보호하려 잠시 돌로 변하게 했는데 마왕과 싸우던 중에 그만 마법 지팡

세 자매 봉은 블루 산맥에서 가장 유명한 볼거리이다. 재미슨 밸리 옆에 나란히 솟아 있는 봉우리 세 개가 마치 정숙하고 아리따운 소녀 세 명의 모습 같다.

이를 잃어버려 세 딸은 원래의 모습을 찾지 못하고 바위가 되었다고 한다. 오늘날 봉우리 아래에는 금조琴鳥가 빙빙 날아다닌다. 이는 마법사의 영혼이 금조가 되어 딸들의 모습을 되돌리고자 계속해서 마법 지팡이를 찾는 것이라고 한다.

블루 산맥 산록에 있는 제놀란Jenolan 동굴은 블루 산맥에서 유명한 또 다른 볼거리이다. 수억 년 동안 지하수에 씻기고 침식되어 형성된 아름답고 웅장한 석회암 동굴로, 굴 속에 또 굴이 있으며 깊이가 가늠할 수 없을 정도이다. 주요 부분은 임페리얼 동굴, 리버 동굴, 루카스 동굴, 오리엔탈 동굴 등 동굴 9개이다. 임페리얼 동굴 안에는 천장에서 길고 뾰족한 종유석이 아래로 드리워 바닥에서 솟아오른 석순과 서로 잇닿았다. 리버 동굴은 거대한 종유석이 하늘을 떠받드는 기둥처럼 비범한 기세를 뽐내며 천장에서 내리 드리워 있고 이슬람 사원의 뾰족한 탑처럼 생긴 석순이 우뚝우뚝 솟아 있다. 그 장엄하고 엄숙한 자태는 보는 이들의 마음속에 절로 경건함이 생겨나게 한다. 루카스 동굴은 부러진 석주가 볼거리이다. 대자연의 위대한 힘이 만들어 낸 천상의 조각품으로, 가히 절경이라 할 만하다.

블루 산맥의 웬트워스Wentworth 폭포는 계단형 폭포로 높이가 187미터이다. 절벽에서 하얀 물기둥이 웅장한 소리를 내며 깊이 300미터의 재미슨 밸리로 쏟아져 내린다. 관망대에서 보면 하얀 비단을 드리운 것처럼 폭포가 거침없이 쏟아져 내리고 산산이 부서진 물방울이 높이높이 튀어 오르며 드높은 기세를 자랑한다. 관망대에서 고개를 돌려 서쪽을 바라보면 구름 안개 속에서 고지와 산봉우리들이 모습을 드러냈다 숨었다 하며 꿈같은 풍경이 펼쳐진다.

세 자매 봉과 제놀란 동굴, 웬트워스 폭포 외에도 블루 산맥에는 기암괴석 등 볼거리가 매우 많다. 오랜 세월에 걸쳐 오로지 자연의 힘으로 만들어진 천연의 경관은 전 세계 관광객들에게 거부할 수 없는 매력으로 다가온다. 오늘날 블루 산맥은 오스트레일리아 최고의 관광지로 거듭났다. 관광객들은 관광용 로프웨이와 협곡 깊숙이 들어가는 케이블카를 이용해 주위의 절벽과 폭포, 계곡 등을 천천히 감상할 수 있다.

금조

금조는 블루 산맥의 독특한 풍경이다. '금조'라는 이름은 수컷의 꼬리가 서양 악기인 하프 같다고 해서 붙여졌다. 수컷이 꽁지를 활짝 펼치면 꽁지깃 16개가 앞으로 펴지고 양쪽의 깃털 두 개가 우아하게 휘어져 꼭 하프 같아 보인다. 금조는 수컷의 화려하고 아름다운 꽁지깃으로 유명하지만 수컷이 자신의 영지임을 표현하고 암컷을 유혹하는 과시 행위 또한 매우 근사하다. 수컷은 그때그때 주변 상황을 이용해 쓰레기를 물어다가 봉긋한 언덕 모양의 '무대'를 만든다. 그러고는 '무대'에 올라 화려한 꽁지깃을 펼치고 날개 밑의 찬란한 은빛 바탕을 드러내며 쟁쟁한 울음소리에 맞춰 화려한 춤사위를 선보인다.

태즈메이니아

오스트레일리아 ★ Tasmania

오스트레일리아 남부에 자리한 태즈메이니아 섬은 지구상에 몇 안 되는 남은 처녀지 중 하나이다. 태즈메이니아 섬을 사랑하는 사람들은 이곳을 '지상에서 가장 아름다운 곳'이라고 부른다.

오스트레일리아의 태즈메이니아 섬에 자리한 태즈메이니아 국립공원군은 오스트레일리아 최대의 자연 보호 구역으로, 과거에 강렬한 빙하 작용을 겪었던 곳이다. 사우스웨스트Southwest 국립공원, 프랭클린-고든와일드Franklin-GordonWild 강 국립공원, 크레이들 산-세인트클레어Cradle Mountain-St Clair 호수 국립공원이 포함되며 면적이 7,694제곱킬로미터로, 거의 모든 지역이 아직 인류 활동에 의해 파괴되지 않은 소중한 처녀지이다. 중심부는 남북 방향으로 넓게 펼쳐진 고생대의 첫 시대인 캄브리아기의 암석 지대이며 남서부에는 석영암 산봉우리들이 겹겹이 줄지어 늘어서 있어 장관

공원 내의 무성한 열대 우림은 대부분 원시적인 상태 그대로 보존되어 있다.

을 이룬다. 이곳의 온대 우림은 현재 몇 개 남지 않은 온대 야생 지역 중의 하나이다.

공원 내에는 식물 종류가 매우 다양하고 풍부하며 온대 원시우림과 유칼리나무가 듬성듬성 자란 숲이 주를 이룬다. 세계에서 가장 오래된 수종도 있다. 현지 토착 식물은 총 165종, 그 가운데 29종은 남서부 지역 고유의 종이다. 태즈메이니아 국립공원 지대는 또 멸종 위기에 놓인 희귀한 동물들의 근거지이기도 하다. 세계에서 가장 큰 유대류 육식 동물인 주머니늑대 및 코알라 등 희귀 동물이 서식한다. 그리고 이 지역에 서식하는 전체 포유동물 종류의 2/3인 21종이 이곳 고유의 동물종이다.

태즈메이니아 국립공원은 빙하와 카르스트 및 연해의 특징이 두드러진다. 발달한 현대 빙하가 산비탈을 타고 흘러내려와 지표면을 강렬하게 침식해서 협곡과 빙식호, U자형 계곡 등 지형을 형성했다. 오스트레일리아에서 가장 깊은 호수인 세인트클레어Saint Clair 호가 바로 빙하호이며 이 공원 안에 있다. 이곳은 퀸즐랜드의 요크York 곶 외에 오스트레일리아에서 강우량이 가장 많은 지역으로 수많은 급류와 폭포가 형성되었다. 이 밖에도 카르스트 지형의 석굴, 아치, 계곡, 석회암층, 돌로마이트Dolomite 등이 곳곳에 펼쳐 있다. 이곳에는 또 오스트레일리아에서 가장 깊고 가장 긴 석굴이 있는데 길이는 약 20킬로미터이며 동굴 내부의 경치가 매우 아름답다. 남서 해안은 울퉁불퉁하고 굴곡이 심하며 모래사장과 가파른 곳이 번갈아가며 섞여 있어 신기하고 독특한 경치를 연출한다.

하얀 눈이 소담스레 쌓인 산꼭대기가 거울처럼 잔잔한 세인트클레어 호의 수면에 거꾸로 모습을 드리운다.

포트 캠벨

오스트레일리아 ★ Port Campbell

긴긴 세월 동안 파도의 침식으로 포트 캠벨의 해면에는 돌기둥들이 외롭게 솟아 있다. 얕은 물속에 '12사도'가 마치 수호신인 양 경건한 모습으로 해안을 지키고 있다.

오스트레일리아 남동 해안에 자리한 포트 캠벨은 남인도양과 인접하며 빅토리아 주의 관광명소이다. 포트 캠벨 해안의 절벽은 32킬로미터나 길게 이어지며, 현재 오스트레일리아 정부는 해안 전체를 국립공원으로 지정했다. '12사도'와 '런던 브리지London Bridge', 그리고 근처의 베이커즈 오븐 록Bakers Oven Rock, 센티넬 록스Sentinel Rocks와 그로토The Grotto 등 기암절벽들이 독특한 해안 풍경을 만들어 낸다.

항구 밖에 우뚝 솟아 있는 거대한 돌기둥 12개는 멀리서 보면 마치 급한 용무가 있어서 황급히 달려오는 사도 같다고 하여 '12사도'라는 이름이 붙여졌다. 원래는 험한 석회암 절벽의 일부였으나 기나긴 세월 동안 거친 파도에 씻기고 깎여 주위 암석들이 점점 침식되고 돌기둥 형태로 12개만 남아 해면 위에 외롭게 솟아 있다. 돌기둥의 형태도 쐐기 모양, 원기둥 모양, 동굴 모양, 아치 모양 등 제각기 다르다. 작은 섬처럼 생긴 이 돌기둥들을 모두 연결하면 지금은 사라진 옛날의 해안선을 그려 낼

'12사도'는 원래 절벽의 일부분이었으나 지금은 해면 위에 하나씩 따로 떨어져 있다.

수 있을 것이다.

포트 캠벨의 석회암은 2,600만 년 전 이곳이 아직 해저에 있었을 때 형성된 것이다. 해양 동물이 죽은 후 칼슘을 함유한 껍질이 해저에 퇴적되어 차차 부드러운 흙 위에 두께 260미터에 달하는 석회암이 형성되었다.

약 2만 년 전의 빙하기에 해면이 낮아지면서 이 석회암이 수면 위로 드러났다. 그리고 비바람과 파도가 절벽을 침식하기 시작했고, 오랜 세월이 지나면서 2,30년마다 해안의 일부가 무너져 바닷속에 잠겼다. 일부 구간에서는 해안선이 가지런하게 뒤로 후퇴해 원래의 흔적이 전혀 남아 있지 않다. 또 어떤 구간은 암석의 약한 부분이 먼저 붕괴되고 단단한 부분은 남아서 지금의 해식 절벽Sea Cliff과 시스택Sea Stack, 시 아치Sea Arch 등 해식 지형들이 곳곳에 남아 있다.

1990년 이전까지만 해도 바다 속까지 쭉 뻗은 천연의 제방이 있었는데, 형상이 런던 템스Thames 강의 낡은 다리와 흡사하다고 하여 '런던 브리지' 라고 이름 지어졌다. 1990년 1월 어느 날의 황혼 무렵, 거센 광풍이 몰아치면서 산더미 같은 거대한 파도가 아치를 강타해 '브리지' 가 산산조각이 난 채 바닷속으로 무너져 내렸다.

아치의 부서진 부분에 새롭게 드러난 단면은 색깔이 비교적 옅어 오랜 세월 풍화 작용으로 시커멓게 변한 암석의 색깔과 선명한 대조를 이룬다. 매정한 파도가 여전히 쉬지 않고 해안과 남은 아치를 깎아내고 침식해 남은 부분마저 무너지는 것은 시간 문제이다.

포트 캠벨의 해식 지형은 호기심 많은 인간들의 발길을 유혹할 뿐만 아니라 수많은 조류에도 아주 매력적인 곳이다. 쇠부리슴새가 무리를 지어 시베리아에서부터 대서양을 횡단해 이곳으로 날아든다. 장장 1만 4,000킬로미터에 달하는 험난한 여정을 거쳐 9월 말에 이곳에 도착하면 가장 큰 돌기둥에 둥지를 틀고 새끼를 낳는다. 바위틈마다 새둥지가 빼곡하게 들어차서 빈틈을 찾아보기가 어려울 정도이다. 이곳에는 쥐와 사람들이 올라올 수가 없기 때문에 쇠부리슴새들은 마음 놓고 새끼를 키울 수 있다.

신천옹

포트 캠벨에는 수많은 신천옹이 서식한다. 짧은꼬리알바트로스라고도 불리는 이런 새들은 광풍과 거센 파도를 즐긴다. 바람이 없으면 비행하기가 어려워지기 때문이다. 조류 중에서 날개가 가장 큰 편에 속하며, 늘 바다 상공에서 거친 파도와 광풍을 맞받으며 드넓은 해면 위를 글라이더처럼 힘차게 비상한다. 어떤 종류는 10여 킬로미터를 날면서도 날개를 한 번도 푸덕이지 않는다. 바람을 맞받아 구불구불 선회하며 위로 날아오르면 맞바람이 점점 강해지면서 위로 밀어 주어 비행 속도를 유지할 수 있다. 베테랑 선원들이라면 신천옹이 나타나는 곳은 분명히 날씨가 아주 나쁠 것이라는 것쯤은 익히 알고 있다. 땅거미가 질 무렵이면 부유 생물과 오징어 및 그 밖의 '해양 주민' 들이 너도나도 해면 위로 모습을 드러내는데, 이때가 바로 신천옹이 호식할 절호의 기회이다.
신천옹은 바람을 등진 경사진 곳에 진흙과 풀을 이용해서 둥지를 튼다. 순풍에서 비행을 시작하기 위해 경사진 곳을 택하는 것이다.

핑크 레이크

오스트레일리아 ★ Pink Lake

로트네스트 섬에 있는 핑크빛 호수는 수수께끼처럼 주위의 울창한 숲을 장식한다. 마치 베일을 쓴 신비로운 여인처럼 생각지도 못한 놀라운 기쁨을 안겨 준다.

핑크 레이크는 오스트레일리아의 로트네스트Rottnest 섬에 있다. 수면은 타원형에 물이 핑크빛을 띠어 마치 달콤한 케이크 위의 생크림처럼 울창한 숲 한구석에 신비로운 색깔을 더해 준다.

핑크 레이크는 함수호로, 너비는 약 600미터이고 물이 얕은 편이며 호숫가를 따라 하얗고 투명한 소금이 가득 널려 있다. 호수 주위는 짙푸른 유칼립투스가 숲을 이루고, 숲 밖에는 좁고 긴 백색 모래 지대가 펼쳐져 호수와 쪽빛 바다를 갈라놓는다. 공중에서 굽어보면 쪽빛 바다와 짙푸른 숲, 핑크색 물과 하얀색 소금이 선명하게 대조를 이루어 핑크 레이크를 더욱 돋보이게 한다.

1802년에 영국의 항해가이자 수문학자인 매튜 플린더스Matthew Flinders가 해안선을 측량하는 길에 이곳에 들렀다가 핑크색 호수를 보고 훗날 이에 대한 문자 기록을 남겼다. 호수 물이 어떻게 핑크색을 띨까? 상식적으로 도저히 이해할 수 없는 이 신기한 호수는 사람들의 관심을 불러일으키기에 충분했고, 1950년부터 과학자들이 그 답을 찾고자 원인을 조사하기 시작했다.

일반적으로 특별한 색깔을 띠는 수역은 보통 물속에 특별한 조류나 광물질이 함유되어 있기 때문이다. 그래서 과학자들은 염도가 매우 높은 물에서 붉은색 색소를 띠는 특별한 물풀을 찾아내려고 했다. 오세아니아 대륙의 에스퍼런스Esperance 근처에도 비슷한 호수가 하나 있는데, 바로 이런 물풀 때문에 물 색깔이 붉은색을 띤다. 그러나 핑크 레이크에서는 여러 번 물을 채취해 분석해 보아도 그런 조류는 발견되지 않았다. 핑크빛 물의 비밀은 오늘날까지도 여전히 풀리지 않는 미스터리이다.

핑크 레이크의 물이 핑크빛을 띠는 이유는 여전히 과학자들의 큰 관심을 불러일으키고 있다.

퀸즐랜드 열대 습윤 지역 오스트레일리아 ★ Wet Tropics of Queensland

퀸즐랜드 열대 습윤 지역의 우림은 식물 종류가 매우 다양하고 식생이 풍부하며 지구상 식물 진화의 주요 단계를 거의 완벽하게 기록하고 있다.

퀸즐랜드 열대 습윤 지역은 오스트레일리아 퀸즐랜드의 북동 연안에 자리하며 면적이 8,940제곱킬로미터에 달한다. 오스트레일리아 북동부에 있는 열대 우림은 한때 오스트레일리아에서 식생이 가장 널리 분포한 지역이었다. 그러나 열대 우림의 현재 면적은 2,000제곱킬로미터에 불과해 겨우 오스트레일리아 면적의 0.2퍼센트에 지나지 않는다. 그중 90퍼센트가 바로 퀸즐랜드 지역에 있다. 울창하게 우거진 식생과 산산조각이 된 지형, 급한 물살과 깊이를 가늠하기 어려운 계곡, 수많은 폭포가 어우러져 장관을 이룬다.

이곳의 연평균 강우량은 1,200~4,000밀리미터 사이이며 일부 구간은 강우량이 더욱 많아 독특한 우기가 나타난다. 이 기간에는 이미 수분 포화 상태에 이른 토양이 더 이상 수분을 흡수하지 않아 지속적인 강우에 토층이 비탈을 따라 미끄러져 내리면서 이 지역만의 독특한 지형을 형성한다. 퀸즐랜드의 우림은 지형 특징에 따라 고지와 낮고 평평한 해안 지대, 그리고 그 사이의 큰 경사면 등 세 구역으로 나뉜다. 고지의 지형은 기복이 심하고 평균 해발 고도가 900미터에 달한다. 높이가 1,622미터에 달하는 산봉우리가 하나 있고, 그 동쪽의 큰 경사면은 바다 안개의 침식을 막아주는 천연의 장벽이다.

이 지역은 동물 자원도 매우 풍부하다. 오스트레일리아에 서식하는 유대류의 30퍼센트, 박쥐의 58퍼센트, 파충류의 23퍼센트, 나비의 62퍼센트가 이곳 우림에서 발견된다. 또 오스트레일리아의 척추동물 중 54퍼센트가 이곳에서 서식한다.

퀸즐랜드 열대 습윤 지역의 우림에는 다양한 식물이 자라며 지역 특유의 식물종도 많다.

피너클스 사막

오스트레일리아 ★ Pinnacles Desert

오스트레일리아 남서부의 사막에는 기상천외한 형상의 석탑들이 즐비하게 늘어서서 '바위 숲'을 이루고 있다. 사막 위에 석탑의 검은 실루엣이 선명하게 드리운 광경이 마치 달 표면과도 같다.

피너클스 사막은 웨스트오스트레일리아 주의 주도州都 퍼스Perth에서 북쪽으로 250킬로미터 떨어진 곳에 있다. 오스트레일리아 남쪽 해안선과 인접하며, 인적이 드문 황량한 불모지이다. 사막 곳곳에 석탑 모양의 암석이 외롭게 홀로 서 있어 '피너클스', 즉 '뾰족한 탑'이라는 이름이 붙여졌다. 지형이 울퉁불퉁하고 지표면에 석회암이 가득 분포해 일반 자동차는 진입할 수 없고 지프차만 달릴 수 있다.

사막 곳곳에 천태만상으로 솟아 있는 기이한 석탑들은 도전 정신이 강하고 호기심 많은 사람들을 유혹한다.

짙은 회색의 석탑은 높이 1~5미터로 평평한 지면에 우뚝 솟아 있다. 사막 변두리에서 중심부로 갈수록 석탑의 색깔은 회색에서 점차 황금색으로 변한다. 크기가 집채만 한 석탑이 있는가 하면 연필처럼 가늘고 긴 것도 있다. 셀 수 없이 많은 석탑이 4제곱킬로미터에 걸쳐 빽빽하게 줄지어 있다.

피너클스 사막의 석회질 암석들은 대자연이 수만 년에 걸쳐 완성한 걸작으로 그 모습을 드러내는 것도, 숨기는 것도 신비로우며 예측을 불허한다.

석탑들의 모양도 제각각이다. 어떤 것은 표면이 비교적 매끄럽고 어떤 것은 벌집처럼 거칠다. 석탑 몇 개가 모여 있는 모습이 마치 거대한 우유병을 흩어 놓은 것 같기도 하다. '허깨비' 라는 이름의 석탑은 중간에 있는 죽음의 신처럼 생긴 돌기둥이 주위의 고스트들에게 설교하는 듯한 모습이다. 다른 석탑들도 각기 형상에 따라 이름이 붙여졌다. 낙타, 캥거루, 어금니, 담장, 인디언 추장, 코끼리 발 등 절묘한 형상들과 딱 어울리는 기발한 이름들처럼 흥미로운 볼거리가 많다.

이곳 석탑은 이미 수만 년 전에 형성되었으며, 단지 근대에 들어와서야 모래 속에서 모습을 드러냈을 뿐이다.

이곳 석탑은 1956년에 오스트레일리아 역사학자가 발견하기 전까지는 이야기만 무성할 뿐 확실하게 아는 사람은 아무도 없었다. 초기 네덜란드 이민자들이 이곳에서 폐허가 된 도시를 발견했다고 말한 적이 있었지만 19세기에 이르러서도 석탑에 관한 문자 기록은 없었다. 1837~1838년, 한 모험가가 탐험 도중에 이 지역 부근을 지나간 적이 있었다. 가는 곳마다 반드시 상세한 일기를 적었다고 하는데 그의 일기 속에서도 석탑에 관한 내용은 찾아볼 수 없었다.

과학자들은 이 석탑들이 19세기 전에 적어도 한 번은 모습을 드러낸 적이 있을 것이라고 추측한다. 돌기둥의 밑 부분에서 조개껍질과 석기 시대의 물건들이 붙어 있는 것을 발견했기 때문이다. 조개껍질을 방사성 탄소로 측정해 보니 약 5000년 전의 것이었다. 따라서 이 석탑들은 6000년 전에 사람들에 의해 발견되었을 가능성이 있다.

그 후 석탑들은 다시 모래에 묻혀 수천 년을 모래 속에 숨어 있었을 것이다. 현지 원주민들의 전설에는 석탑에 관한 이야기가 전혀 없기 때문이다. 1658년에 배가 좌초坐礁되어 이곳에 머물렀던 네덜란드 항해가도 석탑에 대해서는 언급하지 않았다. 만약 그때 석회암 석탑들이 모래 위로 모습을 드러냈다면 분명히 항해 일기에 그런 내용들을 기록했을 것이다. 사막에서는 바람에 따라 모래가 이동하면서 일부 석탑이 모습을 드러냄과 동시에 다른 석탑들이 모래에 묻힌다. 따라서 수 세기가 지나면 이 석탑들이 또다시 모래 속에 묻혀 사라질지도 모를 일이다.

피너클스 사막은 황량한 불모지이지만 주변에는 관목림이 울창하며, 오스트레일리아의 대표적 고유 동물인 캥거루가 이곳에 서식한다.

샤크 만

오스트레일리아 ★ Shark Bay

'상어 만'이라고도 불리는 샤크 만은 지형이 특이하고 해양 생물이 풍부하며, 세상에서 보기 드문 고유의 생물군을 자랑한다. 지구의 발전 역사를 연구하는 데 매우 중요한 가치가 있다.

샤크 만은 웨스턴오스트레일리아 서해안의 카나번Carnarvon 이남에 있는 대형 해만과 부근의 해역을 포함하며 면적이 2,300제곱킬로미터에 달한다. 좁고 길게 돌출된 페론Peron 반도에 의해 남북 길이 약 100킬로미터, 동서 너비 약 50킬로미터의 두 수역으로 나뉜다. 동부는 하멜린Hamelin 만, 서부는 던햄Denham만이다. 해만에는 수많은 섬이 분포하는데 그중에서도 딕하토그Dirk Hartog 섬이 가장 유명하다. 오스트레일리아 본토의 가장 서쪽에 있는 샤크 만은 1699년에 이곳에 상륙한 영국인 윌리엄 댐피어William Dampier에 의해 명명되었다. 당시 해만에서 상어 떼를 봤기에 샤크상어 만이라고 이름 지었다고 한다.

샤크 만은 지질학적으로 볼 때 카나번 분지의 서부가 내려앉아 형성된 것으로, 표면의 암석은 약 6500만 년 전부터 200만 년 전까지의 시기인 제3기의 퇴적암이다.

샤크 만의 옅은 해만은 세계의 비슷한 지형 중에서도 가장 중요한 곳으로 지구의 발전 역사를 연구하는 데 중요한 의미가 있다.

샤크 만의 듀공은 일명 바다소라고도 한다. 동화 속 인어의 실제 모델이기도 하다.

이런 자연 조건에다 오랜 세월 인간의 방해를 거의 받지 않아 해양과 육지 생물로 가득한 독특한 자연의 모습이 형성되었다. 따라서 지구 발전의 역사와 생물의 생태를 연구하는 데 중요한 가치가 있으며, 다양한 동물의 소중한 서식지와 피난처가 되고 있다.

오스트레일리아에서 멸종 위기에 처한 포유동물 26종 가운데 베이비캥거루, 샤크 베이쥐, 반디쿠트 등 5종이 샤크 만에서 번식하며 살아간다. 또한 이곳에 서식하는 조류는 230여 종으로 오스트레일리아 전체의 35퍼센트를 차지한다. 이 밖에도 파충류가 약 100여 종 서식해 사막에서 가뭄을 견디며 살아가는 사막개구리, 아가마 agama 10종 등 매우 독특한 동물들을 볼 수 있다. 그리고 이곳은 듀공이라고 불리는 바다소의 중요한 서식지로 약 1만 마리가 넘는 듀공이 살며 이와 함께 상어, 고래, 돌고래 및 덩치가 어마어마한 초록바다거북 등도 있다.

샤크 만의 얕은 해안과 따뜻한 바닷물은 해초가 자라는 데 적합한 조건이다. 세계

샤크 만의 해파리는 무척추 플랑크톤에 속하며 몸의 99퍼센트가 수분이다.

에서 가장 중요한 해초 서식지로 400제곱킬로미터의 해안에 고유의 해초 12종을 포함해 여러 종류의 해초가 자라며, 연안의 생태환경에 큰 영향을 끼치고 있다. 이곳은 또 생물의 광합성을 발견할 수 있는 원기둥형의 암석 스트로마톨라이트Stromatolite로 이루어졌다. 스트로마톨라이트는 시아노박테리아의 표면에 생기는 점질층에 물속의 부유물이 달라붙어서 형성되거나 암석 형성 과정에서 탄산칼슘이나 백운석, 그리고 껍질이 단단한 유리질의 규소로 이루어진 부유 생물이 침전되어 만들어진다. 이런 암석들은 지구 생물의 최초 진화 궤적을 기록하고 30억 년 이상의 지질 역사를 뛰어넘으며 지금도 여전히 만들어져가고 있으므로 정확히 말하자면 유적 화석이라고 할 수 있다. 육안으로 볼 수 있는 최초의 유기적 집단으로 생물학, 고생물학, 고지리학 등 분야의 과학자들에게 광범위하게 연구되고 있다. 샤크 만 지역의 현대 스트로마톨라이트는 세계에서 가장 중요한 전형적인 지형이다.

에어 호

오스트레일리아 ★ Eyre Lake

에어 호는 나타났다 사라졌다 해서 마치 유령처럼 종잡을 수 없다. 8~10년마다 염호에서 담수호로 변하며, 3년에 한 번씩 호수물이 말라 사라져 버려서 그 흔적을 찾을 수가 없다.

오스트레일리아 중부 평원에 있는 에어 호는 면적이 약 8,200제곱킬로미터로 프랑스와 스페인, 포르투갈을 합친 것보다도 더 크다. 오스트레일리아 중부 평원의 해발이 200미터가 안 되기 때문에 에어 호의 호면도 해면보다 12미터 가량 낮아 오스트레일리아의 최저점으로 꼽힌다.

에어 호는 남북의 두 호수로 갈리며 남쪽 호수가 조금 작고 북쪽 호수가 좀 더 크다. 15킬로미터 길이의 고이더Goyder 수로가 두 호수를 연결한다. 비가 내리면 먼 곳의 산에서부터 메마른 강줄기로 빗물이 흘러드는데, 대부분은 중간에서 증발되거나 모래 속으로 스며든다. 비가 아주 많이 내리는 해에만 빗물이 강줄기에 유입되어 1,000미터의 물길을 형성하며 에어 호로 흘러든다.

사다새

사다새는 해안이나 내륙에 있는 호숫가에서 산다. 에어 호를 찾아온 오스트레일리아 사다새도 이곳에 온 다른 새들과 마찬가지로 계절성 '길손'이다. 깃털은 흰색이고 큰 날개에는 검은 줄이 섞여 있어 언뜻 보기에는 백조와 비슷하지만, 부리가 마치 끝이 뾰족한 펜치처럼 생겼고 아랫부리에 큰 주머니가 달려 있다. 사다새의 가장 눈에 띄는 특징이자 물고기를 잡아먹는 날카로운 무기이다.

1839년에 영국 청년 에드워드 존 에어Edward John Eyre가 오스트레일리아를 남북으로 횡단한 최초의 유럽인이 되고자 애들레이드Adelaide에서 출발했지만 성공하지 못했다. 1840년에 다시 도전하여 마침내 오늘날 자신의 성으로 명명한 에어 호에 도착했다. 당시 호수는 이미 말라 버렸지만 밑바닥의 진흙 때문에 계속 앞으로 나아가지 못했다.

1860년에 한 탐사대가 이곳을 찾았을 때는 바짝 말랐던 호수에 물이 가득 차 큰 염호가 되어 있었다. 이듬해에 호수의 범위를 측량하려고 다시 왔더니 거짓말처럼 호수가 사라져 있었다. 1922년에 허리케인Hurricane이라는 사람이 공중에서 에어 호를 측량했을 때는 북쪽 호수에 물이 차 있었다. 그러나 다음해에 걸어서 호숫가를 찾았을 때는 작은 쪽배가 겨우 뜰 만큼의 수량만 남아 있었다.

현재 에어 호가 염호라는 사실은 이미 확인되었다. 그러나 8~10년에 한 번씩 광활한 담수호로 변하며 3년에 한 번씩 호수의 물이 바짝 말라 버린다. 이런 정기적인 순환은 이미 약 20만 년 동안 지속되었다. 어쩌다 두 해 연속으로 우기에 폭우가 쏟아지면 첫 해에 빗물을 충분히 머금은 지면이 이듬해에 산에서 흘러내린 빗물을 흡수하지

에어 호의 물이 빠져나가면서 물에서 석출(析出)된 소금이 호숫가를 하얗게 색칠한다.

않아 대부분이 호수로 흘러들어 에어 호에 물결이 넘실거린다.

물이 있는 에어 호는 언제나 생기가 넘쳐흐른다. 호숫가도 이때는 온갖 다양한 꽃들이 흐드러지게 피고 데이지와 홉 등 식물이 한가득 자란다. 건조 지대에서 자생하는 완두콩류인 선홍빛의 스터츠 데저트 피Sturt's Desert Pea 등 식물들이 갑자기 싹을 틔우고 또 금방 꽃을 피우고 열매를 맺으며 수분이 사라지기 전에 생명의 순환을 완성한다. 빗물 덕분에 해조류가 회생하고 진흙 속에 묻혀 있던 새우알이 빠르게 부화한다. 그러면 곧 야생오리, 가마우지, 뒷부리장다리물떼새, 갈매기 등 새들이 몰려오며, 어떤 새들은 심지어 오스트레일리아 대륙의 절반을 힘들게 날아온다. 사다새와 장다리물떼새는 호숫가에서 둥지를 틀고 번식하는데, 때로는 새 둥지가 무려 수만 개에 이른다.

그러나 물길이 끊기면 고온에 호수물이 빠르게 증발되고 염분이 점점 증가한다. 그때부터 동물들은 그야말로 시간과의 싸움이 시작된다. 특히 새끼 새들은 호수물이 마르기 전에 빨리 자라서 나는 법을 배워야 한다. 일단 물이 마르면 먹이가 줄어들고 어미 새들이 어린 새끼를 버리고 떠나기 때문이다. 담수어는 호수에서 빠져나갈 수가 없어 짜디짠 물속에서 죽는 길 외에는 방법이 없다. 마침내 에어 호는 또다시 철저하게 말라 버리고 호수 바닥은 딱딱한 소금으로 덮인다. 그리고 다시 황량한 불모지의 모습으로 돌아가 새로운 우기가 생기를 가져다주기를 기다린다.

에어 호는 물이 찰 때는 항상 주위에 생기가 넘쳐흐르고 물이 마르면 온통 쥐 죽은 듯이 고요하고 황량하다. 20만 년이 흐르는 동안 이런 순환이 쭉 반복되었다.

울루루–카타추타 국립공원 오스트레일리아 ★ Uluru-Kata Tjuta National Park

아침 햇살이 비치자 울루루 암석이 불덩어리처럼 벌겋게 타오르며 파란 하늘을 배경으로 눈부신 빛을 뿜어낸다. 작은 산과 같은 암석은 울루루 국립공원의 최고 명물이다.

아침 햇살 아래의 울루루 암석은 마치 평원에서 또 하나의 붉은 해가 솟아오르는 것처럼 벌겋게 타올라 수많은 동물의 지상 낙원이라는 것이 도저히 믿기지가 않는다.

오스트레일리아 대륙의 중부 사막 지대에 있는 울루루–카타추타 국립공원은 앨리스스프링스Alice Springs에서 남서 방향으로 450킬로미터 떨어져 있으며 공원 면적이 1,325제곱킬로미터이다.

울루루–카타추타 국립공원은 울루루 암석과 카타추타로 전 세계에 유명해졌다. 독특한 형태는 물론 원주민의 역사와 전통 문화까지 담고 있어 문화 · 역사적인 가치가 크다. 공원 대부분이 사암으로 구성된 평원이며 오스트레일리아 중부 사막의 일부분으로 6000만 년 동안 비바람의 침식으로 만들어진 자연의 걸작이다.

공원에서 가장 유명한 경관은 바로 울루루 암석이다. '에어즈 록' 이라고도 불리는 울루루는 둘레 8.8킬로미터, 높이 335미터의 어마어마한 암석이다. 광대한 사막 한가운데 홀로 덩그러니 솟아 있어 더욱 거대하게 느껴진다. 마치 망망한 바다 위에 장엄하게 솟아 있는 바위섬 같은 이 암석이 바로 세계의 기적으로 꼽히는 울루루이다. 1984년 말에 외부에 정식 개방된 이래로 이곳 장관을 보려는 전 세계 관광객들의 발길이 끊이지 않는다.

울루루 암석은 풍부한 철분을 함유하고 있어 표면의 철분이 공기 중의 산소와 만나 산화되면서 붉은빛을 띤다. 아침 햇살이 수평선에 가까운 각도에서 비치면 산화철이 활활 타오르는 불덩이처럼 선홍빛을 띤다. 해질 무렵에 소나기라도 한바탕 내리면 바위 꼭대기에 오색찬란한 무지개가 걸려 '붉은 해'에 화려한 레이스를 달아준다. 이처럼 태양 광선의 변화에 따라 시시각각 변하는 오묘한 빛깔은 보기만 해도 절로 경건한 마음과 벅찬 감동이 우러나게 한다.

멀리서 보면 꼭대기가 번들번들한 울루루는 캥거루, 야생고양이, 산토끼, 여우,

어마어마한 울루루 암석이 석양빛에 온통 강렬한 오렌지색으로 물들었다.

오스트레일리아들개의 '집' 이다. 포유동물 22종과 조류 150종이 이곳에서 서식한다. 까마귀와 솔개는 높고 가파른 암석 위에서 머물기를 좋아한다. 이곳은 오스트레일리아에서 건조하고 메마르기로 유명한 지역 중 하나이기 때문에 동식물과 곤충도 가뭄에 강한 생존 본능이 있다. 올리브나무는 키가 매우 작지만 나무와 가지가 풍성하게 우거져 싱그럽고 짙푸르다. 캥거루는 몇 주 동안 물 한 방울 입에 대지 않고도 견디며, 청개구리는 뒷다리가 삽처럼 생겨 토양층을 파고 촉촉한 곳을 찾아 몸을 숨길 수 있다.

암석의 꼭대기는 물에 씻기고 침식되어 생긴 작은 홈과 고랑 굴이 있는데 깊은 것은 6미터나 된다. 비가 내리고 나면 울랄라 암석 위에는 폭포가 장관을 이룬다. 어떤 것은 높이가 250미터에 이르며 거대한 암석의 여러 측면에서 일제히 아래로 쏟아져 내려 지면에 나 있는 크고 작은 물웅덩이들을 가득 채운다. 그래서 암석의 뿌리 부분을 따라 다양한 식물이 둥그렇게 자리를 잡고 무성하게 자란다.

울루루에서 서쪽으로 약 20여 킬로미터 떨어져 있는 카타추타도 울루루에 결코 뒤지지 않는 절경을 자랑한다. 원주민 말로 '많은 머리' 라는 뜻인 카타추타는 35제곱킬로미터에 걸쳐 돔 모양의 바위산 30여 개가 장관을 이룬다. 가장 높은 올가Olga 산은 해발고도가 1,089미터로 주위 평원보다 546미터나 높다. 울루루와 마찬가지로 원주민들에게 매우 신성시되는 곳이다.

벙글벙글 산맥

오스트레일리아 ★ Bungle Bungle Range

크리크(Creek)와 협곡이 오랜 세월에 걸쳐 비바람의 침식으로 점점 깊어지고 서로 연결되어 독특한 벌집 모양의 바위산이 형성되었다.

벙글벙글 산맥은 오스트레일리아 서부의 광활한 킴벌리Kimberley 지역에 있으며 면적이 약 450제곱킬로미터이다. 일 년 중 대부분 기간의 날씨가 몹시 무덥고 그늘진 곳도 기온이 40도를 웃돈다. 기나긴 겨울의 건조한 계절에는 비가 전혀 내리지 않아 강물이 바짝 마르고 작은 물웅덩이만 드문드문 남아 있다. 그러나 11월에서 이듬해 3월까지 이어지는 우기에는 산맥 전체에 짙푸른 녹음이 우거진다. 인도양에서 불어오는 회오리바람이 비구름을 몰고 와 호우를 뿌리고 빗물이 바위를 타고 흘러내려 폭포를 형성하며 강물이 범람하여 도시로 통하는 도로를 차단해 버린다.

벙글벙글 산맥은 4억 년 전에 형성되었다. 당시 북쪽의 산맥이 물줄기에 의해 심각하게 침식되었는데, 현재는 모두 사라지고 그 일대에 넓게 퇴적층이 형성되었다. 그 후 퇴적암의 약한 부분이 물살에 씻기고 침식되어 수많은 크리크Creek와 물웅덩이, 협곡이 만들어졌다. 오랜 세월 비바람의 침식으로 점점 깊어지고 서로 연결되어

벙글벙글 산맥에 생겨난 벌집 모양의 바위산은 지의류와 해조류가 햇볕에 말라 회색과 갈색의 줄무늬가 나타나며 신기하고 아름다운 풍경을 자랑한다.

벙글벙글 산맥이 있는 킴벌리 지역은 오스트레일리아 서부의 광활한 고원지대이며 북부 해안은 사암이 많고 수목이 극히 적다. 그림은 북부 해안에 있는 킹 조지(King George) 폭포이다.

독특한 벌집 모양의 바위산이 형성되었다. 대부분 바위산은 산맥의 남동부에 자리한다. 북서부는 약 250미터 높이의 절벽과 오랜 세월 빗물의 침식으로 형성된 깊은 협곡이다. 협곡 안에는 아카시아, 부채꼴 야자나무 등 억센 식물들이 많이 자라는데, 절벽의 암석 틈에 깊이 뿌리내리고 무성하게 자란 모습은 마치 '하늘 정원' 같다. 줄무늬가 쭉쭉 나 있는 암벽과 기이한 봉우리들은 외지고 험준한 지역에 자리하고 있어 1980년대에 일부 여행자들이 이곳을 방문한 것 외에는 인간의 발길이 거의 닿지 않았다. 오늘날 관광객들은 비행기를 타고 공중에서 경치를 감상하는 데 그친다.

암석에 나 있는 선명한 줄무늬는 오랫동안 풍화 작용을 받아 형성되었다. 사암은 원래 흰색이었다. 퇴적층 틈새에서 흘러나온 물에 함유된 각종 광물질에 의해 암석 표면에 석영과 점토가 묻고 그것이 끊임없이 퇴적되면서 균열이 일어나 그 속의 철분 때문에 벌겋고 누런 흔적이 남은 것이다. 회색과 갈색은 암석 표면에 달라붙어 사는 지의류와 해조류가 햇볕에 말라서 나타난 색깔이다. 이곳 사암들은 비교적 부드럽고 약한 편이라 풍화되어 바람에 날리는 모래들이 활석 가루처럼 가늘고 세밀하다.

이곳 원주민들은 거대한 암석들을 사암이라는 뜻의 '푸눌룰루Purnululu' 라고 부른다. 킴벌리 지역에서 2만 4천 년 동안 살아온 그들은 벙글벙글 산맥을 신성한 산으로 여긴다. 1879년에 유럽에서 온 탐사대가 거대한 암석의 미궁을 직접 목격하고 자연의 위대한 조화와 창조력에 감탄을 금치 못했다. 이곳은 1987년에 국립공원으로 지정되었고 취약한 사암이 관광객들에 의해 파괴되는 것을 막기 위해 현지 원주민들이 공원 관리 업무에 참여했다. 절벽이 햇빛을 가려 그늘을 만들고 일 년 내내 물이 고여 있는 못도 몇 군데 있어 캥거루와 오스트레일리아 야생고양이 등 동물들이 물을 마시러 찾아든다. 바위산 측면에 흰개미가 지은 높이 약 5.5미터의 거대한 개밋둑은 바위산과 함께 벙글벙글 산맥의 기이한 경관으로 명성을 떨친다.

카카두 국립공원

오스트레일리아 ★ Kakadu National

카카두 국립공원은 보기 드문 원시적인 오스트레일리아 생태계를 보존하고 있다. 공원 안에는 독특한 식생군과 동물군, 그리고 풍부한 습지 자원이 분포한다.

카카두 공원의 암벽화

카카두 국립공원은 오스트레일리아 북부 열대 지역에 자리한다. 북부의 항구 도시 다윈Darwin에서 동쪽으로 250킬로미터 거리에 있으며 총 면적이 2만제곱킬로미터나 된다. 공원 안에 독특한 식생군과 동물군, 그리고 특색 있는 습지 자원이 분포해 세계 각지에서 찾아오는 관광객들의 사랑을 한 몸에 받고 있다. 공원에는 아직도 개발되지 않은 산림이 많으며 현대 사회의 영향을 받지 않았고 새로운 종種을 도입하지 않아 오스트레일리아의 원시적인 생태계를 그대로 보존하고 있다.

카카두 국립공원은 사암으로 이루어진 평원과 기복을 이루며 아넘랜드Arnhem Land 절벽까지 넓게 펼쳐진 대지, 저지대의 범람원과 호수 등 세 부분으로 구성된다. 절벽은 공원에서 가장 독특한 경관이다. 거대한 암석 단애斷崖가 600킬로미터나 이어지며 일부는 높이가 450미터나 되어 공원 어디에서나 보일 정도이다. 절벽 바닥과 암석의 평평한 부분에는 수많은 야생 생물들이 생활한다. 절벽에는 또 수많은 동굴이 나 있으며 동굴 내벽에는 세계적으로도 명성이 자자한 암벽화가 그려져 있다. 현

절벽 꼭대기에서 사방을 둘러보면 평탄한 초원 위에 나무들이 드문드문 자라고 멀리에 희미하게 산맥의 윤곽이 보인다.

재 발견된 것만 해도 이미 약 1,000점에 이른다.

카카두 공원에서 서식하는 희귀 동물 목도리도마뱀은 현재 오스트레일리아 북부와 뉴기니 남부에서만 발견되고 있다. 목도리도마뱀은 위험을 느끼면 목 부분의 특이한 주름을 쫙 펼쳐 몸집이 커 보이게 한다.

카카두 국립공원 안에는 큰 강이 네 줄기 흐르며 우기에는 자주 범람한다. 이곳의 또 다른 관광 명소는 트윈Twin 폭포이다. 시원한 물줄기가 폭포 위쪽에 솟은 거대한 바위를 지나면서 두 줄기로 나뉘어 거침없이 쏟아지는 모습이 장관이다. 공원에 호수와 습지가 많아서 건기에는 물새들의 피난처가 된다.

카카두 국립공원 지역은 열대 초원 기후에 속해 우기와 건기가 극명한 대조를 이룬다. 11월에 계절풍이 불고 우기가 시작될 때면 풀들이 사람 어깨높이까지 자란다. 그러나 건기가 되면 싱그럽던 풀들이 마르기 시작하고 일부 지역에서는 심지어 자연 발화까지 발생해 공원 전체의 안전을 위협한다. 현재 이런 자연 발화 현상은 기본적으로 통제되고 있다.

이곳은 동식물 종류가 유난히 풍부하다. 맹그로브와 초원, 유칼립투스 숲과 열대 우림이 무성하다. 훌륭한 자연 환경은 식물 1,000여 종, 조류 270종, 고유 포유동물 50여 종, 어류 40여 종, 개구리 22종에게 삶의 터전을 제공했다. 이와 아울러 더 많은 복잡한 식생과 동물군이 계속해서 발견되고 있다. 최근에는 공원의 이상적인 자연 환경 덕분에 19세기에 인도네시아에서 들여온 아시아물소와 야생마들이 지나치게 빠르게 번식해 공원의 대부분 수역과 식생을 파괴하고 있다. 그래서 공원의 생태 균형이 유지되도록 관리 직원들이 수량 통제 작업에 착수한 상태이다.

로터루아-타우포 지열 지대

뉴질랜드 ★ Rotorua-Taupo Therma

로터루아-타우포에는 다양한 형태의 온천이 많아 '태평양 온천의 최절정'으로 꼽힌다. 세계 3대 지열 지대이기도 하다.

뉴질랜드를 대표하는 유명 관광지인 로터루아-타우포 지열 지대는 북섬의 최고 지점인 루아페후Ruapehu 화산에서 시작해 북동쪽으로 타우포를 지나 플렌티Plenty 만의 화이트 섬에 이르는 길이 240킬로미터, 너비 48킬로미터의 길고 좁은 지대이다. 세계 3대 지열 지대두 개는 아이슬란드와 미국에 있음, 뉴질랜드 4대 지열 지대에 포함된다.

로터루아-타우포 지열 지대는 태평양 서쪽의 지지화산대 남단에 자리하며, 방향이 다른 두 산지가 결합되는 곳이어서 지각이 가장 취약하고 지층 활동이 매우 활발하다. 고온, 고압의 지하수가 균열이 일어난 틈으로 지면으로 솟구쳐 올라 다양한 형태의 온천과 끓는 못 등을 형성하기 때문에 '태평양 온천의 최절정'으로 꼽힌다.

이곳에는 수온이 120도가 넘고 펄펄 끓는 열천이 있는가 하면, 무지개송어가 한가득 헤엄치고 물속에 담근 손의 손바닥 손금까지 선명하게 보일 정도로 투명한 냉천도 있다. 또 적당하게 따뜻한 물이 펑펑 솟아 나오는 온천이 있는가 하면 물을 뿜었다 멈췄다 하는 간헐천도 있다. 어떤 곳은 지하에서 솟아오르는 천연 수증기로 운무가 자욱해 신선 세계에 온 듯한 황홀경이 펼쳐진다.

이곳에 있는 온천 수십 개 중에서도 '웨일스 왕자의 깃털 장식'이라는 간헐천이 가장 멋진 장관을 자랑한다. 지하에서 부글부글 끓는 샘물이 좁은 분출구를 통해 폭발적인 기세로 분출되는데, 뜨거운 수증기와 물이 하나로 섞여 살짝 닿기만 해도 델 것만 같다. 대량의 수증기가 상공을 떠돌아 저 먼 곳에 있는 푸르디푸른 산조차 짙은 안개에 뒤덮인다. 분출하기 전에는 먼저 분출구에서 우르릉거리는 소리가 나면서 뜨거운 수증기가 끊임없이 위로 용솟음치고 펄펄 끓는 물이 조금씩 뿜어져 나온다. 그러다 천둥

로터루아의 유명한 지열 온천 '악마의 목욕탕'

같은 굉음이 울려 퍼지면서 짙은 유황 냄새와 함께 분출구에서 하얀 물기둥이 공중으로 솟구친다.

로터루아-타우포 지역은 지열 자원이 풍부하고 주기적으로 분출하는 간헐천이 웅장하고 아름다운 경관을 이룬다.

펄펄 끓는 진흙 온천은 이곳 지열 지대의 또 다른 명물이다. 이곳 진흙 온천은 흔히 볼 수 있는 진흙 구덩이가 아니라 한 솥 잘 끓인 먹음직스러운 죽과 비슷하다. 언뜻 보면 뜨거운 수증기가 진흙탕 표면을 뚫고 올라와 송골송골 기포가 톡 터지면서 진흙물이 잔잔한 수면의 물결처럼 주변으로 밀리는 것이 꼭 보글보글 끓는 죽을 연상케 한다. 하지만 보기와 달리 음식을 익힐 수 있을 정도로 온도가 매우 높다.

이곳에는 또 세계 최대의 간헐천인 와이망구Waimangu 계곡 간헐천의 유적이 있다. '와이망구'는 뉴질랜드 원주민인 마오리Maori 족의 말로 '검은 물'이라는 뜻이다. 현재 이곳은 고요한 사막이며, 황량한 분화구와 들끓는 열탕 몇 개가 있을 뿐이다. 협곡의 다른 쪽에는 타라웨라Tarawera 호와 로토마하나Rotomahana 호가 있다. 이곳의 간헐천은 1900~1971년 사이에 거의 하루나 이틀에 한 번꼴로 분출했으며 뜨거운 물과 수증기 외에도 진흙과 돌멩이를 뿜어냈다. 계속해서 몇 시간 동안 검정색 물기둥이 457미터까지 치솟아 오르는 숨 막히는 장관이 연출되기도 했다.

로터루아-타우포 지열 지대의 다양한 지열 경관은 우뚝 솟은 화산과 밤하늘의 뭇별처럼 촘촘히 분포하는 맑은 거울 같은 화산호, 그리고 오랜 역사와 전통 문화를 간직한 원주민 마오리 족 마을과 어우러져 한 폭의 아름다운 풍경화를 그려 낸다.

이곳의 타우포 호는 낚시 마니아들의 낙원이다. 낚시를 하다가 지치면 가까운 온천에서 목욕과 수영을 하며 피로를 풀고, 배고프면 펄펄 끓는 열천에 낚은 물고기를 익혀서 자연의 맛을 즐길 수 있다.

피오르드랜드 국립공원

뉴질랜드 ★ Fiordland National Park

아름다운 협만은 결코 북유럽만의 특권이 아니다. 뉴질랜드 피오르드 역시 복잡하게 얽힌 지형으로 고산과 원림, 해안과 협만이 어우러진 최고의 자연 경관으로 칭송받고 있다.

피오르드랜드 국립공원은 뉴질랜드 남섬의 남서부 해안에 자리하며 태즈먼Tasman 해와 인접한다. 마침 태평양판과 오스트레일리아-인도양판이 맞닿은 곳의 단층 지대이고, 솔랜더Solander 섬을 포함해 총 면적이 1만 2,000제곱킬로미터이다.

먼 옛날에 이곳은 고원이었다. 비바람과 빙설의 침식 작용으로 지금의 고산준령과 단애절벽, 하천과 호수 등이 형성되었다. 공원 안에는 협만피오르드이 많으며 해안선이 톱니 모양으로 뻗어 있다. 서쪽에는 바닷물에 잠긴 빙하 계곡이 해만을 이루며, 그중 협만 14개는 길이가 44킬로미터에 달하며 최대 수심이 500미터나 된다. 남쪽 해만은 서쪽보다 더 길고 바다로 흘러드는 입구도 더 넓으며 작은 섬들이 여기저기 흩어져 있다. 피오르드 지형이 워낙 복잡하고 다양해 이곳은 고산과 원림, 해안과 협만이 어우러진 최고의 자연 경관이라는 칭송을 받고 있다.

피오르드랜드 공원에는 남섬에서 가장 깊은 호수인 마나포리Manapouri 호와 가장 큰 호수인 테아나우Te Anau 호가 있다. 마나포리 호는 마오리어로 '슬픔의 호수'라는 뜻이다. 길이가 29킬로미터, 면적이 190제곱킬로미터이며 최대 수심이 443미터에 달한다. 좁고 깊은 협만 세 개가 각각 남, 북, 서 방향으로 뻗어 있는 모습이 마치 힘차게 달리는 망아지 같다. 호수 안에는 작은 섬들이 곳곳에 분포하며 비교적 큰 섬이 약 30개 정도 있다. 호수 주변을 병풍처럼 둘러싼 짙푸른 산과 잔잔하게 펼쳐진 푸른 물결, 장난꾸러기처럼 숨었다 나타났다 하는 아기자기한 섬들이 '뉴질랜드에서 가장 아름다운 호수'를 이루고 있다. 테아나우 호는 면적이 약 400제곱킬로미터이고 길이가 약 61킬로미터이며 최대 너비는 10킬로미터가 채 되지 않는다. 호면이 좁고 길며 서쪽에 좁고 길쭉한 협만 세 개가 긴 목을 숙이고 풀을 뜯는 기린처럼 산간 깊숙이 들어가 있다. 호수의 서쪽 기슭에는 온 산이 짙푸른 녹음으로 덮이고 산 속 곳곳에 그윽하고 아름다운 곳이 보석처럼 숨어 있다.

호수 북쪽에는 명성이 자자한 밀퍼드사운드Milford Sound가 있다. 내륙으로 15킬로미터나 깊숙이 들어와 있는 밀퍼드사운드는 마치 바다가 내민 거대한 손가락 같다. 양편 기슭에는 각각 마이터Mitre 봉과 펨브로크Pembroke 봉이 당당하게 솟아 있다. 남쪽에 있는 마이터 봉은 뉴질랜드를 대표하는 상징적인 산으로 해수면을 뚫고 하늘로 높이 솟아올랐다.

밀퍼드사운드 근처에는 거대한 폭포들이 일 년 내내 물줄기를 쏟아 낸다. 가장 유명한 것은 서덜랜드Sutherland 폭포로, 빙하 녹은 물이 모여 형성된 퀼Quill 호에서 시작해 매우 빠른 속도로 3단을 이루며 막힘없이 쏟아져 내린다. 높이 580미터로 세계에서 10번째로 높은 폭포이다.

피오르드랜드 국립공원은 2/3가 숲이다. 너도밤나무와 젓꼭지나무가 주를 이루며 해발 300미터 이상의 구간에는 리무나무가 자란다. 공원 안에는 멸종 위기에 놓였거나 혹은 희귀종인 식물 25종, 공원 고유의 식물 22종, 주로 협만 지대에 집중 분포되는 식물 21종이 자란다. 그중 일부 나무는 수령이 800년 이상 되었다.

이 공원의 토박이 육지 포유동물은 박쥐밖에 없으며 바다사자 5만여 마리를 포함해 해양 포유동물들이 서식한다. 족제비, 삼바, 알프스산양 등 동물도 들여왔다. 이곳은 또한 잘 날지 못하고 수영할 줄 아는 새 웨카Weka와 세상에서 가장 큰 앵무새 종류인 카카포Kakapo, 뉴질랜드의 국조인 키위Kiwi, 멸종 위기의 희귀 조류 공작비둘기 등의 서식지이기도 하다.

밀퍼드사운드의 기슭에는 산봉우리들이 즐비하고, 보기에도 속이 시원한 투명한 바닷물이 해만으로 흘러 들어온다. 웅장한 산과 수려한 물이 어우러져 빼어난 경관을 자랑한다.

ANTARCTICA

천상의 조각품인 듯 빙산과 빙해가 보여 주는
유일무이의 절경 **남극**

NATIONAL
GEOGRAPHY
COLLECTION

교과 관련 단원

중1 〈사회〉

Ⅲ. 다양한 지형과 주민 생활

고등학교 〈세계 지리〉

Ⅲ. 다양한 자연환경

남극의 빙설

남극 대륙 ★ Icy Antarctica

남극의 빙설은 지상 유일무이의 절경이다. 남극 대륙 총 면적의 98퍼센트인 1,330만제곱킬로미터가 온통 만년빙설에 뒤덮여 있고, 대륙과 섬의 단 2퍼센트만이 여름에 빙설이 녹을 때 수줍은 모습을 드러내며 '남극의 오아시스'의 진면목을 과시한다.

얼음은 남극의 가장 큰 특징으로, 얼음이 없으면 남극도 없다. 남극 대륙에서 빙붕 氷棚, 거대한 얼음덩어리의 평균 두께는 2,000여 미터, 가장 두꺼운 곳은 무려 4,800미터에 달하며 빙설의 양은 전 세계의 90퍼센트를 차지한다. 최초로 형성된 시기는 수천만 년 전이다. 남극의 땅은 두텁고 무거운 빙붕에 눌려 변형이 일어났다. 어떤 곳은 해수면 아래 2,000미터까지 내려앉았으며, 바닷속까지 뻗어 있어 지극히 복잡한 남극 대륙붕 지형이 형성되었다.

빙붕 내부에는 매우 복잡한 역학 메커니즘이 존재한다. 즉 남극 지방의 빙붕은 정지되어 있는 것이 아니라 끊임없이 운동을 계속하고 있다. 예를 들어 남극점 부근의 빙붕은 매년 10미터씩 움직인다. 또한 빙붕은 외부에서 압력을 가해도 크기나 형태가 변하지 않는 이상적인 강체剛體가 아니다. 때로는 수많은 얼음 조각으로 분열되거나 또는 얼음 조각들이 다시 한데 합쳐지기도 한다.

빙붕의 운동으로 남극 대륙의 변두리는 조금씩 바다로 밀려났다. 얼음의 밀도가 바닷물의 밀도보다 낮기 때문에 얼음 조각들은 바다 위에 떠 있다. 작은 것은 수십, 십여 제곱킬로미터이고 큰 것은 수십, 수백 제곱킬로미터로 빙원이라고 한다.

이런 빙산이나 빙원은 바다에서 물결을 따라 표류하며 다양하게 변화한다. 일부는 남극해 이북부터 점점 녹아 사라지고 일부는 녹아 버린 부분 대신 남극 대륙의 빙하가 보급되어 장기적으로 보존된다. 또 일부는 남극 대륙의 빙하와 연결되어 이른바 얼음 반도를 형성한다.

빙산과 빙해는 남극에서 볼 수 있는 가장 아름다운 풍경이다. 빙산이 없으면 빙해도 없고 빙해가 없으면 웅장한 남극의 파노라마도 없다. 남극 해역에는 크고 작은 빙산과 유빙이 셀 수 없이 많다. 투명한 얼음과 바닷물이 서로 어우러진 모습은 마치 파란 하늘에 하얀 뭉게구름이 두둥실 떠 있는 것 같다. 바다 위를 유유히 떠다니는 빙산들은 크기와 형태가 제각각이며 마치 천재 예술가의 손끝에서 나온 천상의 조각품 같다. 빙산들은 또한 지구 역사의 '산 증인'이다. 끊임없이 일어나는 기후 변화 등 소중한 정보를 이야기하면서 인류가 그 속에 숨겨진 미지의 비밀을 풀어내기를

흰색에 차가운 파란빛이 은은하게 감도는 빙산들이 마치 위풍당당한 영웅의 전함처럼 신비롭고 몽환적인 남극을 순찰하고 있다.

기다린다.

빙산과 빙산이 합쳐져 더 큰 빙산을 이루기도 하고, 큰 빙산 하나가 작은 빙산 여러 개로 갈라져 틈이 생기기도 한다. 얼음 틈새는 좁게는 몇 센티미터에서 수십 센티미터, 넓게는 수십 킬로미터에 달한다. 남극 대륙을 탐험할 때 자칫 잘못하면 얼음 틈새에 빠지게 되는데 제때 구조하지 못하면 빙산이 다시 합쳐지면서 얼음 틈새가 사라져 버리므로 시체도 찾지 못하게 된다. 실제로 과거 남극 탐험 중에 일부 과학자들이 실종되었는데 지금까지도 그 시체를 찾지 못하고 있다.

빙산은 내부의 동역학적 메커니즘 때문에 붕괴 현상이 일어날 수도 있는데, 그렇게 되면 빙산 위에 건설된 시설과 부근을 지나가는 선박에 막대한 피해를 입히게 된다.

남극은 지구상에서 빙설 면적이 가장 넓은 지역으로, 이곳의 극히 작은 변화도 전 세계의 기후에 엄청난 영향을 미칠 수 있다. 겨울에 남극 주변 해역의 결빙 면적은 2,000만 제곱킬로미터를 웃돌고 여름에는 크게 줄어든다. 기상학자들은 남극 빙설 면적의 변화가 지구의 기후 변화에 큰 영향을 미치는 3대 요인 중 하나라고 생각한다. 최근 몇 년 동안 남극 지역의 얼음 면적이 해마다 줄고 있으며 현지 온도도 20세기의 평균치보다 적어도 1도 이상 상승했다는 새로운 연구 결과가 나왔다. 이로써

에러버스(Erebus) 화산은 지구상에서 알려진 지역 가운데 최남단에 있는 활화산이다. 온종일 빙설을 동반하며 내뿜는 수증기가 얼음으로 뒤덮인 로스(Ross) 섬의 상공을 지나간다.

태양의 열량 전달에도 변화가 생겼고 육지와 대기, 대양과 대기, 얼음과 기류 사이의 상호작용도 덩달아 변했다. 이는 남반구의 기후에 변화를 일으켰고, 나아가 전 세계의 기후 변화에도 큰 영향을 미쳤다. 이로부터 남극 지역이 전 세계에서 기후 변화에 가장 민감한 지역임을 알 수 있다. 일부 과학자들은 또 남극 빙붕의 변화와 세계적으로 널리 알려진 엘니뇨 현상 사이에 대응 관계가 존재한다는 사실을 발견했다. '엘니뇨'는 스페인어로 남자 아기와 아기 예수를 의미한다. 동태평양에서 발생한 대양-대기 간의 기후 현상으로, 전 세계적인 기후 이상 사태를 유발한다. 따라서 남극의 해빙海氷을 연구하는 것은 틀림없이 세계 기후 변화를 예측하는 데 큰 도움이 될 것이다.

남극 수역에 사는 포유동물 바다표범은 이상한 버릇이 하나 있다. 밤에는 물속에서 먹이를 잡고 낮에는 물가나 섬 혹은 유빙 위에 기어 올라가 나른하게 햇볕을 쬔다.

남극의 드라이 밸리

남극 대륙 ★ Dry Valleys in Antarctica

얼마 안 되는 눈마저 강바람에 날려가거나 바위에 흡수된 태양열로 다 녹아 버려 눈의 흔적이라고는 찾아보려야 찾아볼 수가 없다. 탐험 대원은 이곳을 '민둥민둥 헐벗은 바위 계곡'이라고 말했다.

남극주는 대부분이 빙설에 뒤덮여 있으며, 이렇게 끝이 보이지 않을 정도로 아득하게 펼쳐진 설원에 신기하게도 눈과 얼음이 전혀 없는 특이한 지역이 있다. 일찍이 사라져 버린 빙하가 만들어낸 거대한 분지 세 군데로 사방의 벽이 깎아지른 듯 가파르다. 이곳이 바로 드라이 밸리이다.

드라이 밸리의 연간 강설량은 강우량 25밀리미터에 해당할 정도로 매우 적다. 그 소량의 눈마저도 강바람에 날려가거나 태양열에 다 증발된다. 그래서 드라이 밸리에는 눈의 흔적조차 찾아볼 수 없으며 빙설에 뒤덮인 주위의 경관과 대조를 이룬다.

1910~1912년 영국의 로버트 스콧Robert Falcon Scott이 탐험대를 이끌고 남극을 탐험하던 중에 대원 테일러Taylor가 빙설이 없는 드라이 밸리를 발견하고 '민둥민둥 헐벗은 바위 계곡'이라고 묘사했다.

드라이 밸리에는 바짝 말라버린 바다표범의 사체가 곳곳에 널려 있다. 기후가 춥고 건조해서 사체가 부패되는 속도가 느리기 때문에 사체 중에는 죽은 지 수백 년, 심지어는 수천 년이 된 것도 있다.

남극주의 드라이 밸리는 지금은 이미 녹아 사라진 빙하의 침식으로 생성된 U자형 계곡으로 변두리 경사가 심하고 범위가 매우 넓다. 식물이 전혀 자라지 않아서 '헐벗은 바위 계곡'으로 불리기도 한다.

로스 빙붕

남극 대륙 ★ Ross Ice Shelf

이것은 세상에서 가장 큰 빙붕으로, 아찔할 정도로 가파르고 험준한 얼음벽이 남극의 거대한 해만 하나를 꽉 채웠다. 지금도 매일 1.5~3미터의 속도로 바다로 뻗어가고 있다.

로스 빙붕이 마치 거대한 뗏목처럼 해만에 떠 있다.

로스 빙붕은 에드워드 7세Edward VII 반도와 로스 섬 사이에 떠 있는 세계 최대의 빙붕이다. 동서 길이가 300킬로미터이고 남북 너비는 970킬로미터이며, 바다와 맞닿은 가장자리 부분은 높이가 60미터, 육지와 인접한 부분은 두께가 최대 750미터에 달한다. 면적은 약 52만제곱킬로미터로 프랑스 면적과 비슷하다. 높고 가파른 얼음 절벽은 보기만 해도 아찔할 정도로 험준하며 남극 대륙의 거대한 만의 입구 부분을 뒤덮고 있다.

1841년에 영국 해군 탐험대가 남극점의 위치를 확인하고자 특별히 단단하게 보강한 돛대 세 개짜리 목선을 타고 태평양을 건너 남극으로 향했다. 4일 후 유빙 지역을 벗어난 탐험대는 앞의 항로가 막힘없이 뚫려 있기를 바랐지만, 뜻밖에도 상상할 수도 없을 만큼 어마어마한 빙벽이 앞길을 가로막았다. 탐험대의 로스James Clark Ross 대장은 너무나도 놀란 나머지 "이 빙벽을 통과한다는 것은 도버의 절벽을 통과하는 것과 마찬가지로 절대 불가능하다!"라고 소리 질렀다. 그들의 앞길을 가로막은 이 거대한 빙붕은 로스 경의 이름을 따서 명명되었고, 세상에 널리 알려졌다.

지금도 로스 빙붕은 매일 1.5~3미터의 속도로 바다로 뻗어 나가고 있다. 저 멀리 산맥에서 빙하 몇 개가 흘러내려와 빙붕 뒤에서 압력을 가하고 빙붕 아래의 몹시 차가운 바닷물이 계속해서 동결되어 얼음 두께가 점점 두꺼워진다. 육지와 근접한 가장자리 부분은 때때로 분열하여 너비 수천 미터의 큰 틈이 생기고, 마침내 얼음 조각이 분리되어 특유의 거대한 탁상빙산을 형성한다.

자보도프스키 섬

남극 대륙 ★ Zavodovski Island

너비 6킬로미터의 작은 섬 자보도프스키는 '남극의 신사' 펭귄들의 낙원이다. 해마다 몇 개월 동안 수많은 펭귄이 무리를 지어 꽥꽥거리는 울음소리가 천지에 울려 퍼진다.

자보도프스키 섬은 사우스샌드위치South Sandwich 제도에 있는 작은 섬이다. 너비가 6킬로미터에 불과하며 동쪽으로 남극 반도의 북단과 1,800킬로미터 떨어져 있다. 1819년 러시아인에 의해 최초로 발견되었다. 이곳 남대서양의 외지고 조용한 작은 섬에는 해마다 몇 개월 동안 수많은 펭귄이 무리 지어 몰려와 꽥꽥거리는 울음소리가 천지에 울려 퍼진다.

'남극의 신사' 펭귄은 대부분 남극 반도 북부와 그 주위의 군도 부근에 분포한다. 육지에서는 굼뜨고 우둔해보이지만 물속에서는 아주 자유자재로 민첩하게 움직인다.

자보도프스키 섬의 펭귄들은 주로 턱끈펭귄이다. 발이 긴 편이며 턱 아래에 검정색 줄이 옆으로 나 있다. 또 다른 록호퍼Rockhopper 펭귄은 머리 위에 노란색 깃털이 나 있다.

자보도프스키 섬은 펭귄들의 이상적인 서식지다. 펭귄은 방어 능력이 약해서 반드시 똘똘 뭉쳐야만 살아남을 수 있다. 따라서 무리 지어 생활하는 것이 최선의 방법이다.

펭귄은 무리를 지어 생활하는 동물이다. 적게는 수백 마리, 많게는 20여만 마리가 함께 생활한다. 매년 봄이면 1,400만 쌍에 이르는 턱끈펭귄이 이곳으로 몰려와 작은 섬이 온통 시끌벅적하다. 섬의 최고 지점은 화산이며, 턱끈펭귄들은 화산재 속에 둥지를 튼다.

'일부일처' 제로 유지되는 로열펭권들은 '부부' 가 평생 서로 의지하고 도우며 '가족' 이 함께 행복하게 살아간다.